全球气候传播

—— 领导模式与知识协商 ——

童桐◎著

GLOBAL

CLIMATE

COMMUNICATION

Leadership Models and Knowledge Negotiation

清华大学出版社

北京

图书在版编目 (CIP) 数据

全球气候传播：领导模式与知识协商 / 童桐著. —— 北京：清华大学出版社，2025. 8.
ISBN 978-7-302-69901-9

Ⅰ. P46；G206

中国国家版本馆CIP数据核字第2025FY6062号

责任编辑：梁　斐
封面设计：潘　峰
责任校对：欧　洋
责任印制：刘　菲

出版发行：清华大学出版社
　　　　　网　　址：https://www.tup.com.cn, https://www.wqxuetang.com
　　　　　地　　址：北京清华大学学研大厦A座　　　　邮　　编：100084
　　　　　社 总 机：010-83470000　　　　　　　　　邮　　购：010-62786544
　　　　　投稿与读者服务：010-62776969, c-service@tup.tsinghua.edu.cn
　　　　　质量反馈：010-62772015, zhiliang@tup.tsinghua.edu.cn
印 装 者：三河市东方印刷有限公司
经　　销：全国新华书店
开　　本：155mm×235mm　　　印　　张：20.75　　　字　　数：278千字
版　　次：2025年8月第1版　　　　　　　　　　　　印　　次：2025年8月第1次印刷
定　　价：88.00元

产品编号：110971-01

　　本书受到教育部人文社会科学一般项目（项目编号：24YJC860021）的资助。

序言

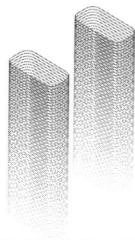

 青年学者童桐博士的《全球气候传播：领导模式与知识协商》如期出版，作为他的博士生导师，我由衷地为他感到高兴。这部著作由他的博士论文修改而成，字里行间体现了他在学术研究中的专注与思考。作为导师，我参与了他研究过程中的多次讨论，见证了他从确定选题到构建理论框架的逐步深入，因此对这本书的面世有着特别的期待。今天再次浏览书稿，欣然作序，此情此景胜于我二十余年前首部专著付梓时的欣悦，切身体会到了古人所云"师不必贤于弟子，弟子不必不如师"的深意。

 2020年9月，中国领导人宣布"二氧化碳排放力争2030年前达到峰值，2060年前实现碳中和"的"双碳"目标，这一战略宣示不仅标志着中国对全球气候治理的深度参与，更对气候传播领域提出了全新命题。如何在国际舆论场中阐释"发展中大国的减排承诺"，如何让"双碳"这一中国实践转化为具有全球共鸣的公共知识，成为亟待破解的现实课题，本书的出现恰为这一战略目标的落地提供了重要注脚。

 童桐刚进入博士阶段时，便对全球气候治理中的传播问题表现出浓厚兴趣。他注意到，气候变化议题不仅涉及科学数据，更与国际政治、国家利益紧密相关，但当时的研究往往割裂了科学与政治的联系。在确定以"全球气候传播"为研究方向后，他大量阅读国际关系、政治学、气候科学等领域的跨学科文献，并主动参加各类国际气候变化会议，访谈碳中和领域的气候科学家，收集第一手资料，这些经历让他的研究避免了单纯的理论推演，而是扎根于真实的治理场景。

在写作过程中，我们围绕"如何界定气候传播中的权力结构""中国实践如何融入全球理论框架"等问题进行过多次深入探讨。他并未局限于既有理论，而是尝试结合中国在"一带一路"气候合作中的实践，提出"知识协商"的分析视角。例如，本书注意到发展中国家在气候话语中常处于被动接受地位，而中国通过基础设施合作传递的治理经验，为打破这种不平等提供了新路径。本书以中国的气候传播实践为切入点，探讨新兴大国如何在既有秩序中寻找突破路径，既要融入全球气候治理框架，又要坚守自身发展诉求；既要参与知识共享，又要构建具有本土特色的话语体系，这种将本土实践与全球理论创新结合的思路是本书的重要特色。

在学科层面，本书突破传播学的单一学科边界，引入政治学、社会学、经济学等多学科视角。例如，通过分析经济学视角下的"碳账户"如何将复杂的碳交易机制转化为公众可感知的日常实践，以此揭示技术话语与大众认知之间的桥梁作用；另如，通过解构企业气候话语中的"漂绿"现象，剖析商业资本对气候传播的异化风险。这种跨学科整合不仅拓展了气候传播的研究边界，更为理解全球治理的共性问题提供了新范式，即无论是气候危机、公共卫生、贫困消除还是人工智能治理，都面临着领导力缺失、知识共享障碍与价值冲突的挑战，本书构建的分析框架因而具有超越气候领域的普适意义。

童桐的研究方法也体现了扎实的学术训练。他系统梳理了国际组织的官方文件、国家的政策文本以及媒体报道，通过比较分析不同主体的话语策略，揭示了气候传播中权力与知识的互动机制。同时，他并未回避研究中的难点，如多元主体利益冲突、科学不确定性对传播的影响等，而是通过构建"领导模式"的类型学，为理解这些复杂问题提供了清晰的框架。

站在全球气候传播转型的十字路口，本书将"气候正义"与"社会福祉"作为贯穿始终的价值坐标，批判工具理性主导下的治理困境，呼唤对多元主体诉求的关注与回应。当前，全球政治经济格局正发生深刻变化，气候治理成为大国间为数不多能保持持续合作的领域之一，在此背景下，气候传播研究更需要保持对现实的敏锐洞察与理论创新的勇气。

这本书的价值不仅在于学术层面的创新，更在于它对现实的观照。全球气候传播面临着结构性不平等的挑战，而中国的角色既需要融入国际体系，也需要发展自身的话语特色。这种务实的研究取向，得益于他对国际治理实践的长期观察，也体现了年轻学者应有的问题意识。希望童桐博士能以本书为起点，在全球气候治理的研究中继续深耕，为这一领域贡献更多兼具理论深度与实践价值的成果。最后，也希望本书能为学界与业界提供新的思考维度，助力构建更加公平、包容、有效的全球气候传播体系。

童桐博士先后在中国人民大学、清华大学、新加坡国立大学等高校接受学术训练，这些学术经历既帮他打下坚实的学术基本功，更助力其建立开拓性的学术视野。如今他在中国传媒大学开启职业生涯，成为一名大学教师，继续深耕国际传播、气候传播等研究领域。看到这部著作出版，令我感到欣慰的不仅是学生学术成果的落地，更是看到他在研究中展现出的独立思考能力。我衷心祝愿他能够继续秉持认真、负责的研学态度，百尺竿头更进一步，为创新国际传播、气候传播的教学与科研作出更多贡献。

史安斌

清华大学新闻与传播学院党委书记、教授，

清华-伊斯雷尔·爱泼斯坦对外传播研究中心主任

2025 年春

目录

引言

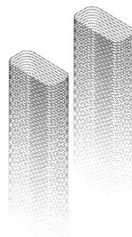

　　全球气候变暖正以前所未有的速度对全球生态系统、经济和社会稳定构成威胁。根据记录，2024 年成为现代记录以来，首个全球平均地表温度暂时超过《巴黎协定》期望的 1.5℃警戒线的日历年。[①] 且若按当前排放趋势继续下去，极端天气事件将越发频繁，热浪、洪水、干旱和飓风等，将威胁人类的生命安全和生计。多项数据显示，气候变化可能使全球数亿人面临极端贫困和粮食短缺，特别是在发展中国家和气候脆弱地区。与此同时，全球气候政治也正面临着协商困境，各国领导人须回应如何在减排目标与经济增长之间寻求平衡，并参与全球碳责任的分配。联合国气候变化大会数次强调了全球合作的紧迫性，提出在实现"净零排放"目标的过程中，各国必须刻不容缓地加强承诺与行动。显然，气候变化已不仅仅是一个环境问题，它已深刻影响到全球的社会、经济与安全格局，亟待通过有效的治理机制加以应对。

　　2020 年 9 月，中国宣布了二氧化碳排放力争 2030 年前达到峰值，2060 年前实现碳中和的战略目标（以下简称"双碳"目标）。作为全球碳排放量最高的国家之一，同时也是全世界最大的发展中国家，中国年碳排放量约占世界总量的 27%，中国此次宣布将于 2060 年前实现碳中和目标对于世界而言意义非凡。为达到这一目标，中国政府从 2020 年

---

① 科技日报：世界气象组织确认 2024 年为史上最热年　全球平均气温首次突破 1.5℃温控目标.2025 年 1 月 14 日，检索于：https://www.xinhuanet.com/tech/20250114/2048ca22d7e74da4a5b1efa251d85c74/c.html.

开始对社会公众力量、市场主体、农业等多元主体进行全面动员。[①] 与此同时，中国积极对发展中国家进行气候援助，在 2024 年底的阿塞拜疆气候变化大会上公布已向发展中国家提供 1770 亿元的气候援助资金，与 42 个发展中国家签署 53 份气候变化南南合作谅解备忘录，是名副其实的全球气候领导者。在《2025 年气候保护指数》排名中，在前三名国家空缺的情况下，中国作为不占优势的巨型国家排名全球第 55 位，表现优于美国、日本、韩国等发达国家，被认为是可再生能源领域的领导者，但在减排和能源消耗方面稍显不足。[②]

就当前中国参与全球气候治理的现状来看，作为全球人口第二大的国家，虽然中国的气候治理承诺与成绩在国际组织和气候科学家群体中获得诸多好评[③]，但由于治理理念存在差异，全球媒体对中国的气候治理计划缺乏了解，更缺乏理解。有关中国参与气候治理真实性与具体成效的质疑之声时常出现，《卫报》(The Guardian)、《纽约时报》等气候变化领域影响力较大的媒体便时常刊文对中国的气候治理具体细节提出质疑。原因一方面在于，中国政府及媒体在气候议题上"向全球说明中国"方面缺乏成效；另一方面，在当前的全球气候治理体系下，不同类型国家在利益分配和治理理念上存在较大差异，这放大了全球传播原本就存在的"信任缺失"。新兴经济体重视全球治理中的主权利益，而老牌发达国家则希望建立超国家层面的治理协议，中、美等代表性大国基于此开展全球气候协商。在此背景下，建立公平公正的全球气候传播体系，有利于促进各国在协商过程中相互理解，平衡全球气候话语权，以此强化"全球共同利益"，确保全球气候的"共同安全"。

全球气候治理中，不同政治主体之间存在认识论差异，这一现象

---

① 国务院新闻办公室：中国应对气候变化的政策与行动. 2021 年 10 月 27 日，检索于：http://www.gov.cn/zhengce/2021-10/27/content_5646697.htm.

② 气候保护指数（CCPI），检索于：https://ccpi.org/.

③ IEA: China has a clear pathway to build a more sustainable, secure and inclusive energy future. 2021-9-29，检索于：https://www.iea.org/news/china-has-a-clear-pathway-to-build-a-more-sustainable-secure-and-inclusive-energy-future.

的成因复杂多样。气候变化不仅是一个纯粹的科学问题，它还深刻地交织着政治、经济与公共利益的多元特性，既成为大国间博弈的舞台，同时也标示着全球经济结构与能源体系转型的关键方向。这一议题跨越从全球到本土的多维度语境，构成了丰富而复杂的话语建构场域（邓拉普，布鲁尔，2019：237-239）。特别是2009年哥本哈根气候变化大会与2015年巴黎气候变化大会之后，全球气候治理的轨迹发生了显著转变，国际社会步入了以"碳减排"为核心的"责任政治"新纪元。在此背景下，气候治理的紧迫性日益凸显，与碳责任分配的复杂性相互缠绕，进一步加剧了全球气候传播领域的挑战与复杂度。

当前时期，国际社会亟待作为"领导者"（leadership）的政治主体出现，尤其是碳排放大国应当依托自身的"碳实力"树立起榜样作用，在全球气候治理中建立可持续发展的全球治理观，带动其他国家积极参与气候治理工作当中（肖洋，2011；薛澜，关婷，2021）。但就目前来看，由于议题宏大，涉及部门广泛，全球气候变暖在治理格局上存在着"权力真空""权威缺失"等问题，并没有出现真正的全球性领导，而是出现了不同类型的国家集团，在这些国家集团中又分别出现了各自的领导者，这些领导主体就气候治理问题展开协商，这也是全球气候传播的核心特征。

在现有全球治理结构下，全球各政治主体间的话语权并不平等，它们之间也存在诸多矛盾。党的二十大报告指出，当前世界和平赤字、发展赤字、安全赤字以及治理赤字都在加重，人类社会面临前所未有的挑战。[①] 所谓的赤字，本质上是资源分配的不平等。而全球治理赤字一方面在于当前全球治理中的国家间资源不平等，另一方面也来源于部分西方国家基于自身政治、经济及科学霸权，建立起在科学知识和治理话语上的权威地位，将全球治理"工具化"和"西方化"，用以维护集团利益（任琳，

[①] 习近平：高举中国特色社会主义伟大旗帜　为全面建设社会主义现代化国家而团结奋斗——在中国共产党第二十次全国代表大会上的讲话（2022年10月16日）．2022年10月25日，检索于：http://www.gov.cn/xinwen/2022-10/25/content_5721685.htm.

2022）。这种对"知识权威"的掌握也阻碍了全球治理多边秩序的形成。

传播学应如何回应以上全球气候治理所面临的现实问题？气候传播研究诞生于 20 世纪 90 年代，主要关注社会层面的气候动员与气候科学传播，思考如何通过信息动员使公众意识到气候变化的严重性，使其参与到气候行动当中。这些研究有其价值所在，但缺乏对于大国博弈背景下的全球气候传播的关注，在吉登斯（2009：273）眼中属于"事后思考"（back of the mind）。因为气候治理有其政治逻辑，民意固然重要，但只有国家政府采取行动才能够真正改变气候变化的结构性认知。吉登斯认为，由于气候变化不可见、不具体，很难被普通人感知到，当人们意识到其所带来的灾难性后果时，早为时已晚，这就是著名的"吉登斯悖论"（Giddens Paradox）。因此气候治理必须是以国家政府为主体的治理行为，这样才能带来结构性认知的转变，气候传播也必须从比较、博弈的视角出发，从政治与政策的视角进行前瞻性思考（吉登斯，2009：2-5）。

近年来国际传播研究越来越重视本土话语体系、概念体系的建设，基于外部形势变化，在实践建设方面提出"讲好中国故事""战略传播"等重要建设方向。但在理论建设层面，国际传播研究缺乏对全球治理重大议题的回应（王昀，陈先红，2021）。气候治理既包括高度规则化的治理规则，同时也包括碎片化的各类非正式治理机制，以及处于中间模糊地带的治理规则（薛澜，关婷，2021），这些规则的制定过程中存在着软硬"碳实力"的双重角逐。对于我国而言，中国在诸多治理领域的技术、产能等硬实力上已经达到世界领先水平，但由于在各专业领域的国际舞台上发声不足，缺乏对规则制定的参与，导致了整体治理领导力不突出。因此，如何向世界说明自身的发展模式和技术标准的优越性，构成了全球治理语境下国际传播工作的要义，这不仅仅是有关模式和标准的传播，更关乎着能否建立公平公正的全球气候传播体系。发达国家在技术优势和话语权建设上占据着巨大优势，这种优势地位使得全球气候治理的天平长期处于失衡状态。作为发展中国家领导者的中国必须在建设全球气候传播话语权的基础上把握自身领导作用，在全球气候传播中为发展中国家争取均衡的发声地位，使来自发展中国家的"知识"获得更多的可见性，由此，全球气候治理的"南北共识"才能够真正形成。

对国家主体来说，全球气候传播中领导力建设的核心在于构建对特定"治理模式"的全球共识，旨在促成"全球知识"的形成（苏长和，2011）。那么，从传播学的角度，我们应当如何解读这种"知识"？全球治理涵盖了科学、政策与政治三个维度，它不仅容纳了科学共同体产出的实验性科学知识，还融合了蕴含国家利益和知识形态的理念型知识。为对其作全面理解，本书借鉴知识社会学的分类方法，将上述各类知识统合于"知识"这一广泛概念下。在此框架下，"知识"不仅指传统意义上的科学知识，还广泛包含了全球治理领域的政策导向、政治理念，诸如发展模式、技术标准、治理哲学等多方面的内容。

在全球史看来，18世纪是法国知识分子的时代，19世纪是德国知识分子的时代，20世纪是美国知识分子的时代（勒佩尼斯，2011：6-35），21世纪则是"新全球化"时代，各国间同样在展开一场有关"知识"的竞争，这种竞争存在于科学、世界观甚至价值观等多个层面，尤其是国家发展模式与治理理念。本书以全球气候治理初步形成的2009年的"哥本哈根气候变化大会"为起点（以下称为"后哥本哈根时代"），思考与了解"碳减排"时代开始，国际社会进入"责任政治"时代后的全球气候传播。进而从全球气候传播领导模式出发，为当前我国开展全球气候传播提供借鉴与启示。

一、本书的学理和实践价值

从本书的学理意义来看，气候传播集中体现了人类对于气候变化的认知和话语变迁过程，但本土学界对于全球治理语境下的"气候传播"的认识尚不充分,在概念界定、主体确认方面没有形成明确共识。现有气候传播研究仍然沿用风险传播的社会传播框架,关注气候传播中的个体信息接收过程。但实际上,以国家为主体的气候传播仍然掌握着全球气候传播的基本逻辑(Okereke, Bulkeley & Schroeder, 2009),个人层面的碳减排受制于宏观结构的影响,这一点在讲求"宏观调控"的中国语境下尤其明显(Corbett, 2021)。对以国家为主体的"全球气候传播"的忽视使得当前本土气候传播研究存在理论与现实需求脱轨的现状。

就气候传播而言,环境问题和气候问题在西方语境下被视为一种亟待解决的风险与危机。相比于西方国家,中国的环境话语存在独特性,关注人与自然的统一发展(赵月枝,范松男,2020),以"中国方案"的姿态在全球舞台获得关注(李波,刘昌明,2019)。在现有的全球气候治理语境下,"中国方案"如何转化为中国在全球气候治理中的影响力?既有研究缺乏对全球气候传播背后治理格局的回应,本研究通过对全球气候传播中领导模式建设进行考察,丰富气候传播研究的理论资源,扩展气候传播研究的国际视野与想象力。

就跨学科意义而言,本书在传播学视角下拓展了全球气候治理研究的想象力,也扩展了全球气候传播研究的阐释空间,在传播学学科基础上为全球气候治理研究提供理论贡献。长期以来,气候传播研究关注于公共传播层面的气候传播动员,对于全球气候治理层面的传播活动关注较少,本书将气候传播的理论视角与研究对象延伸至全球气候治理领域,试图回应传播学在全球气候治理研究中的"缺位"。同时,既有的全球气候传播研究缺乏对已有全球传播研究的关注,相关方法论较为空缺,本研究整合全球传播、国际传播和公共外交等研究方向,将其共同纳入全球气候传播的框架下进行分析,建立一套整合的全球气候传播世界观,从战略传播视角整合未来我国开展全球气候传播所可能使用的传播资源。

从现实意义来看，气候议题兼具经济与环境等多重属性，了解其多重属性对气候传播而言具有一定价值，对开展"双碳"目标下的全球气候传播有一定指导作用。另外，辩证看待全球气候治理语境下的气候传播语境转变和话语转型，对于当前我国开展面向"中国方案"的全球气候传播、积极参与全球气候治理具有重大现实意义。

"双碳"目标既标志着中国全面进入绿色低碳时代，也向世界宣示以"十四五"为起点开启生态文明新征程的决心，成为广大发展中国家参与全球气候治理的典范。2017年中国提出"中国参与全球气候治理应始终积极作为"，并在之后多次强调这一方针的重要性[①]，对此，我国的气候传播工作者也将承担更多责任。

对于中国而言，长期以来，以中国为代表的广大发展中国家在气候传播专业水准方面与发达国家存在着差距，在全球影响力方面有很大的进步空间。原因之一便是传播工作者对当前全球气候治理中不同的知识类型和话语模式缺乏了解，导致我国政府和媒体在全球气候传播话语场中存在一定程度上的"错位"及"失语"状态。在"双碳"目标受到国际社会普遍欢迎的背景下，中国在全球气候治理中需要赢得与其贡献相匹配的话语权和影响力。本书从全球气候治理的过程层面入手，理解全球气候传播如何"映射"并影响了当前全球气候治理领导模式的实际进程，并为我国未来气候传播实践提供实践性建议。

就全球意义来看，本书以领导模式为线索，对当前全球气候传播的基本格局进行描摹，回应全球气候治理中的南北国家间核心矛盾。长期以来美国、欧盟等老牌发达国家和地区凭借自身的知识霸权，在全球气候传播中掌握着话语优势，忽视了广大发展中国家的生存与发展权，这种困境使得广大发展中国家在参与全球气候治理过程中缺乏积极性，客观上减缓了全球气候治理的进程。因此，全球气候治理必须有发

---

① 中国气象局：中国积极参与应对气候变化全球治理.2022年11月28日，检索于：
http://www.cma.gov.cn/2011xwzx/2011xmtjj/202211/t20221128_5200522.html.

展中国家的发声才能够真正持续进行下去，而中国作为发展中国家参与全球气候协商的代表，有能力、也有责任树立起自身在全球气候传播中的领导地位，帮助广大发展中国家在全球气候传播舞台上参与全球气候协商。

二、本书内容框架

本书所关注的核心问题在于，全球气候治理中的各领导主体如何基于全球气候传播开展有关全球气候治理知识的协商？全球气候传播中的领导主体形式丰富，国际组织、国家和地区性国际组织在气候议题的知识流动中分别承担不同职能。本书使用"领导模式"这一概念对全球气候传播中的领导者进行划分。在不同的领导模式下，领导者通过结构的、话语的权力，影响其他政治主体采取特定政策路线（钟猛，王维伟，2022），这种领导模式既建立在参与主体已有的政治经济实力之上，也包括气候传播、气候外交等软实力层面（肖洋，柳思思，2010）。因为从领导者的影响路径来看，各政治主体的利益定位很难产生改变，但各主体参与全球气候治理过程中的观念层面受到外部的影响较大，来自哪些国家的"治理方案"能够获得全球性认可，成为全球气候治理的标准方案，这关乎气候治理的发展走向与利益分配，与全球气候传播的理念和实践转型也息息相关。

参考既有研究以及全球气候传播中的实践特点（Andresen & Agrawala，2002），本书将全球气候传播中的领导者分为以下三种类型：设置全球治理议程、放大知识影响力的"工具型领导"；作为全球气候传播主要参与主体的"结构型领导"，主要是国家和地区性国际组织；负责科学知识生产的"知识型领导"。全球气候治理主要围绕着结构型领导之间的矛盾展开，工具型领导和知识型领导起到组织者和推动者的作用。

在案例选取方面，研究分别选取《联合国气候变化框架公约》(United Nations Framework Convention on Climate Change，UNFCCC)、"联合国政府间气候变化专门委员会"(Intergovernmental Panel on Climate Change，IPCC)为典型的工具型领导和知识型领导，选取中国、美国、欧盟等九个代表性国家和国际组织为结构型领导，选取蚂蚁森林等企业为气候传播多元主体的代表案例。

在章节分布方面，本研究共分为七章。

第一章为全球气候传播的学术地图。首先对研究背景进行介绍，引出"双碳"目标下中国开展气候传播的意义和价值。梳理气候传播的历史背景与"后哥本哈根时代"气候传播"责任政治"时代到来后，全球气候治理与全球气候传播之间的逻辑关系，并引出本研究的关键概念，即"领导模式"与"知识"，将其作为气候传播过程的重要视角。分别对领导力模式和知识社会学中的知识概念类型进行梳理，将其引入全球气候传播研究当中。

第二章为全球气候传播的历史梳理。聚焦于全球气候传播中的领导模式发展历史，论证领导模式作为理解全球气候传播新视角的重要价值。内容方面，首先对全球气候传播的发展历史进行梳理，说明自20世纪50年代以来科学界和媒体界对"全球气候变化"的认知变迁。接下来根据研究线索简要梳理"后哥本哈根时代"全球气候传播的历史，重点介绍"责任政治"时代到来后各个国家和政治主体开展气候传播工作的方向转型，进一步捋顺知识、工具以及结构三种领导类型的全球气候传播发展历史。其次，对中国开展全球气候传播的理念和实践进行梳理，回顾"全民义务植树"等本土气候治理实践及哥本哈根气候变化大会后中国开展气候传播的新动态。最后以"全球气候变热"和"气候紧急状态"等概念为线索梳理全球气候传播的最新话语变迁。

　　第三章到第六章对全球气候传播中的几种领导类型进行探讨，每一章首先在全球气候治理格局下对不同领导类型进行介绍，然后以一至两个案例研究对其在全球气候传播中的具体角色与职能进行探讨。

　　第三章为本书主体研究内容的第一部分。这部分以联合国气候变化框架公约（UNFCCC）为研究对象，探讨全球气候传播中的"工具型领导"如何对气候传播进行定义，并对新闻来源进行知识把关。以联合国气候变化大会的组织方 UNFCCC 官方网站的新闻稿为研究材料，对其进行内容分析，描摹了全球气候传播中一个典型的"工具型领导"的气候传播模式。该章认为，UNFCCC 等国际组织看似在全球气候传播中给予全球南方国家更多发声机会，但在具体的传播细节上却仍然抱有西方中心"现代化"思维，构建全球北方与全球南方之间援助与被援助的二元关系，忽视中国等全球南方国家在气候治理中的能动性。该章发现，中国等发展中国家在当前联合国框架下的气候传播中存在"阶段性错位"的问题，即在多元主体参与气候传播的时代仍然强调以国家主体开展全球气候传播。

　　第四章为本书主体研究内容的第二部分。这部分研究主要关注国家等政治主体在全球气候传播中的"结构型领导"角色。此部分包含两个研究，第一个研究以 UNFCCC 的新闻稿为研究材料，生成全球气候传播的主体网络，对不同类型国家的网络位置进行基本把握。第二个研究以九个国家/国际组织的外交部网站有关"碳减排"和"气候变化"的新闻文本为研究材料，对其进行语义网络分析，从而识别出几个主要国家在气候传播中的领导模式和知识解读重点。该章认为，全球南方和全球北方或是发达国家和发展中国家的二元划分方式无法对全球气候传播中参与国家的立场进行概括，因此要纳入小岛屿国家、欧盟、中国 +G77 等国家集团分类。该章认为，具有同一领导类型的国家及地区在开展气候传播中也会因立场和利益的差异而采取不同的传播策略，例如中国和欧盟分别为发展中国家和发达国家的结构型领导，前者强调气候传播中的治理理念，后者则关注气候传播中的技术细节。

第五章为本书主体研究内容的第三部分。这部分研究主要以政府间气候变化专门委员会（IPCC）为研究对象，思考气候传播中知识型领导的角色特征。这一部分研究首先对 IPCC 的发展历史进行考察，梳理其气候传播理念转型过程，理解作为国际科学组织的 IPCC 如何获得全球气候治理的核心科学地位。接下来以 IPCC 在哥本哈根会议之后向媒体发布的 15 份"媒体摘要"为研究材料，理解"气候门"之后的 IPCC 如何通过气候传播重建自身影响力。重点对两份综合评估报告下，IPCC 针对媒体所发布的"媒体摘要"进行分析，考察 IPCC 如何在展示"科学不确定性"的前提下进行气候传播的权力平衡。该章认为，IPCC 开展气候传播经历了回避媒体到接触媒体的气候传播理念转型过程，但看似中立、客观的科学知识背后存在着气候传播的权力偏向，具体表现在重视偏向发达国家的自然科学知识，忽视关乎"气候正义"的社会科学知识和地方性知识。

第六章关注企业、媒体、名人等全球气候传播中的多元领导者。首先对不同主体类型参与全球气候传播的能动性和话语类型进行分析，说明这些多元主体的价值在于扮演全球气候治理与地方社会环保意识之间的中介者角色。也因此，这些多元主体在开展气候传播过程中，一方面回应全球气候治理中的新治理议程，另一方面要充分利用环境治理的本土话语资源，转化所谓高大上的各项气候议程。

第七章为结论与讨论部分。通过对本书主体部分的总结，理解当前全球气候传播格局下领导模式的现状，完善并修正本书所提出的领导模式的全球气候传播框架，对我国未来全球气候传播领导建设模式进行把握，为我国开展气候传播工作提出方向性建议。最后，在回顾全书的基础上，提出本书存在的不足之处，提出未来改进的可能性。

最后为结语部分。笔者将在回顾全书的基础上对未来该领域可进行的研究创新作出思考，同时将视角扩展至中国本土气候传播学术界，描绘当下国内气候传播研究的现实热点与发展走向，思考本土气候传播学术共同体的建设可行性。

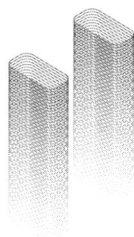

第一章
全球气候传播的学术地图

人类对"全球气候变暖"的科学认识起源于 20 世纪 80 年代末至 90 年代初。与之相比,涉及全球气候变暖的信息传播活动,即"气候传播",在新闻传播领域的兴起时间则相对滞后,大约直至 21 世纪初,气候传播才广泛进入新闻传播学的研究视野并得到应用,成为备受瞩目的议题。鉴于气候治理在全球各国具体情境下展现出的实践差异性,气候传播的模式、关注焦点以及社会各阶层与相关部门在不同地域的重视程度也呈现多样化的特征。本书聚焦的"全球气候传播"在哥本哈根气候变化大会上正式起步,成为一项全球性的研究议程,并开始受到我国学者关注。但到目前为止国际主流传播学界对全球气候传播的关注度并不高。原因在于,受量化传播学传统和西方社会学术研究议程的影响,西方传播学界更关注面向公众的科普范式下的气候传播研究,较少关注到以国家为主体的气候传播格局。

基于以上考量,有必要对全球气候传播的相关概念、学科演变进行整体概括,明晰这一领域的发展情况。对此,本章将对本书所涉及的重要理论和概念进行梳理,包括何为"气候传播",明确"全球气候传播"的具体内涵,及其在"后哥本哈根时代"全球气候治理体系下的变化。

具体而言,本章将首先把握在公共传播和国际传播两个视角下的气候传播研究的历史与发展,同时介绍全球气候治理、健康传播、环境传播等相关概念。接下来,本章将全球治理中的"领导模式""知识""气候安全"等概念引入全球气候传播研究,以此为线索构建出全球气候传播的研究框架。"领导模式"这一概念在传播学研究中很少受到探讨，本章将阐释治理、传播与领导模式三者间的关系，对全球气候传播与全球气候治理概念进行接合。最后，引入知识社会学和经济社会学框架下的"知识"概念，将其纳入全球气候传播分析框架当中，提出作为"知识协商""知识分享"的全球气候传播过程视角。

一、全球气候传播的相关概念与形成节点

"气候传播"与"全球气候传播"两者分别对应气候变化议题在公共领域和国际社会的传播实践，在议题关注、参与主体以及争论焦点上有所不同。全球气候传播具有很强的阶段性特征，自 20 世纪 90 年代全球气候治理开启以来，国际社会对全球气候变暖的科学认知也逐渐加深。在气候治理的不同阶段，主体间的争论焦点有所不同，全球气候传播的主题也有所差异，有必要对当前全球气候传播的历史背景与现实语境有所把握。

（一）从气候传播到全球气候传播

1. 气候传播

"全球气候传播"建立在"气候传播"实践的基础上。国家主体内部通过气候传播建立起公众对气候变化的认知，制造气候治理的政治议程，气候治理由此获得公众支持，也就是政治议程上的"合法性"，国家主体有机会参与针对气候治理的全球性协商。从实践进路来看，气候传播也是本书的基础概念之一。关于气候传播[①]，总结已有研究来看

[①] 部分文献也使用 Climate Change Communication 一词，即"气候变化传播"。详见：Moser, S. C.（2010a）。

（郑保卫，王彬彬，2019：16；Agin & Karlsson，2021），目前使用比较多的定义是：

> 向公众传播有关气候变化信息，以寻求公众在气候态度和行为上的改变，最终解决气候变化问题。

从历史源流来看，气候传播最早可追溯到 20 世纪 50 年代末、60 年代初，该时期有关气候变化的争论在科学界开始浮现，媒体将其作为一种新科学发现进行报道（Manabe & Wetweald，1967；Revelle & Suess，1957；Robinson & Robbins，1968）。20 世纪 60 年代到 80 年代，有关气候变化的传播活动主要围绕科学活动展开，例如有关气候变迁的报告和专门会议或政策会议（Moser，2010b）。90 年代开始，气候科学发展迅速，带来了气候传播的崛起，气候传播开始囊括以气候变化为中心的所有类型的传播，包括气候变化的信息来源、发布方式、传播内容以及评估方式等。发展至今，气候传播已经成为整合多元学科的一个研究方向，相关研究分布在多个研究领域和学科传统中，如媒体和传播、政治科学、自然科学、心理科学、经济学等。

21 世纪开始，气候传播从环境传播中半脱离，成为与环境传播、健康传播、科学传播等传统学科并驾齐驱的一个研究方向，越来越受到传播学界的关注。顶级传播学组织国际媒介与传播学会（International Association for Media and Communication Research，IAMCR）专门设立了气候传播的研究奖项，并在 2025 年将年会主题设置为"传播环境正义：多种声音，共同健康"（Communicating Environmental Justice：Many Voices，One Health），直接关注传播学对于气候变化等全球问题的回应。一般认为，气候治理领域存在着"双层博弈"或"双轨治理"现象（王彬彬，2018：8），即气候治理同时存在着气候治理的国内博弈和国际博弈两个层面，这对应了气候传播的两个方向：（1）气候议题下的公众科普、政策协商等公共传播层面的传播效果研究；（2）国际社会气候议题下的国家形象建设与全球政策协商。

从前者来看，在气候变化的科学归因上，由于"人为气候变化"（anthropogenic climate change，ACC）的特征非常复杂[①]，难以预测，这种复杂性容易带来虚假信息的传播与扩散，会对气候变化的行政协调产生负面影响。这带来了气候传播的一个重要命题：如何在不低估全球气候变暖后果严重性的情况下，简化这一复杂问题，以减少公共对气候变暖的误解和怀疑的蔓延（Agin & Karlsson，2021）。在此背景下，西方学界主要关注气候变暖的社会共识建设，关注面向"公众"的气候传播。这从英文学界普遍引用的气候传播定义中便可窥见："使用各种类型的沟通工具和策略向不同类型的公众沟通气候变化问题"（Nerlich，Koteyko & Brown，2010）。加之西方国家具有深厚的公民运动和社会自治传统（刘涛，2013），且西方国家的气候政策制定非常依赖国内舆论走向，如在美国，支持激进气候政策的左翼领导人对公众参与气候运动喜闻乐见，乐于为气候行动进行政治造势。相比之下，保守派代表工人阶级利益，反对一系列不利于该选民群体的经济改革，更多否认气候变化的威胁。因此，在西方社会，向公众普及气候变化的科学成因有其政治意义。

相比之下，以中国为代表的部分发展中国家在环境与气候治理方面主要奉行"自上而下"的治理原则（冯仕政，2011），由国家对气候治理所涉及的相关产业进行部署，民众更多是"被动员者"。气候治理结构上的差异性使得东西方气候传播研究从出发点上存在差别。目前本土气候传播研究的重点并不如海外学界那样清晰，对于气候传播的定义也较为模糊。国内研究既存在面向公众科普的气候传播研究（邱鸿峰，2016）；也有回应国家战略，探讨以"国家"为主体的气候传播研究。尤其是中国宣布"2060碳中和"目标后，后者的研究成果逐渐增多，成为近年来国内学界的一个重要发展方向。但相关概念在学界较为

---

① 人为气候变化是指由于人类活动引起的气候变化，这里的人类活动主要指工业化、能源使用、森林砍伐、土地利用变化等人类活动所产生的温室气体排放。

混乱，出现了气候议题的对外传播（童桐，李涵沁，黄思南，2022），国际气候传播、气候全球传播（张志强，2017）等概念，缺乏统一的概念审订。

2. 全球气候治理与全球气候传播

本书主要关注全球气候治理语境下的气候传播，即存在于全球气候治理语境下的气候传播，对此应首先理解"全球治理"这一基本概念框架。所谓"治理"，一般可以从两个角度论述，在社会层面，治理被认为是一种资源配置手段，帮助各社会主体获得相应的社会资源以维持社会系统正常运转，规避危机、风险的产生；在政府层面，治理一般指对于政府机制的调节，即政府的管理规则应随着社会秩序的变迁而进行转变。治理可延伸至不同社会和议题领域，如健康治理、环境治理；也可以延伸至区域层面，如城市治理、国家治理、欧盟的"内部治理"，或者是国际社会层面的"全球治理"。本研究关注的气候传播便是在全球气候治理框架下的传播活动，参考既有研究（Jagers & Stripple，2003），"全球气候治理"被广为接受的定义如下：

全球气候治理是指旨在引导社会体系预防、减缓或适应气候变化所带来的风险的一系列外交手段、机制及应对措施。

本书所关注的全球气候治理语境下的气候传播可被称为"全球气候传播"。参考既有研究对国际新闻与全球新闻概念的辨析，国际传播更强调以单一国家为主体、由政治所规定的"单向"传播行为（戴佳，史安斌，2014）；而全球气候治理更强调全球多元主体的共同努力，具有显著的"多边主义"特征，更符合气候治理的全球化语境。现有的国际传播在实践模式和研究取向上以英美模式为标准，具有更强的实用主义色彩，可被视为旧传播体系的维护者（李金铨，2015）；而全球传播则拒绝单一传播价值观的统治，强调超越国界以及价值观边界的传播，更符合全球治理语境下的传播需要，符合我国在全球气候治理中的一贯诉求。

对于本书而言，"全球气候传播"的概念显然更符合当前全球治理语境下的气候传播实践，具体原因如下：首先，全球气候治理虽然仍以国家为主要参与主体，但在气候传播领域，国家集团、国际组织、非政府组织甚至是企业都在其中起到越来越重要的作用，影响到国家主体的气候传播策略，因此这种气候传播首先是多元主体参与的"全球传播"；其次，全球气候传播不以单一国家利益为重，所面临的共同议题是"全球气候变暖"这一21世纪人类所面临的最大治理难题，其本质上是要达成"共同利益"（common goods）或"共同安全"，维护"人类命运共同体"，这也是我国参与全球气候治理的基本诉求。对于气候与环境治理，我国提出"人与自然生命共同体"等全球性倡议，这类表述与全球传播的基本价值诉求具有一致性。因此，笔者将本书所关注的存在于全球气候治理场域下的气候传播研究定义为"全球气候传播"，关注在全球气候治理议题下，以实现共同利益为目标所开展的全球传播实践。基于对已有文献的把握，本书将"全球气候传播"定义为：

在全球气候治理框架下，以维护全球气候安全为目的，多元主体（尤其是国家等碳排放主体）之间围绕碳责任分配、气候科学等议题所开展的传播活动。

分解这一概念，与面向公众的科学范式下的气候传播不同的是，全球气候传播存在于全球气候治理框架下，更多是国家、国际组织、企业等碳排放主体之间的协调和互动，其虽然也存在围绕气候科学所开展的科学治理议程，但同时也存在围绕着国家和国家集团利益所展开的政治协商过程，在分析过程中会引入诸多国际关系、政治学的相关概念和理论，跨学科属性更加明显。在传播学领域，全球气候传播可被视为全球传播、国际传播与气候传播三个研究方向的交会之处，与公共外交、国际公共关系、国家形象等学术概念存在密切关联。

提出"全球气候传播"概念的意义在于，以全球气候传播为起点，关注多元主体参与的全球气候传播，而非将视角限于价值观统一的国际传播，有利于为我国气候议题的战略传播提供新视角与新方向。在外交和国际关系领域，气候合作常常独立于政治冲突与文化隔阂之外，是少有的在政治关系出现裂痕之时仍能正常进行的合作领域，如中美、中欧之间最稳固、维系时间最久的合作机制之一便是气候合作，欧盟将气候合作、经济合作、地缘安全合作视为与中国开展交往的三个基础领域。气候议题这种突破政治隔阂的优势使得我国国际传播研究也经常视气候议题为开展国际传播、"讲好中国故事"的突破口，通过气候传播建设全球气候共同体也是我国提升负责任大国全球形象的重要路径。

3. 健康传播与环境传播

除了气候传播和全球气候传播，本书还将介绍环境传播、健康传播、科学传播等该领域的其他重要概念，这些研究领域同样是全球气候传播的学科基础。在欧美学术界，这几个领域经常难以区分，因为环境和健康信息的传播通常也是科学信息的传播，而环境污染所造成的直接后果便是对公共健康的损害，因此三者在议题层面往往存在交叉。

首先看环境传播。在气候变化概念提出之前，人类便开始通过环境传播来理解人与自然之间的关系状态，相比于气候议题发展仅几十年的历史，环境传播实践早已发展百余年。回顾环境史可知，环境传播观念最早诞生于 20 世纪初，早期美国"西部大开发"之时，"自然环境"被视为人类所要征服、开垦的"荒野"，直到 20 世纪，美国的"树木"经历了从垦殖主义的"开林垦荒"到《荒野法》之下"财产"的意义变迁①，西方社会开始将森林视为一种"私有财产"，西方的"环境主义"由此诞生，环境传播也随之进入公共领域，成为一种重要的传播实践。美国社会 20 世纪 60 年代出现的以《寂静的春天》出版为标志的环境"斗争"思潮，标志着环境传播正式进入主流视野。时至今日，环境传

---

① 美国的《荒野法》于 1964 年通过，在美国荒野保护史上具有非常重要的历史地位。该法案的思想源流可追溯到 19 世纪美国的荒野思想和自然保护主义。

播已经成为传播学领域最重要的研究方向之一。在国内外学界，目前使用较为广泛的定义为（Luhmann & Bednarz，1989）：

> 环境传播即以自然环境信息为主题的一系列传播活动，是人类理解自然、建构人与自然关系的一种实用和建构性工具。

环境传播建构了人类对自然环境的认知，有关环境的符号解释和话语建构是其研究起点。从该定义来看，气候传播可被视为环境传播的一个分支，气候变化属于自然环境的一个部分，而气候传播集中体现了人类对于气候变化的认知和话语变迁过程（刘涛，2009）。就环境传播与气候传播的关联而言，环境传播可被视为气候传播的"基石"之一，一个社会只有建立完善的环境传播系统，才能够为提升公众的气候知识水平提供保证。同理，一个国家在国际社会的气候领导力建立在其国内的环境治理水平之上，环境传播正是这种治理系统的重要表现。在本书后几章的论述过程中，对于环境传播的关注也将贯穿始终。

接下来是健康传播。对西方传播学学术期刊有所关注的学者会发现一个现象，环境传播领域的学术期刊和健康传播学术期刊在学术发表议题上往往重合，两类期刊均会发表健康、气候传播的有关议题，说明了两个学科之间的亲缘性。事实上，气候变化与健康问题关系紧密，2024年9月国家疾控局等13部门公布的《国家气候变化健康适应行动方案（2024—2030年）》提出，高温热浪等极端天气带来健康风险，造成媒传疾病增多，可能诱发多种过敏性及慢性疾病。[①] 广泛来看，气候变化带来的海平面上升、极端气候事件也会导致许多人无家可归，造成传染病暴发等公共威胁。因此，论及气候变化对人类社会产生的威胁，健康威胁必然是一个重要讨论方向，两者存在科学逻辑上的联结。美国学者罗杰斯（Rogers，1994）在1994年对健康传播提出界定：

> 健康传播是一种将医学研究成果转化为大众易读的健康知识，并

---

① 新华社：应对气候变化挑战！13部门联合发布健康适应行动方案. 2024年9月19日，检索于：https://www.gov.cn/lianbo/bumen/202409/content_6975251.htm.

通过态度和行为的改变，以降低疾病的患病率和死亡率，有效提高一个社区或国家生活质量和健康水准为目的的行为。

从以上定义可知，气候传播对于健康传播的意义在于，通过向公众普及有关气候变化相关的科学知识有助于帮助公众意识到气候变化与健康问题之间的联系，意识到气候变化可能产生的危害，从而参与到遏制气候变化的社会行动当中。[①] 当然，健康传播和气候传播并无级别之分，两者可被视为互相存在交集。健康传播同样对于全球气候传播具有重要意义，对于国际社会而言，"健康威胁"在敦促各国开展行之有效的气候行动方面往往最为高效，这是因为对于国家主体而言，开展气候行动往往意味着在经济方面作出一定让步，放弃相关经济产业，这在秉持气候治理"自下而上"模式的西方社会之中一般会受到民众反对，很难在社会舆论层面带来合法性。相比之下，"健康"能够增加公众对于气候变化的"感知威胁"，往往能在气候动员上获得更多关注，为气候治理提供合法性。各类气候变化国际组织也意识到这一点，在各类国际场合开展健康传播，强调气候变化的健康威胁。

对比气候传播、环境传播、健康传播、全球气候传播四个概念的基本概述可见，前三者都是面向公众层面的传播行动，而全球气候传播更多发生在国际社会之中，关注国际组织、国家、企业等主体之间的传播互动。虽然关注主体不同，但环境传播、健康传播等学科奠定了全球气候传播的议题面向，全球气候传播则进一步引入了国际关系、国际传播等学科视角，关注气候变化如何在国际社会之中通过全球气候治理机制得到妥善解决。

4. 气候外交

除上述传播学的概念之外，本书同时也对"气候外交"进行简要

---

① 关于两者的关系，详见世界健康组织（WHO）：气候变化. 2023 年 10 月 12 日，检索于：https://www.who.int/news-room/fact-sheets/detail/climate-change-and-health.

介绍，气候外交虽然并非传播学概念，但随着社交媒体在外交活动中作用的显著增强，气候外交与全球气候传播也出现诸多交叉部分。参考欧盟等政治主体提出的气候外交内容，笔者给出气候外交的定义：

气候外交即利用外交手段支持国际社会建设应对气候变化的国际合作机制，其目的在于减轻气候变化对国际社会和平、稳定发展所带来的风险。

气候外交的价值不仅仅在于解决气候治理问题，还包括利用气候变化问题来推进其他外交目标。如通过共同应对气候变化这一全球性风险，各国可以加强合作，建立国际互信，建设多边主义合作机制，以此应对健康、恐怖主义等其他国际安全问题。[1]

气候外交在多个实践领域与本书所关注的全球气候传播存在交叉，首先，气候外交要求在全球战略层面制定适当的风险评估和风险管理战略，这需要通过各类传播学研究方法对有关气候变化的网络舆情与全球民意进行评估；其次，气候外交包括媒体外交、人文交流等与国际传播息息相关的实践类型[2]，两者在全球气候治理中互为补充。应对气候变化安全风险的需要建设强大的合作网络，其目的在于建设一种多边主义的结构性信任，这种信任建设需通过各类传播方式渐进、温和地达成。

除上述提及的几个概念之外，科学传播、经济传播、政治传播也往往被视为气候传播相近学科，笔者根据各概念之间的关联和异同绘制出图 1-1，并编制表 1-1，以清晰呈现不同概念之间的关联。其中，由于科学传播关注议题广泛，往往被认为包含环境、健康、气候传播等不同议题方向，将在第五章对其进行详细探讨。与之类似，经济传播也是

---

[1]　Climate Diplomacy. What is Climate Diplomacy? 检索于：https://climate-diplomacy. org/what-climate-diplomacy.

[2]　与气候外交类似的一个概念是气候公共外交，气候外交一般指以国家为主体的正式外交活动，公共外交则多为民间主体开展的多形式交流活动，本书第六章对此概念有具体介绍。

全球气候传播研究常常忽视的一个重要面向，与气候传播不同的是，全球气候治理的特殊性使全球气候传播也需围绕碳交易、碳减排等经济议题展开，对于经济传播的关注，本书将在第三、六章进行论述。

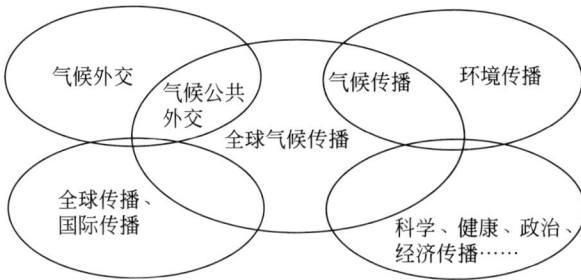

图 1-1　全球气候传播的相关概念关系图

表 1-1　全球气候传播相关概念对比

概念	传播过程
气候传播	向公众传播气候变化信息，以寻求态度和行为上的改变，最终解决气候变化问题
气候外交	开展气候议题下的公共外交、媒体外交等实践活动，建立合作网络
健康传播	将医学研究成果转化为大众易读的健康知识，以降低疾病的负面影响
环境传播	以自然环境信息为主题面向公众的一系列传播活动
全球气候传播	以维护全球气候为目的，多元主体（尤其是国家等碳排放主体）所开展的传播活动

（二）全球气候传播概念发展的两个重要节点

在气候治理的不同主题阶段，全球气候传播的概念也有其阶段性侧重。全球气候治理存在于大国博弈的背景之下，尤其是发达国家与发展中国家之间的博弈。截至 2025 年年初，全球碳排放最大的五个国家为中国、美国、印度、俄罗斯和日本。[1] 其中，中、美两国分别是最大的发展中国家和最大的发达国家，在气候议程的制定方面起到决定性作用，一直是全球气候治理最受关注的两个国家，欧盟作为气候治理的领导者之一，对发达国家起到重要的示范作用。除中、美和欧盟以外，当前全球气候治理还存在着多个国家气候治理阵营，这些国家集团并不单纯按照原有地缘政治格局进行划分，而是依照各国在全球气候治理中的利益诉求而划分。与传统国际关系研究中的地缘关系格局不同，当前全球气候治理基本国际格局主要指 2009 年哥本哈根会议后所形成的气候治理格局（赵斌，2018），这种治理格局影响着国家间利益分配，构成了各国开展气候传播的根本动因。

本研究所探讨的"全球气候传播"主要关注自哥本哈根会议开始的"碳时代""责任政治时代"之后的气候传播。"后哥本哈根时代"是指从 2009 年 12 月哥本哈根气候变化大会召开至今，这一时期共有两场重量级会议召开：一次是虽未达成有效的气候治理协议，但对气候治理格局影响巨大的"哥本哈根气候变化大会"（COP15）；另一次是 2015 年召开的形成"自下而上"气候治理格局，确定"国家自主贡献"模式的"巴黎气候变化大会"（COP21）。两场会议均是当时参与国家最多、影响力最大的气候变化大会，也是近 20 年来全球气候传播的两个重要历史节点。本节将着重介绍这两次联合国气候变化大会，而对于截至 2024 年的其他数届联合国气候变化大会的主要议程，本书将以附录形式做简要介绍。

1. 哥本哈根气候变化大会：全球气候治理中的国家集团形成

2009 年召开的哥本哈根气候变化大会对于全球气候传播的意义在于，在这场会议中，全球气候治理的权力格局与阵营基本形成，虽然会

---

[1] 欧盟一般被认为是气候治理的单独实体，但在各国际组织所发布的碳排放、气候治理水平等统计数据中，欧盟各国通常被单独计算。

后十余年来有微小的转型，但基本格局变化不大，这也为本书后续几章的分析提供了前提。

首先，虽然哥本哈根会议没有达成实际有效的气候协议，但这场会议上，以"国家"为主体的全球气候治理格局的重塑与形成却影响深远。21 世纪后，南北国家的经济实力差距缩小，发达国家与发展中国家内部各自出现了分裂，新治理格局下的国家集团开始重组（Plageman & Prys-Hansen，2020）。哥本哈根会议后，全球气候治理中"南北国家"和"发达国家与发展中国家"的既有分类在全球气候治理舞台上被新的谈判格局所取代。全球气候治理的国家治理集团基本形成，那就是以"欧盟""伞形国家""中国 +G77 国集团""基础四国（BASIC）""小岛屿国家联盟（AOSIS）"①为代表的几大气候治理集团（李慧明，2015）。尤其是"基础四国"等发展中国家集团，将全球气候治理重新拉回"多边主义"谈判框架下（高小升，2011）。但值得注意的是，这种治理格局的重新划分并没有改变气候治理的总体矛盾，也就是南北国家的争端，只是在领导格局上出现了权力裂变。

哥本哈根大会为原有的气候治理格局带来重要改变，也因此，这场会议被称为全球气候治理的"布雷顿森林会议"，对气候治理格局产生了实质性的影响。同时也意味着全球气候治理开始与既有的国际关系格局出现分野，各治理共同体正在建设属于自身的全球关系模式和话语空间。这对于我国开展全球传播而言具有重要启示意义，为我国跳脱原有以西方为中心的全球传播体系，建设新的共同话语空间提供了机遇。全球气候变暖正在成为一种新的全球性共识，并且跳脱原有的意识形态偏见，获得年轻群体的关注（史安斌，童桐，2022）。中国如何在这一新的治理空间内树立全球传播影响力，要回答这一问题，理解"后哥本哈根时代"气候格局的形成细节十分重要。

---

① 在媒体、相关研究中也称为"小岛国联盟"及"小岛联盟"等。

其次，在哥本哈根气候变化大会上，"责任政治"和"低碳政治"成为气候治理的主流话语，获得全球性关注，哥本哈根气候变化大会自身就是一个重要的"全球传播事件"（Gunster，2011）。在哥本哈根会议之前，世界各国主要就全球气候治理的顶层方案进行探讨，除少数发达国家以外，真正参与到全球气候治理实际过程中的国家并不多。哥本哈根会议开始，全球气候治理的基本科学框架得到确定，各国开始基于碳减排这一核心议题展开治理协商（李丹，罗美，2021）。

虽然发展中国家与发达国家之间在碳减排等议题上存在较大分歧，但这场会议上提出了一系列有关"碳减排"的结构设想，并将其定为未来长时间内全球气候治理的协商主题。由于碳减排问题治理成本极其高昂，绝非某一国家或国家集团可以主导解决，由单一政治力量全面控制全球事务的可能性不复存在，自此国际社会进入"责任政治"时代。所谓的"责任政治"也被称为"碳责任政治"，主要指在《京都议定书》与《联合国气候变化框架公约》的框架内各国承担的减排责任，在传统的国际关系格局下，全球气候治理主要是"实力政治"的注解反映，各国依据自身的政治和经济实力开展气候传播工作（肖洋，2011）。而"后哥本哈根时代"到来后，全球气候治理的道义性质开始凸显，各国参与气候治理越来越考虑气候传播的重要性，本研究所探讨的一系列传播活动正是以这一框架为探讨基点。

哥本哈根气候变化大会也是我国开展气候传播工作的起点之一。2007 年的巴厘岛气候变化大会上，中国记者还寥寥无几，而哥本哈根气候变化大会上，中国记者已有近百人（袁瑛，2014）。我国媒体对于此次大会展开大规模报道，开始了气候传播的启蒙工作。中国外交部在哥本哈根气候变化大会上的发言也堪称经典，定义了我国参与全球气候治理的主要理念：

哥本哈根会议要获得成功，第一，必须反映世界各国应对气候变化的共同意愿；第二，发达国家要按照"共同但有区别的责任"原则，承担中期大幅减排指标，履行公约和议定书的义务，并兑现对发展中国家的资金、技术转让和能力建设承诺；第三，必须确保发展中国家消除贫困、发展经济的优先需要，无论会议取得何种成果，都不能以牺牲发展中国家的发展权益为代价。[①]

2. 巴黎气候变化大会："自下而上"的全球气候治理模式

联合国将巴黎气候变化大会称为"全人类和地球的一次重大胜利"，这场会议提出，在 21 世纪末之前，努力将全球升温幅度控制在 1.5℃以内，并据此达成一系列协议。在一年之内，联合国便向外界宣布其通过审批的"两道门槛"迅速生效，速度之快令全球振奋。在协议达成以及理念创新方面，巴黎气候变化大会也更具划时代意义，进一步促进了全球气候传播的活跃性与积极性。

吸取之前气候谈判的经验，巴黎气候变化大会创造了"自定目标和国际评估"的体系，巴黎谈判不追求达成统一的、一步到位的解决方案，而是要求国家自主制定减排计划，即"自下而上"的"国家自主贡献"的气候治理体系，并要求各国每五年更新一次目标。这意味着全球气候治理开始服从国际关系现实，走向更为分散化的气候治理体系。面对气候治理，各国根据自己国情需要，自主确定减排目标与具体行动计划。

当然，巴黎非强制性的责任分配也有其两面性，这一方面有利于调动国家提出减排计划的积极性，另一方面也可能导致全球气候治理共同体更加松散，致使效率走低。例如有人评价《巴黎协定》，其要求所有国家在气候治理中都需要承担一定责任，这等同于所有国家都不需要承担责任。

不过就目前而言，《巴黎协定》框架下的气候治理模式仍具有一定

[①] 外交部：外交部在哥本哈根介绍中国应对气候变化政策等. 2009 年 12 月 12 日，检索于：https://www.gov.cn/xwfb/2009-12/12/content_1485654.htm.

先进性，各国所制定的气候承诺也并没有低于巴黎气候变化大会之前所制定的标准。尤其是面对 2015 年以来因气候变化所导致的各类极端气候灾害，即便是俄罗斯这一类被认为不那么关注全球气候变暖的"高纬度国家"也意识到全球气候变暖可能带来的负面影响，转向更为积极的气候政策（徐博，仲芮，2022）。

总而言之，这种"自下而上"治理理念并不意味着全球气候治理"责任政治"的消失，反而增加了大国在全球气候治理中的受关注程度，提升了中国等碳排放大国开展全球气候传播的重要性。在全球气候变暖已经显著威胁到人类社会发展之时，大国必须在国际社会中作出表率，中、美、欧等气候领导主体之间的合作与协商受到全球关注。尤其是在"国家自主贡献"的背景下，欧美国家凭借自身在气候治理中的先进性以及全球经济中的巨大影响力率先制定全球能源、科技、工业生产等方面的减排标准，这对中国等全球贸易大国形成了巨大压力，也是 2021 年中国宣布"双碳"目标的一个重要原因。

"自下而上"的全球气候治理模式使得各国不得不从国内层面寻求提出气候承诺的合法性，令国家主体走向一种"国内驱动"的治理政治模式，气候治理的"双层博弈"因素被放大（王彬彬，2018）。全球性气候承诺必须与国内经济发展需求相匹配，如何通过全球气候传播让民众意识到国内发展需求与全人类命运紧紧相连，是当前各国开展气候传播的一个重要面向。在这一方面，中国提出的"人类命运共同体"与"人与自然生命共同体"等全球性倡议，就将国家发展与全球治理连接，全球气候变暖作为一项国际治理难题，深深影响着中国的经济与社会发展逻辑（汤荣光，赵秋月，2023）。这同时说明"人类命运共同体"有其丰富的历史内涵，有机地连接着中国参与全球治理共同体。

巴黎气候变化大会带来的另一个新变化是多元主体活跃性的增强。"自下而上"模式伴随着国际社会对于气候问题的关注度增加，企业、NGO、大学等主体一方面需要回应这种全球性的议题关注度，另一方面也要与政府配合提出卓有成效的减排目标。

总而言之，从哥本哈根到巴黎，全球气候治理的潜在规则与主题逐渐明朗，将全球治理从"实力政治"带入"责任政治"时代。两场会议所制定的治理规则放大了国家参与气候治理过程中的"领导能力"与"道义"等因素，也使得气候传播开始深度参与全球气候治理。

（三）"碳减排"：全球气候传播的核心议题

从哥本哈根气候变化大会到巴黎气候变化大会，全球气候传播出现了两个重要变化趋势，一是以"碳减排"为核心的气候传播专业性的增强，二是在"自下而上"全球气候治理格局下，全球气候传播中政府主体的责任意识更加凸显，多元传播主体的活跃性增加。

"后哥本哈根时代"的"责任政治"为全球气候传播重新建立了利益博弈的坐标系。以科学和风险话语为核心的西方主流气候传播的一个盲点在于对政治因素的忽略（Siebenhüner，2003），这对于广大发展中国家而言尤其不公。以风险话语为核心的气候传播在放大气候争议的过程中常常将发展中国家置于不利的道德地位。将气候变化放置于国际关系视野下进行思考可见，有关气候治理责任分配的政治争论贯穿于全球气候传播的发展始终。例如发达国家经常会在气候传播中放大气候变化的科学层面，建设"霸权化"和"一元化"的知识体系（苏长林，2011），以此要求发展中国家加大减排力度。这种论断忽视气候变化的历史因素，剥夺了发展中国家的发展权利。因此，全球气候传播是建立在科学与政治双重视角上的传播学科，并非简单的科学争议。在"后哥本哈根时代"，这种政治与科学争论的一个焦点便是"碳减排"。

在欧美主流学界，环境问题长期以来被定义为一种亟待解决的"危机"与"风险"，这一认识论主导了气候变化的认识过程。而"碳减排"和"碳交易"便是来源于这一认识论之下，"碳减排"是全球气候治理的一个宏观概念，而"碳交易"则是"碳减排"目标下的一个具体的技术概念（肖洋，2011）。所谓"碳交易"是指在排放总量控制的前提下，包括二氧化碳在内的温室气体排放权成为一种稀缺资源，从而具备了商品属性，可以在国家和企业层面开展交易实践。作为一种市场交易机制，碳交易被认为是解决气候问题的"灵丹妙药"。这一交易机制来自 20 世纪 90 年代末的《京都议定书》，从概念推出便受到全球国家的欢迎。在部分发达国家和地区，尤其是欧盟和澳大利亚，已经建立起较为完善的碳交易制度。碳交易并不仅仅是一种环境治理机制，其背后涉及了能源转型、商业标准制定、城市发展规划等一系列配套机制，参与主体多元且复杂，甚至早已超越环境问题本身，具有经济属性、政治属性（Han，Sun & Yan，2017），这也是为何本书提到全球气候传播既有科学的成分，同时也是一种经济传播和政治传播。

由此引申，围绕"碳减排"所展开的"低碳政治"增强了全球气候传播中多元传播主体的差异性，这种差异性既表现在不同政治主体之间的利益博弈，也体现在同一政治主体内不同多元主体之间的互动模式上。在不同国家的政治经济环境下，以"碳交易"为核心的多元主体产生了完全不同的互动模式（肖洋，柳思思，2011）。

以美国为例，美国在 2007 年实现碳达峰后，其碳排放便开始下降。不过与欧盟在碳交易政策方面积极前进不同的是，美国的气候政策较为复杂，历任政府在减碳工作上态度不一，从碳交易机制开始实施以来，仅有奥巴马政府在碳交易政策上积极推进，拜登政府的政策也较为缓和（郑玲丽，2018）。与美国政府不同的是，美国的企业主体在碳减排层面却表现活跃，这是因为美国存在大量的跨国企业，这些企业在全球开展商业活动面临的情况复杂，开展积极的碳减排行动有利于其塑造全球声誉。但与此同时，由于能源利益集团在美国政坛影响巨大，加之自 2016 年以来民粹主义抬头，代表人物特朗普在 2016 年和 2024 年两届美国总统大选中获胜，美国政府在制定减排政策过程中受到的限制较多。

　　早在 2009 年，华尔街便发现碳交易背后可能存在的巨大商业价值，将其视为与当前金融交易系统同等规模的巨型交易市场，通过游说等方式影响公共政策制定，试图扮演碳交易的"中介"角色。以华尔街为首的美国企业实体借由"碳交易"的合作网络已经建立起一整套的碳交易专业话语体系，这套专业话语体系甚至可以与能源等传统企业达成合作。近年来风头正盛的美国企业特斯拉的首席执行官埃隆·马斯克（Elon Reeve Musk）就一直被调侃为"卖碳翁"，2020 年，特斯拉光靠出售碳排放积分就获得了 15.8 亿美元的营业收入，是年净利润的两倍多[①]，这类企业是碳交易在美国社会的主要推动者。可以说，碳减排话语在美国从一开始便由商业话语主导，基于此推动整个社会向低碳模式迈进。

　　与美国"自下而上"的自愿减排模式推进碳减排工作不同的是，中国的"碳减排"工作布局以"自上而下"的动员模式为主（冯仕政，2011）。"碳交易"在我国虽然起步较晚，但"双碳"目标宣布后，立即在中国社会引发热潮，除政府部门外，企业、媒体、科学家以及环保组织等多元主体都参与到这场有关"碳中和"的社会讨论中。

　　首先，对于碳减排的核心动员主体——政府而言，在"双层博弈"制约下，政府部门在开展气候传播工作时存在着多重利益考量，也为气候传播带来了复杂影响。一方面政府要稳定民意基础，保证国内经济发展稳定；另一方面，政府又要克服"吉登斯悖论"，回应全球治理需求，与民众进行互动。在我国，在"双碳"目标的提出以及制定过程中，负责社会经济发展长期规划的国家发改委一直处于领导的主要地位。[②] 原因在于，"碳中和"的背后关乎着国际能源及经济发展领域的标准制定，会在未来影响我国的经济发展走向，这反而使得我国在气候传播中表现

---

① 澎湃：2020 年特斯拉实现首次全年盈利，却是靠卖"碳"得来的. 2021 年 2 月 4 日，检索于：https://www.thepaper.cn/ newsDetail_forward_11124530.

② 国家发改委：碳达峰碳中和. 检索于：https://www.ndrc.gov.cn/fggz/hjyzy/tdftzh/wap_index.html.

出更为稳健的风格，社会层面很少出现"气候否认"的声音。但缺乏气候治理的民意基础也使得我国媒体较为缺乏开展气候传播的积极性。

媒体一般是气候传播的积极推进者，多数媒体将全球气候变暖视为重要的新闻议题来源，通过对各类科学和极端气候事件的报道来推进人们对气候变暖的关注度（Sachsman，Simon & Valenti，2005）。在全球气候传播领域，从哥本哈根到巴黎气候变化大会，气候治理涉及的交易与金融机制越发复杂，媒体开展气候传播的专业属性正在增强（Cox，2013）。如果说在政治传播领域，来自广大发展中国家的媒体有其独特性，在特定议题上占据信息重要来源，那么，在经济新闻和气候新闻领域，西方媒体早已深耕多年，完全掌握了当前全球气候传播的经济话语权。并且值得注意的是，即便是专业的财经媒体，在报道国际议题时也会有其立场性，气候治理的政治因素往往会被经济报道的"伪中立性"所蒙蔽，这一现象同样值得警惕和关注。

对于企业主体而言，自 20 世纪七八十年代欧美发达国家出现绿色浪潮开始，全球环保话语逐渐为市场所收编，转变为新自由主义话语下的绿色消费浪潮，环保被深深嵌入社会经济的发展逻辑当中（王菲，童桐，2020）。"后哥本哈根时代"，传统能源企业、互联网企业甚至是快消品企业都将"碳中和"视为生存发展的一个重点变革，同时也是企业开展"绿色营销"的一个口号，积极开展相关的营销活动。对此，国际组织也表示欢迎，因为相比于政治主体，企业主体具有更好的动员效力和媒体影响（Falkner，2012）。这里的问题在于，企业主体对"碳中和"政策的热情拥抱可能并非完全以"环保"和"发展"为出发点，其本质上可能是一种"漂绿"（Greenwashing）行为，而此类现象的出现是否会对气候传播 / 环境传播产生破坏性影响值得警惕，第六章将对此作专门探讨。

当前全球传播正在走向多元主体共建时代。在"后哥本哈根时代"的发展机遇下，政府话语、媒体报道、企业的绿色营销以及科学家言论正在形成一种"众声喧哗"之势，不同主体基于自身利益参与到气候传播网络建构当中。在这一背景下，考察全球媒体、企业等不同社会主体如何理解并回应"碳减排"非常有必要，不同主体如何对"碳减排"的经济和环境话语进行"转译"，这些主体又是如何进行互动，这构成了全球气候传播的重要底层逻辑，影响着国际组织、国家政府、企业、媒体甚至是个人在全球气候传播中的策略选择，而研究者可以借此透视未来全球气候传播的话语走向，对于这类多元主体，本书第六章将作进一步介绍。

二、全球气候安全：全球气候传播的共同话语空间

气候变化对人类社会造成的负面影响已显而易见，根据欧盟气候监测机构哥白尼气候变化服务局的气候观测记录，2023—2024年，全球气温连续两年刷新最高值，即2023年和2024年均在当年被记录为有史以来最热的一年。[①] 气候异常伴随着极端气候事件的到来，人们的一个显著感知在于，自2020年以来，全球各地的极端气候事件发生频率越来越频繁，仅在2024年，西班牙东南地区，中国广西、辽宁等地均遭遇历史最强降水，这些极端气候事件的发生与全球气候变暖存在关联。迫在眉睫的气候困境也使得气候行动与"碳中和""净零"成为世界各国之间能够达成共识的少数议题之一，"气候安全"成为所有国家参与气候治理的共识基础，而"全球气候安全"成为全球气候传播的一个共同话语空间。本书认为，全球气候治理作为一种"共识"的出现，源于各国产生对于气候变化的"安全认知"。"气候安全"给予各国开展气候

---

① 新华网：欧盟机构：2024年将成为有记录以来最热年份．2024年11月7日，检索于：http://www.xinhuanet.com/world/20241107/4a98faa3b46b48189bb5e27d21045515/c.html.

治理的合法性，而气候传播则是围绕气候变化所产生的一种安全话语建构过程，敦促从政府到公众针对"气候安全"威胁进行从信念到行为的转变。

（一）国家安全与共同安全

20 世纪 90 年代，当全球气候变暖等全球性议题开始显著浮现时，学界恰好在此时对"安全话语"展开了深入探讨。在此之前，国际社会对"安全"的认知主要局限于"冷战"时期的传统"军事安全"观念之中。然而，随着苏联的解体，世界逐渐迈向多极化，一系列曾被意识形态斗争所遮蔽的问题，诸如恐怖主义威胁、互联网安全挑战等"非传统安全"议题，开始逐渐显露头角。这一转变预示着"安全"概念已超越了传统的政治军事范畴，向科技、经济乃至环境等多个维度拓展。

在这样的新安全形势下，全球气候变暖不仅是一个单纯的环境问题，更悄然融入了安全议程之中。正是在此背景下，"哥本哈根学派"的杰出学者，如巴里·布赞（Barry Buzan）等，适时提出了"安全化"理论，为理解这一复杂多变的安全态势提供了有力的理论支撑（布赞，汉森，2011）。该学派指出，"安全"不仅关乎客观状态，更是通过话语构建的社会现实，体现了主体间的互动与关系界定。而"安全化"的实质，在于将特定议题塑造为"安全议题"，即国家及其他行为体依据自身的价值观念和话语体系，来评判某一问题是否构成"紧迫威胁"，并据此决定是否采取紧急应对措施。以上过程便是气候治理的政治动员程序。在全球气候变暖日益加剧的当下，如何将其有效纳入"安全话语"体系，通过加强国际合作与制定相关政策来应对这一全球性挑战，已成为亟待解决的重要问题。

具体而言，不同国家面临的气候威胁不同，其气候安全议题的侧重点也有所不同，这些安全威胁大致包括水安全风险、生态系统安全风险、粮食安全风险、健康安全风险、基础设施安全风险、经济安全风险等。这其中也会有全人类共同面临的安全议程，例如全球气候变暖带来的冰川融化会威胁大部分沿海国家的低地地区，影响国土安全；极端气候事件带来的降水增多或减少更是会加剧地区间水资源分配争端，进而诱发国家间冲突；以上一系列地表、水资源的变化则会进一步造成农业结构的改变，威胁粮食安全。对于普通人而言，气候变化带来最显著的感知便是极端气候事件的增多，全球每年有大约 1600 万人因气候变化直接或间接导致的气候灾难而流离失所[①]，2024 年联合国警告称，气候变化导致全球流离失所的人数达创纪录水平。

从国家间差异来看，面对气候变化这一全球性威胁，欧盟主要关注气候变化所造成的难民和能源问题，能源的安全供应一直是欧盟面临的战略性挑战，这是其遏制气候变化所面临的最大问题。对于印度而言，气候变化所造成的高温天气则使其各类农作物显著减产，全球气候变暖减弱季风强度，使得降水量减少，而如何建设灌溉机构等农业基础设施，减缓干旱则是印度面临的难题。与印度类似，对于非洲国家而言，气候变化造成的水资源减少成为东非部分地区武装冲突发生的重要原因。当然，气候变化也并非对所有国家和地区都存在不利影响，对于俄罗斯和美国的阿拉斯加州而言，气候变暖反而会使得其寒冷地区气温升高，便于其发展农业，这也是部分国家内部对于气候治理存在较大争议的重要原因之一。

以上意味着，从"气候安全"到"全球气候安全"的话语间跨越并非易事。不同国家因面对的安全威胁存在差异，在气候议题上也各有侧重。而全球气候传播所要寻找的便是这种差异背后不同国家之间的共同话语空间，进而理解不同安全话语之间的辩证统一。基于此，需要把握不同国家安全话语类型间的差异。

---

① 可参考：联合国环境项目：气候变化与安全风险. 检索于：https://www.unep.org/topics/disasters-and-conflicts/environment-security/climate-change-and-security-risks.

（二）全球气候变化与"总体国家安全观"

不同国家和地区的"安全观"差异也影响着各政治主体对全球气候安全的定义。如前文所述，气候变化对各国的威胁程度和形式不同，这直接导致各国在气候安全观上的差异。发达国家通常将气候安全与国家安全紧密联系在一起，特别是关注极端天气事件对关键基础设施的破坏。发展中国家更关注气候变化对生存和发展造成的直接威胁。气候安全观的差异体现了国家应对气候变化的优先级和政策选择。这种差异既反映了各国所面临的气候威胁的实际情况，也受其历史责任、经济能力和地缘政治地位的影响。

从几个重要国家和地区来看，以美国为例，美国作为最具影响力的超级大国，长久以来秉持"美国 + 盟友优先"的安全原则，致力于维护其所谓的"民主联盟"的共同安全，但随着 2016 年特朗普当选美国总统以及 2025 年再次就任美国总统，美国国家安全观"向内转"的倾向越发明显，即更多关注国内安全利益，尤其是经济安全利益，通过退出《巴黎协定》、对外国加征关税等方式破坏全球共同安全的合作基础。

另外一个有代表性的国家是德国，作为欧盟最重要的国家之一，德国以其"综合安全"为核心理念开展安全治理，这种安全观兴起于"冷战"之后，是对欧洲整体主义安全观的继承，主要聚焦于非传统安全，强调多元主体在国家安全中扮演的重要地位。但作为工业国家，德国在能源安全上受到的限制也更大。

小岛屿国家将气候安全视为"生死攸关"的问题。联合国开发计划署（UNDP）等国际组织的报告指出，太平洋岛国如图瓦卢和基里巴斯因气候变化面临直接的生存威胁，包括海平面上升导致的土地流失、淡水资源短缺以及生态系统退化。① 这些国家强烈呼吁国际社会加速减

---

① 联合国开发计划署（UNDP）：小岛屿发展中国家处在气候变化的最前线 . 2024
   年 4 月 20 日，检索于：https://climatepromise.undp.org/news-and-stories/small-island-
   developing-states-are-frontlines-climate-change-heres-why.

排行动，并强调发达国家对气候变化的历史责任。

对中国而言，2014 年我国首次提出"总体国家安全观"。发展十余年来，总体国家安全观吸纳了"全球安全观""全球安全倡议"等全球安全治理的"中国方案"，成为具有中国特色的安全治理理念。"总体国家安全观"为我国开展全球气候治理议题下的安全话语国际传播提供了参考依据，其统筹了五对安全关系，涵盖了中国 2017 年提出的"全球安全观"和 2022 年的"全球安全倡议"，丰富了我国对外安全话语资源。从内容来看，总体国家安全观中的诸多维度都与本书所关注的"气候安全"存在关联：

既重视外部安全，又重视内部安全，对内求发展、求变革、求稳定、建设平安中国，对外求和平、求合作、求共赢、建设和谐世界；

既重视国土安全，又重视国民安全，坚持以民为本、以人为本，坚持国家安全一切为了人民、一切依靠人民，真正夯实国家安全的群众基础；

既重视传统安全，又重视非传统安全，构建集政治安全、国土安全、军事安全、经济安全、文化安全、社会安全、科技安全、信息安全、生态安全、资源安全、核安全等于一体的国家安全体系；

既重视发展问题，又重视安全问题，发展是安全的基础，安全是发展的条件，富国才能强兵，强兵才能卫国；

既重视自身安全，又重视共同安全，打造命运共同体，推动各方朝着互利互惠、共同安全的目标相向而行。[1]

总体国家安全观关注的是不同维度、领域的安全，其中，非传统安全、生态安全、发展安全是气候安全的直接体现，而外部安全和内部安全也存在于气候安全的"双层博弈"逻辑之中。对比来看，西方国家主要关注意识形态安全（史安斌，童桐，2023），而总体国家安全观强

---

[1] 国务院：中央国家安全委员会第一次会议召开，习近平发表重要讲话. 2014 年 4 月 15 日，检索于：https://www.gov.cn/xinwen/2014-04/15/content_2659641.htm.

调党和人民安全利益高度一致，基于"和合思维"将促进国际安全视为重要依托，提出"安全"是国际社会的"公共物品"，开放性地接纳他国的安全选择，与部分国家强调内部"绝对安全"形成对比，其话语开放性为全球气候传播提供了参考依据，也是中国成为全球气候治理领导者的重要基础。

三、领导模式：理解全球气候传播中的主体类型

本章第一、二节介绍了全球气候传播的基本概念及其安全话语面向，本节将进入全球气候传播的主体视角，理解在全球气候治理中，国家、国际组织等主体开展气候传播所要达成的真正目标是什么。对此，本节将引入全球气候治理中的重要概念——领导模式（leadership）。[①] 本书提出，"领导模式"是理解全球气候传播重要的主体分析框架，无论是国家还是国际组织，开展全球气候传播的一个重要目标都是气候治理领导力的生成。领导模式是全球气候传播得以实施的必要条件，也是其重要成果。

"领导者"的出现意味着全球气候治理中出现了可以被称为"模范"的政治主体，全球气候治理也因此得以推进。在国家间"碳实力"相当的基础上，何种治理模式能脱颖而出，被称为"模范"，与全球气候传播的气候话语权建设息息相关。本节将首先明确全球气候治理本质上是气候治理领导之间的协商和话语权争夺过程，除常规的国际协商外，这一过程还包含全球气候传播的常态化沟通手段；其次，本节将对已有气

---

① leadership 也可翻译为领导力、领导类型、领导者等概念，本书在论述过程中着重分析不同类型主体之间在领导方式、侧重点上的差异，因此采用"领导模式"这一称谓。在本土学术界，在国际关系和管理学研究中，领导者、领导力和领导模式是同一概念的不同层面，领导力一般强调最终结果，领导模式则通常指具体的操作模式。

候治理研究中的领导类型进行概念辨析，提出全球气候传播如何回应这一跨学科概念，并对其产生知识贡献。

（一）全球气候传播与全球治理领导模式

1. 全球气候治理中的领导模式形成

有关"全球治理"的多个概念都指向了"协商"和"对话"在全球治理中的价值和作用。日本学者星野昭吉认为全球治理是国家与非国家行为体之间的合作，以及从地区到全球层次解决"共同问题"的方式（星野昭吉，2001），这一概念强调了全球治理中多元主体的参与，将全球治理问题定义为一种"共同问题"。相比之下，本土学者蔡拓的定义更符合信息流动时代全球治理的特征，他将全球治理定义为"以人类整体论和共同利益论为价值导向的，多元行为体平等对话、协商合作，共同应对全球变革和全球问题挑战的一种新的管理人类公共事务的规则、机制、方法和活动"（蔡拓，2004）。这一概念着重强调治理过程中的协商、对话等关键词，体现了信息传播在全球治理中的作用。清华大学薛澜等学者通过梳理这些经典概念，将全球治理定义为"以维持国际秩序和应对全球性问题为目标的多元主体参与的治理过程"（薛澜，关婷，2021）。在利益博弈理论的视角下，全球治理议程一直处于变动中，其制度要素很难概括（赵可金，2021），因此理解全球治理必须从理解治理主体出发，思考其互动过程如何影响了治理结构的变化。

在参与主体的互构层面，气候治理又有其特殊性。气候问题的基本逻辑是，人类活动导致全球气候变暖，后者又威胁到人类生存，因此需要全人类采取共同行动抑制气候变暖，保护地球。进一步看，气候变暖是一种系统性的治理问题，需要国际社会通过集体协作而解决，这一过程中，政治主体基于国家利益以及地缘政治惯性会自动形成国家利益阵营。以利益博弈为核心的谈判过程必然伴随着领导者的出现，是人们为

了解决国际制度协商与形成过程中所出现的集体行动难题而制造的产物
（Young，1991）。与所谓的"大国政治"原理相同，全球气候治理在很
大程度上便是"领导者"之间的互动过程，即国际社会能够达成共识的
一个重要原因是领导者的出现（余文全，2022）。这在气候治理中体现
得最为明显，自21世纪全球气候治理进入正轨以来，中、美、欧三者
之间的合作与矛盾几乎贯穿气候治理始终，正是这些领导国家开始对气
候变化产生重视，随即带动一系列国家参与到气候行动当中。

2. 从"利益"到"观念"：领导模式的焦点变迁

领导模式是一种权力编配过程，存在于全球气候传播的诸多环节
中。首先，领导模式是一个"实力政治"概念，全球气候治理语境下，
实力政治主要指"碳实力"主导下的国家间交往，而一国的碳实力是影
响其在全球气候治理格局中地位与话语权的决定性因素。所谓的碳实
力，既包括碳排放量、碳减排能力以及减排意愿等硬指标，也包括气候
治理中的软实力，如气候外交、气候传播等方面的影响力（肖洋，柳思
思，2010）。其次，领导模式意味着一种榜样示范的作用。全球气候治
理中的国家间合作是一种松散的耦合状态（刘丰，董柞壮，2015），领
导者的软实力与硬实力相互配合，通过展示自身在治理问题中的经验与
成果，为全球治理提供全球性方案，并且凝聚共识，形成动员作用，达
成最终"合意"。

近年来，全球气候传播等领域的"领导模式"的争夺正在从关注
"利益"转向关注"观念"。在全球治理制度的基本建设格局上，基于硬
实力所开展的"利益竞争"解释了以领导模式为核心的全球治理基本格
局的形成，但随着全球治理的逐步推进，除利益之外，以软实力为核心
所开展的"观念竞争"同样重要。对于全球治理的实际过程，阿尔伯
特·赫希曼（Albert Otto Hirschman）强调了"观念"在规范建立中的
重要性，他认为，在调节性的社会问题中，利益并不是协商的全部内容

（Hirschman，1977：125）。观念理论认为，全球治理的制度协商是一定时期的主导观念和意识形态的反映，观点和价值建构与利益分布同样重要。在不同的历史情境下，对于特定问题的理解也建构了全球治理的制度安排。从古典自由主义信奉的"最小国际政府"，到 20 世纪 80 年代欧美国家盛行的"新自由主义"下的全球治理，再到"冷战"之后的"结构主义""世界主义"等，一定时期的主导社会理念显著影响着当时全球治理的走向。

以新自由主义为例，在"冷战"背景下，美、英两国是新自由主义在全球的最大推动者。里根、撒切尔等对该理念不遗余力的"推销"最终建立起影响至今的西方主导的全球化体系，这种新自由主义涉及政治、经济、科学、文化的多个方面，对东欧等国家和地区的渗透间接带来了西方阵营在"冷战"中获得胜利。可见，观念建构不仅仅是政治理念的建构，同样包含着制度安排等科学治理理念。回顾新自由主义、世界主义等理念可以发现，这些概念既给出了国际社会的发展走向，又包含着全球经济体系建构等执行过程的指导方针，反映了一定时期的全球发展路径（秦亚青，2022）。

具体到实践中，全球气候传播中的领导模式"观念"之争既包含着治理理念的传播和竞争，如中国提出的"人类命运共同体"与西方国家关注内部发展的"绝对安全"观念；也包含着气候科学的传播，如"双碳"目标的各项方案引导了广大发展中国家开展气候行动的技术路线。

领导模式中"观念"的传播过程是一种科学与政治的整体性传播。深入气候变化、健康等全球治理问题的具体实践层面可以发现，现有的科学传播学研究经常会忽视全球治理中以国家、政府为代表的政治主体的参与（舍费尔等，2022），将全球治理中的内容视为一种"去争议化"的知识类型，忽视了全球治理议题在不同语境下的差异性。

但实际上，气候变化等治理议题在不同国家的法律框架下存在着不同的定义和治理路径，各个国家会根据自身利益影响具体问题的定义方向（朱杰进，张伟，2020）。而全球传播关注国家主体之间所进行的围绕"观念之争"所开展的传播活动，恰好能够弥补科学传播"去争议化"的缺失。据此，全球气候传播研究应将政治观念纳入对全球治理议题的考察中，重新挖掘全球气候治理中知识与信息流动背后存在的权力关系，从内容层面重新理解全球治理议题下的国际传播。

综合以上梳理，全球治理的利益博弈带来了领导模式的生成，构成了治理的基本单位，但演变至今，领导模式的争夺并非简单的利益协商过程，"观念"的建构影响着全球治理的基本架构。全球气候传播就是以领导力为核心的气候治理的"利益"和"观念"协商过程，而这种协商过程存在着治理理念和科学理念的复杂面向。在全球气候治理的合作网络中，领导者往往具有更高的话语权，他们是协商中的代表主体，通过气候传播树立榜样，进而产生动员效应，同时又可以通过气候传播维护自身的领导者地位（钟猛，王维伟，2022）。了解这些领导者的类型与传播特征对于理解全球气候传播基本格局至关重要，接下来本研究将具体对全球气候治理中的领导类型进行介绍和解释。

（二）领导模式的内涵辨析

"领导模式"或"领导者"可以定义为"个体或集合促使一个群体采取特定政策路线的力量"（钟猛，王维伟，2022），或"个体能够按照其自己的价值观所决定的方向塑造一个群体的集体行为模式"（Zartman，1994）。这些定义的特点是将领导力限于国家政府领导人的个人领导。领导模式涉及一个群体内行为者之间的关系，即领导者和追随者之间的关系。上述定义的不同之处在于前者强调"权力"对发挥领导作用的重要性；后者强调领导模式中"价值观"的作用。

"领导模式"一词在有关气候变化的政策和媒体话语中被频繁引用，但这一概念的模糊性使其表述一直不够精确。在全球气候治理中，领导模式通常与国家遏制温室气体排放的"承诺"（如我国提出的"双碳"目标）相关。一般认为，一国的减排目标越雄心勃勃，其领导力评价越高（寇静娜，张锐，2021）。领导模式在国际关系理论中同样存在争议，学者们对领导模式在国际政治中的作用和实际影响众说纷纭。虽然学者普遍认为在达成共识和共同目标过程中领导模式是必不可少的，但一个政治主体在全球治理中的领导力如何呈现，以及这种治理领导力与既有的经济、政治领导模式之间关系怎样，此类相关研究仍然存在争议。

首先，有研究将全球治理中的"领导模式"概念限制于国家的"领导人"范畴（Andresen & Agrawala，2002），认为很多治理问题都是领导人从中斡旋，因此这些领导人才是起到真正作用的领导模式或领导力，也有部分学者倾向于视国家整体为国际治理的领导主体，认为国家的政治行为才会真正产生国际影响（杨文静，2019）。本书则将两种视角整合，认为领导模式在不同语境下有着不同的表现方式，既可以是国际组织领导人，如联合国气候变化公约历任秘书长一直在全球气候治理中扮演中间人角色，发表公开讲话，在各国之间斡旋，也可以是国家或者国家集团整体在行使这种领导力，例如德国、法国在欧盟中的领导作用，中国在发展中国家中的引导作用等。

其次，在领导模式与"结构性权力"之间的关系方面，有学者认为领导模式只是结构权力应用的一种表现，例如一国在全球治理中的领导力可能来自其在经济政治方面的硬实力，两者之间存在必然关联性；但也有学者主张将领导模式与结构权力区分开来，认为两者之间不存在必然联系（蔡建群，刘国华，2008），一国的领导模式对国际政治没有决定性影响。前者不难理解，一国的经济与政治实力必然会影响其在全球治理领域的话语权，如碳减排能力和碳技术能力对碳实力的决定性影响，即利益型的领导力量；但领导模式也并非完全与政治经济实力挂钩，很多综合实力不强的国家如智利、斐济等也能依靠自身独特价值在全球气候治理中形成自身的领导地位（钟猛，王维伟，2021），即观念型的领导力量。这说明气候领导模式与政治经济权力之间存在复杂联系，领导模式的形成依赖于国家以及国家集团在相应治理领域中的影响力，也就是前文所提到的"观念"在全球治理中的重要价值；这种治理影响力与经济、政治的结构性权力有所区别，两者存在相互交叉的部分，但又不完全相同。因为经济和政治实力仅说明其气候政策会在全球范围内产生重大影响，但并不说明其在气候治理中能起到"榜样"作用。如美国虽然为全球经济第一大国，但其气候领导力却因特朗普政府"退群"等事件而大打折扣。

由于国际关系和全球治理涉及主体众多且复杂，对领导模式的任何实证研究都极其复杂。其中一个难点是很难将领导力单独从复杂、漫长的国际谈判中抽离，并还原领导模式的互动过程。本书关注存在于全球气候传播过程中的领导权力建构，主要从领导模式建构的话语细节中考察传播领导模式的生成。福柯认为，话语内嵌着一定的权力结构，通过对词语的调动以及运用，文本可以产生出一种排他性的权力，这种权力实际上就是领导力的体现（福柯，2019：63-69）。这种话语中所内含的领导模式或语言权力是传播者意志的体现，同时这种话语权力也会反过来影响现实传播情景。基于以上论述，本研究将国际关系中的领导模式运用到传播研究当中，试图理解政治主体如何在全球气候传播中行使自身的领导力，政治主体又如何通过气候传播行动加强自身的气候领导能力。

（三）全球气候传播中的领导模式类型

全球气候治理参与主体多元，其领导类型也有多种划分形式。单从国家主体来看，根据利益、观念的分野，领导模式也可分为不同阵营。既有研究对于领导类型的分类复杂多样，如按照国际政治中的外交模式划分，可分为霸权型领导、多边领导以及单边领导三种类型（Underdal，1994），这种划分模式更适用于全球经济、政治与军事合作领域，在传统安全问题的全球治理结构中更具解释力，但是全球气候变暖属于非传统安全范畴，在治理术和利益格局方面与传统安全都有很多不同。相比于外交模式，以"能动类型"进行分类更适合全球气候治理范畴下的领导类型，按照这一分类方式，除国家以外的国际组织、NGO（Non-Governmental Organizations）、科学组织甚至是个人都能够纳入领导模式的分类当中。这也是多数学者在全球气候治理研究中所使用的领导模式划分方式，领导类型可分为结构型领导、制度型领导、情景型领导（Young，1991；Ikenberry，1996）、理念型领导（Grubb & Gupta，2000；Parker & Karlsson，2010）等。

因循第二种分类方式，参照 Young（1991，1998）和 Underdal（1991，1994）的梳理，并结合全球气候治理中的国家类型划分（赵斌，2018），本研究确定出全球气候治理和气候传播当中的三种领导类型：知识型领导、工具型领导和结构型领导，其中，结构型领导又可以分为权力型领导和定向型领导，另外还有其他多元主体领导者。

（1）知识型领导（intellectual leadership）。知识型领导模式的主要作用是"产生智力资本或生成思想体系，塑造那些参与制度谈判的主体的观点"（Young，1991），一般指那些具有全球影响力的知识权威，既包括科研型国际组织，例如 IPCC，又包括大学，以及国家政府的科研部门，如将全球气候变暖推为全球科学事件的美国国家航空航天局（NASA）等。知识型领导往往因工具型领导的"放大"效应而获得关注，因为不具备参与全球气候治理的政治地位，知识型领导被认为一般不会直接参与到全球气候治理的话语争夺过程当中。具体来看，知识型领导通常与科学组织相关，需要具有绝对的科学权威，其知识的形成需要经历严格的全球同行评估，因此该领导类型主要由科学共同体所组成。大到各类国际性科学组织，小到智库、科研院所，甚至是科学领袖也可以履行知识型领导的角色。尤其在社交媒体时代，科学家个人往往比政府部门获得更多公众信任。

（2）工具型领导（instrumental leadership）。工具型领导者则是使用和放大知识领导者的想法，以便将科学议程提上政治议程。工具型领导寻求找到实现共同目标的方法，并使他人相信特定问题或解决方案框架的实质性优点（Underdal，1991）。工具型领导的合法性地位至关重要，这赋予了他们可以掌握引导议程的能力。这种合法性的获得取决于领导者的领导方式、活跃度和国际地位。在全球气候治理中，UNFCCC 以及国际能源署、世界银行等国际组织扮演着工具型领导的角色，其中，构建起全球气候治理基本协商机制的 UNFCCC 是毫无争议的工具型领导，正是其每年在全球范围内的斡旋，使得全球气候治理议程能够真正推进并付诸实践。工具型领导有时由个人履行，但在具体的全球治理领域，国际组织多履行着这种工具型领导的职能。工具型领导组织中的领导者个人对于其全球领导模式而言具有举足轻重的作用，通过全球斡旋以及发布演讲，这些个人领导能够有效进一步扩大议题声量，对其他参与主体构成内部压力，而非将领导模式仅限于联合国气候变化大会等特殊舞台中。

（3）结构型领导（structural leadership），包含权力型领导（power-based leadership）和定向型领导（directional leadership）。结构型领导在以往研究中主要指国家和欧盟等政治主体，国家主体基于权利和义务开展全球治理的协商与沟通，因为只有政治主体才具备参与气候治理的"物质资源"，这些物质资源是形成榜样、影响其他国家的基础。过去认为，虽然企业、个人也可以胜任这一类型领导者，但他们与政府的联系通常是紧密的，多是政府的代理人，因此仍然是政府主体的领导代言人。近年来一个重要的趋势是跨国企业在全球气候传播中掌握越来越大的结构性权力，因为他们首先也是碳排放主体，同时大型跨国企业又掌握着强大的话语权力，影响着全球社会对于低碳环保的社会认知。

根据领导理念的不同，结构型领导可以分为权力型领导和定向型领导两个类型：

权力型领导建立在政治主体部署威胁和承诺的能力之上，以此影响他人接受自己的条件。这种领导模式下，领导者参与全球治理的目的和手段符合行为者的自身利益，但其在树立领导角色过程中必须与外部主体的"共同利益"相结合，其领导模式才能够真正形成（Andresen & Agrawala，2002）。

定向型领导通常以"榜样"的姿态出现在国际社会之中，它们通过率先实行绿色新政来影响类型相同的政治主体也参与到气候治理当中。识别定向领导模式和权力型领导模式对于区分推动者和领导者尤为重要，因为在很多外交场合中，权力型领导会与定向型领导使用类似的外交话语，宣称自己在气候治理中存在推动作用，但这种承诺只存在于外交话语中。定向领导模式与树立好榜样或展示处理问题的方式有关，定向型领导必须在气候治理中付出实际行动并发挥实际作用，毫无根据的外交话语不具备定向领导能力（Underdal，1991；Andresen & Agrawala，2002）。这也说明，对于定向型领导和权力型领导的区分无法根据其气候传播表现进行判断，而是要综合其在气候治理中的实际行动为其划分类型。

（4）其他多元主体领导者。除以上三种领导模式所对应的国际组织、国家主体外，企业、个人等多元主体也是本研究所关注的对象。一般认为，只有国家才能够发挥治理的领导作用（蔡建群，刘国华，2008），因为只有政府，而非个人，可以为如何有效应对全球变暖问题树立榜样。但前文提到，随着巴黎气候变化大会后"自下而上"治理模式的形成，企业、科学组织甚至是个人也开始扮演这种领导角色，通过积极的气候行动塑造自身的榜样作用。以往研究根据企业、个人等主体所参与的传播活动的差异，将企业等传播主体视为结构型领导、工具型领导的一部分，较少独立关注此类主体的传播价值。对于中国而言，随着我国企业等主体"走出去"进程加快，其参与全球气候治理的必要性越发凸显。近年来，支付宝等企业通过推出蚂蚁森林这一"碳交易平台"在"碳减排"方面获得全球性声誉，理解多元主体在全球气候治理中的话语类型、传播路径，对未来同类企业参与开展全球气候传播有一定借鉴意义，因此本书也将对此类主体单独进行考察。

若以领导模式为坐标，全球气候治理可分为三个历史分期（Young，2002），分别为议程形成期、议程谈判期和议程实施期。其中，议程形成期从 20 世纪 50 年代后期科学界发现气候变化一直到 1991 年各国政府间正式开启气候谈判，这一阶段又可进一步细分为两个时期。第一个分界点是在 1988 年的多伦多气候大会上，"碳减排"的议程首次获得了国际认可，这是一个完全由非国家行为者主导的时期；而国家行为者在随后的非正式谈判阶段（1988—1991）逐渐介入则可被视为这一阶段的第二个时期。第二个主要阶段为议程谈判期，从 1991 年通过气候公约到 1997 年 12 月通过《京都议定书》，Young 认为知识型领导模式在这一阶段的作用尤为突出，工具型领导模式则对谈判起到引领作用。第三个阶段为议程实施期，即 21 世纪开始，多元主体正式进入全球气候治理，三种领导类型的地位基本形成，每年召开的气候变化大会成为结构型领导进行话语竞争的主要舞台。本书所关注的主要是第三个阶段，即议程实施期多元主体的全球气候传播实践。

四、"知识"的分享与协商：全球气候传播的过程视角

主流气候传播研究一般从气候传播中的话语要素出发，探讨中国气候治理形象在全球媒体中的建构过程（Su & Hu，2021；郭小平，2010），将气候传播视为以专家意见为核心的科学传播过程，视"权威性"科学知识为一种先决条件，忽视了外围的权力结构和政策因素。问题在于，气候治理中的政治、政策与科学三者相互勾连和影响，很难进行分割，将气候传播中的政治与科学因素割裂开来，也无法还原气候

治理的全貌。这也是本书提出"全球气候传播"的原因之一，希望超越单一的"科学"视角，将全球治理语境下气候传播的政治、政策等要素纳入分析框架当中。为搭建这种囊括多要素的分析框架，本书引入"知识"这一概念，引入多学科视角理解以全球气候传播为表征的国家间知识互动与协商。

全球气候治理的复杂之处在于，其既存在于国家间经济和政治利益的互动与争夺中，也是一套专家话语体系，包含政治、政策与科学等多个面向，属于复杂知识系统。前文提及中国等发展中国家在全球气候治理中所面临困境的来源之一，便是西方国家在全球治理中所奉行的"知缘战略"，即美国等"中心国家"以"知识"为战略工具建立起偏向西方的优势知识话语，将发展中国家排除在外。近年来气候变化和人工智能治理领域的"小院高墙"政策便是表现之一，西方国家通过建立科学话语壁垒，在治理话语中将"中国方案"与"霸权""侵略"挂钩，剥夺中国参与全球治理的合法性。对此，有必要从概念和分类入手，重新理解全球治理中的"知识"类型。

已有治理实践表明，全球治理中的"知识"不仅存在于信息传播环节，也存在于基础设施建设、人员流动等"物理行动"（physical-action）中。与信息传播相对，物理行动指"可被观察"到的人或者货物在空间位置上的变化，两者对应着国家主体参与全球治理的"说"和"做"两个环节，在实践中互为前提。以"一带一路"倡议的"五通"指标为例，设施联通、贸易畅通两个物理行动环节与政策沟通、民心相通等传播环节相辅相成，前者通过与合作国家建立物理联通，为跨国信息流通提供基础设施保障，后者则帮助各国建立知识互信，维持并稳固国家间开展贸易合作。

广义传播学关注物品、人员和信息流动，其物质性不言而喻。但随着以大众传播为主流的传播研究走向专业化，传播学的物质性视角逐渐被忽视。现有全球气候治理语境下的气候传播研究往往关注信息传播，缺乏对物理行动中的知识传播的整合与关注。对此，本节借鉴知识社会学中对于"知识"的阐释及分类方式，整合并还原气候传播的多重面向。

（一）全球气候治理中的知识

1. 全球治理语境中的知识演变

全球治理中的知识传播存在连续的发展过程。以勒纳（Daniel Lerner）的"传统社会的消失"为伊始，发展传播学研究最早将"知识"的传播视为促进第三世界等贫困地区经济发展的良药，将知识视为一种客观、普遍常识，提出创新扩散、知识沟等经典理论。实践方面，联合国 1980 年发起的"国际传播发展计划"（International Programme for the Development of Communication，IPDC）与前者遥相呼应 [1]，呼吁通过援助发展中国家的传播事业，帮助其进行思想的传播。以上研究或实践以"现代化"为名，试图在全球范围内打造一套标准化的知识结构，关注的"知识"主要指西方社会现代化进程下的知识类型，在传播过程中伴随着传播渠道和体制的跨国平行移植，没有从物质层面理解知识流动过程中的接受差异。由于忽略了知识所内含的权力属性，此类传播实践很快在全球范围内遭遇水土不服等问题，在 20 世纪 90 年代后走向式微。

"冷战"结束后，受政治多极化、文化多元化的影响，全球治理走向碎片化，被"冷战"意识形态所掩盖的国家间的"知识"差异被放大，单一国家开展知识援助的意愿减弱，国际组织代替国家主体成为全球知识传播的中枢。此时，以"共同知识"为核心的"全球治理"范式登场，"全球治理"最早由世界银行于 1989 年提出，这一组织也是最早提出和实践"知识共享"（knowledge management 或 knowledge exchange）的

---

[1]　有关该项目的说明详见：国际传播发展计划（IPDC）. 检索于：https://www.unesco.org/en/international-programme-development-communication.

国际组织。所谓的"知识共享",即各治理主体生产、传播和推广行之有效的知识经验来促进发展,这一过程对于整合全球治理认知共同体意义非凡,被视为经济和技术援助之后的第三大发展支柱。

20 世纪 90 年代末,因气候变暖和恐怖主义等问题所带来的威胁,发达国家重回全球治理,发展中大国随之跟进,国家主体重新成为知识共享的参与者。随之出现的是国家主体基于国际组织提供的合作框架就各项全球治理问题(如碳减排的责任分配)开始进行"知识协商",寻找全球问题的最优解,即"共有知识"(common knowledge)。联合国将这一过程称为"政府间决策"。从起点来看,"共有知识"的形成首要解决的问题就是各类科学定义的争论。诸如气候变暖、恐怖主义、人工智能伦理等全球问题,不同国家会根据自身利益和立场去理解、阐释,即定义问题(problem identification)、建构问题(problem construction)。单一国家所推崇的地方性知识只有经过充分讨论才能转化为全球治理的共有知识,例如国际社会中的碳减排责任如何分配。共有知识能够跨越价值观冲突,保证行为体采取自发的集体行动,是全球治理行动能够开展的前提。但近年来,民粹主义兴起,逆全球化风潮涌动,科学知识也脱离其技术本质,被政治化。尤其是在西方国家通过"小院高墙"政策树立自身知识话语优势的背景下,现有的全球治理知识体系往往缺乏发展中国家的贡献和参与。

任何国家都有自身的比较知识优势,这是全球治理知识权力偏向的来源。当某一国家类型所共享的"地方知识"成为主流,便形成了知识社会学先驱曼海姆(Karl Mannheim)所论述的具有合法性的"总体知识"或"总体意识形态"。发达国家深知其并非在所有知识场域都具有优势地位,但通过放大特定的知识议程,发达国家仍然能占据全球治理的优势话语地位。为达成全球治理的共有知识,形成合意,有必要进一步挖掘全球知识不平等背后的议程逻辑,对全球治理中的知识类型进行划分。

2. 全球治理中的"知识"的分享、协商和传播

知识的分享和协商在全球治理实践中早有体现。以世界银行为代表的国际组织很早在全球治理中开展"知识分享"实践，所谓的"知识分享"，即各治理主体生产、传播和推广行之有效的知识经验来促进发展（徐佳利，2020）。全球治理中的知识共享被视为经济和技术援助之后的第三大发展支柱，在全球贫困问题的解决过程中发挥巨大作用，也整合了全球经济体系，促进全球经济一体化的发展。通过扮演全球治理的中介角色，国际组织使得不同国家所生产出的治理知识能够在全球范围内得到适应与流动，国家之间也在此基础上进行"知识协商"，确定"责任分配"的最佳模式，即全球问题的最优解（赵可金，2013；王战，张秦，2017），最终达成全球治理的"共有知识"。

所谓共有知识，也称全球知识，是指行为体之间就某项问题形成的以共识为基础的共同理解的知识，这种知识类型能够保证行为体采取自发的集体行动（苏长和，2011）。例如 2022 年在埃及沙姆沙伊赫所举办的《联合国气候变化公约》第 27 次缔约方会议（COP27）上取得的一个重要共识便是设立损害专门基金，保证受到气候变化影响的国家能够获得来自其他大国的经济援助。

本书将知识作为全球治理对话、分享与协商过程中的一种重要载体。全球治理中"共同知识"的形成是全球治理的国家间协商能够开展的基础，"知识共享"带来领导模式的生成，知识的争论和协商进一步弥合不同类型治理主体之间的差异，各国基于"共同知识"达成妥协与合作，使得全球治理能够真正开展。基于全球治理框架对知识的传播过程进行分解，可以从两个视角进行理解：

首先，从全球治理的起点来看，诸多领域全球治理所要解决的核心问题就是各类科学定义的争论过程。诸如气候变暖、恐怖主义、毒品以及新冠疫情，不同国家会根据自身利益去理解、阐释这种全球问题，这一过程便是领导模式的争夺过程。这样一个过程便是不同主体知识的

交互与互动过程，多元主体会依照自身的治理理念与科学经验参与到规则的构建当中，最终达成"全球问题"的共同定义。例如自 1998 年《京都议定书》提出"碳交易"后，碳交易成为之后 20 余年全球气候治理最重要的议程方向。同时这种全球性治理规则也会根据人类所面临问题的严重性以及多元主体的权力话语建构来进行动态调整。事实上，很多全球治理领域目前都没有生成权威的全球治理规则，即便形成，也极易受到国家权力更迭的影响（吴白乙，张一飞，2021）。

其次，全球性治理规则的生成有赖于国际社会所开展的"知识共享"与"知识协商"（徐佳利，2020）。气候治理的规则建立在共识的基础之上，面对全球风险，各国应建立起"公共物品"意识，对此，政治主体有必要分享自身在全球治理问题中的经验，以此完善全球治理方案的均衡性和有效性，达成协作，防止出现责任分配不公的问题。"知识共享"可以加速全球共识的形成，所谓共识，指的是人们共有的一系列信念、价值观念和规范准则等（卢静，2022）。共识是全球治理的前提和基础，共识的形成实际上是处理差异、缩小矛盾和歧见，并汇聚彼此交会点和共同点的过程。这种共识诞生于不同语境下的知识差异基础上，来自不同背景的知识经历过共享与协商，形成了新的全球性知识，用以指导全球治理的路径和方向。

随着世界政治多极化、文化多元化趋势的日益显著，承认和尊重差异成为促进世界和平与发展的必然要求。真正的全球治理是在尊重多元行为体在利益诉求和价值观念等方面差异的基础上，通过协商达成共识并促进共同行动。然而，近年来狭隘民族主义、民粹主义兴起，逆全球化风潮涌动，全球治理的基本共识陷入危机。对此，应建立起全球传播的知识协商能力，将全球治理重新拉回理性的知识贡献和协商范畴。这种知识传播能力依赖于国际话语权、外交实力以及科学实力，其中，国际话语权非常依赖国际传播能力建设，而科学话语权的生成过程除科学共同体的交流以外，更要依赖国际传播能力建设。

对于全球气候变暖等全球治理问题而言，其本质上是大国参与的"责任政治"，NGO、企业等多元主体在国家主体搭建的传播框架基础上开展传播活动。这种协商以何种形式存在于全球传播信息流当中，需要理解治理与传播之间的关联。全球治理以国家为参与主体，以责任政治为核心，是有关政治、政策和科学的辩论过程。以往的气候传播主要关注文化、政治理念的传播，很少会回到全球气候治理的本质上来。全球治理观念的形成除了要考虑国家利益外，一国所秉持的知识立场也必须受到关注，因为国家利益可能会随着治理的发展而产生变化，但治理问题中的科学知识与具体的认知模式具有一定的稳定性，即如何实现发展，如何处理人与自然的关系等问题，因此将知识的视角引入全球气候传播研究具有一定必要性。

3. 领导者间的知识互动

全球气候治理中的国家间互动存在着知识的分享与协商过程，这是本书的一个核心理论视角。全球气候治理中的领导者在知识的传播中起到节点作用，通过把握知识的流动过程以及有选择地对知识进行呈现，领导者会影响其他主体的政策选择与采用（Zartman，1994）。全球治理对于"知识"的关注由来已久，并且"领导模式"在形成过程中也在多方面与"知识"紧紧相连。就全球气候治理中领导者之间的互动过程来看，知识的重要性体现如下：

首先，在全球气候治理中，"知识"是领导模式的建设起点。与网络安全、恐怖主义等治理问题有所不同的是，全球气候治理必须根据科学发现提前作出政策上的调整，因为一旦全球气候变暖达到警戒线，就意味着人类已经错过气候治理的黄金时期。只有科学组织和国家行政层面能够推动这种"超前意义"的治理行动，因为市场机制的调节机制具有滞后性，等待市场调节对全球气候治理作出反应已经为时已晚。这也是为什么IPCC是全球气候治理中最早出现的"领导者"，因为IPCC所提供的"知识"对于全球气候治理而言具有起点意义。只有知识型领导者才能够显示出这种先见性，避免市场机制的趋利性，起到引领者的作用。

其次，全球治理所面对的气候变暖、疾病等危机本身就是发展和生存问题，这类问题需要专业化、技术化的方案来进行应对，同时这种方案要具有全球意义上的普遍性，也就是全球性知识。提出卓有成效的治理方案是 21 世纪的全球性难题，这种治理方案的提出需要有领导者作出榜样性承诺。而所谓的治理方案，就是一种治理智慧，是具有实践意义的"知识"。可见，知识在领导模式的生成过程中起到了起点的作用，同时这些领导者也会基于知识的偏向开展全球气候传播。具体到实践层面，不同类型领导者在知识的共享与协商过程中所承担的职能也有所不同。

对于知识型领导和工具型领导而言，两者分别起到的是知识的"生产"和"把关"作用，这在两者的定义中已有体现。从全球气候治理的发展历史来看，正是两者最初建构了国际社会对于气候治理的认知结构，这一职能在国家主体开始参与气候治理之前最为明显，因为国家主体参与气候治理之后，其在知识的生产与议程设置方面分散了一部分职能。2009 年的哥本哈根会议召开之后，国家主体在全球气候传播中的"知识协商"倾向更加明显，它们倾向于基于自身立场对知识进行选择性解读，同时它们也会建立属于自身的科学机构，把握一部分科学话语权。

以上过程类似于新闻生产中的"把关"过程，经典的把关研究主要关注新闻组织内部以及其所面临的外部环境对于信息的筛选和呈现（Shoemaker & Reese，1996：12-15）。这与全球气候传播中的知识流动有一定相似性，气候治理具有一定的专业性，其知识生产与传播的过程也由国际组织和各国专业部门进行把关，只是相比于新闻机构的把关，全球气候传播的把关过程更为广泛，受权力结构的影响更甚。

可见，知识型领导和工具型领导所选择的知识并不会被国家主体所全盘接收。国家主体会基于自身利益对知识进行二次解读，具有共同利益的国家也因此形成统一的谈判阵营，选取出具有实力的领导者，进一步参与到全球治理的知识生产中。这些以国家为代表的领导者也被称为结构型领导。

对于结构型领导而言，其选择性地接受"知识"也是另一层"把关"过程。但放在全球气候传播的视角下，这一过程更类似于一种知识接收与扩散的过程，即曼海姆所论述的从"总体知识"到"个体知识"的接收过程（曼海姆，2000：78），也类似于罗杰斯所论述的"扩散"过程。反之，当结构型领导参与到这种知识生产过程中，"个体知识"又会向"总体知识"进行转变。在曼海姆的论述中，这一过程具有浓厚的意识形态色彩，存在着利益和价值的互构。只有不同治理阵营各自的知识都能被纳入考量当中，所建立的全球气候治理才能够被真正认可，因此发展中国家领导者的参与至关重要。

由以上论述可发现，在"领导模式"与"知识"概念的理论和实践互动层面存在着诸多理论结合点。如何从新闻传播理论视角对以上问题进一步解释，接下来将对此进行论述。

（二）传播学视角下的知识共享与协商

回到理论层面，"知识"在全球气候传播中如何被概念化，以何种形式呈现，这是一个亟待解决的问题。传播学研究对"知识"概念的关注也由来已久，在传播学视阈下，包含政策、政治理念以及科学知识等多重维度的全球气候传播，可以进一步被转化为全球气候传播中的"知识"的"流动""分享"或"协商"。与狭义的忽视背后权力意识的"科学知识"概念不同，在治理语境下，"知识"的内涵与涵盖范围实际上要更为广阔。

作为信息的一种形式，知识一直是传播学的研究对象之一，在 20

世纪广播等媒体出现之前，以传播知识、教化民众为主要目的的印刷出版业几乎是大众传播的主要方式，阅读报纸、传阅书籍成为社会发展以及公众与统治阶层之间进行权力控制和交换的工具，这一判断在任何时代都同样适用（佩蒂格雷，2022：78）。知识可以被视为公共权力和新闻媒体之间的一个连接阀，无论是行政取向的传播学研究还是批判取向的政治经济学文化研究，传播学的核心研究对象以及有关传播学的争论都能经常见到知识的身影，因此传播学与知识社会学一道被称为"有关知识的知识"（刘海龙，2020）。

此前传播学对知识的论述已有不少，新闻把关、媒介帝国主义等经典传播学理论或视角就是以"知识"的流动与分配为起点的。其中，将"知识"作为研究对象大致集中于两个领域，一是传播学学科化建制下的"传播效果"研究，二是知识社会学与传播学交叉研究，如芝加哥学派视角下的传播学研究，两者拥有共同的学科源流，在 20 世纪 50 年代后逐渐走向分野（王佳鹏，2021）。可见，传播学较早地关注到知识传播在人类社会发展中的重要作用，本书所要做的便是将这种既有视角移植到全球气候传播当中，理解不同治理主体之间的知识差异，以及知识在弥合当前处于分裂的全球气候话语方面能够起到何种作用。梳理既有研究，传播学与知识产生交会主要体现在以下几个方面：

第一个视角是"传播效果"传统。作为学科建制的传播学成型时，以传播效果为代表的一系列传播经典理论就在关注"知识"的传播效果，这一类研究所关注的知识多是具体的、无争议的知识类型。典型研究如罗杰斯（Everett M. Rogers）所开展的"创新的扩散"以及关注大众媒介所造成的阶层知识差异的"知识沟"研究等（罗杰斯，2002），这类研究通常以促进社会发展为名，将"知识"的传播视为社会现代化的良药，奠定了传播学作为"现代化学科"的底色（李金铨，2019：104-107）。但回顾这类研究的历史作用及其在全球传播中所实际扮演的角色可以发现，此类研究所定义的知识常常是美式或西方现代化所定义的知识类型，带有一定的"西方中心主义"色彩，尤其当知识的扩散扩展至国家单位后，这种知识实际上隐藏着西方尤其是美式意识形态的渗透，承接了"现代性"话语的新自由主义全球化的权力关系，例如其向全球推广新技术的过程实际上是在制定更符合本国利益的技术标准，以此形成技术垄断。由此看来，全球传播研究在理解知识的流动时必然要对其中的权力关系进行考察。

第二个视角是"知识社会学"传统。知识社会学内容庞杂，一般认为存在两套传统，以曼海姆（Karl Mannheim）等为代表的社会知识决定论以及以米德（George Herbert Mead）等为代表的知识社会构成论（郑忠明，2019）。两个研究方向均与传播学研究有较多联系。

曼海姆代表着知识社会学的欧陆学派。对于曼海姆的知识社会学传统，学者最早关注其对于社会意识形态的理解。曼海姆将意识形态分为总体意识形态和特定意识形态，前者是社会特定历史阶段和特定群体所存在的意识形态，目的在于架构时代的世界观，后者则是个体所具有的观念，目的在于合法化个体人的利益诉求（曼海姆，2000：78）。一般认为，曼海姆对于意识形态的论述实际上体现了知识的社会偏向性，并暗含了知识在不同社会群体开展沟通或传播过程中的可能性。传播学对于曼海姆核心知识社会学的讨论不多，多是将曼海姆的论述作为一种分析工具。例如有学者近年来回顾曼海姆的知识社会学，将其引入新闻生产的研究社会学当中，关注中国本土不同代际新闻从业者如何理解新闻生产的过程（Wang，2021）。

传播学的另外源头之一芝加哥学派也与"知识"有着千丝万缕的联系，以米德为代表的芝加哥学派所提出的"符号互动论"为初始，之后的代表性学者均对大众媒体与知识之间的联系作出过判断。其中以两位美国本土知识社会学代表性人物杜威（John Dewey）和帕克（Robert Ezra Park）最具代表性（王颖吉，2018）。

其中值得一提的是李普曼（Walter Lippmann）和杜威之间"被建构"

的争论，两者有关大众媒体、知识及舆论三者之间的关联的区别受到后世研究的广泛关注。李普曼在其著作中提出的"拟态环境"和"幻影公众"等概念架空了大众传播作为知识传播者在民智形成中的重要性，更加强调中立客观知识的重要性，不承认杜威所提出的社群知识存在的价值（李普曼，2018：308-320；郑忠明，2019）。而杜威则基于实用主义把思想和实存与生活联系起来的传统，强调科学知识与社群知识的统一性，强调科学问题的具体解决情景。杜威虽然提出"社群知识"的概念，强调知识在社群形成中的重要性，认为在社会形成中必然有科学知识的参与，但他没有进一步论述传播在社群形成中的重要性。

记者出身的帕克则在 1940 年发表文章《作为一种知识形式的新闻：知识社会学的一个章节》（News as a form of knowledge：A chapter in the sociology of knowledge），将新闻放置于知识社会学的传统下进行考察，进一步推进了大众传媒与知识社会学之间的联系（Park，1940）。相比曼海姆等的知识社会学传统，芝加哥学派近年来在我国传播学界受到的关注较多（胡翼青，2007），本土学者延续以芝加哥学派为代表的知识社会学传统的分析理路，关注新闻观变迁、新闻评论中的知识观（刘涛，2016）。也有学者将芝加哥学派中的"社群"概念引申至国际社会，解释"知识"在全球共同体形成中的作用（Kruckeberg & Tsetsura，2008），这也是本研究所关注的全球气候传播共同体形成的一个重要视角。

（三）全球气候传播中知识的定义与类型

如何定义全球气候传播中的"知识"，以上理论梳理对全球传播中的知识传播有何启示？如前文所述，传播效果研究所论述的知识多为忽视了权力关系的"现代化"知识，而芝加哥学派所讨论的知识类型则主要关注大众传媒和舆论之间的知识构造，其是否能平移到全球气候传播研究当中仍有待商榷。当知识在国家间开始流动，全球治理知识的生产是复杂的机构产物，跨越边境和文化族群的全球网络放大了这种差异，在对全球气候传播中的知识进行考察过程中要对这些进行思考。

世界银行最早将知识分为"技术"知识和"属性"知识，前者是技术研发及应用层面的知识，后者则是建立"统一市场"的认识论前提，如标准统一的市场交易准则、工人福利等。[①] 不难发现，这种知识定义具有显著的新自由主义经济色彩，没有考虑权力在知识中的依附关系。尤其是"属性知识"，当知识被转化为一种全球北方的统一市场"标准"，全球南方的知识能动性和经济利益则被忽视。"逆全球化"和"再全球化"现象的出现便是这类知识不适应当下全球治理格局，各权力主体围绕着这种知识标准重新进行话语争夺的表现。但这种分类方式也有其历史价值，首次在实践层面揭示了全球治理语境下知识的实践面向，即知识也可以以技术、规则、认识论等方式存在于全球治理中。

相比之下，知识社会学和经济社会学传统下的知识定义对权力的依附关系考察更加深入，代表性的包括曼海姆的"个体知识"（特殊意识形态）与"群体知识"（总体意识形态），以及影响芝加哥学派较大的威廉·詹姆斯（William James）的"知晓知识"（knowledge about）和"感知知识"（acquaintance with）。

分别来看，曼海姆的知识概念所论述的知识边界范围更大，包括了不同群体和阶层所具有的观念和政治性。如前文所述，他的贡献在于对知识的意识形态偏向进行论述，强调了群体间知识分子在知识扩散中的作用、从知识先驱者到知识追随者的过程、知识的代际性以及综合知识的生成过程（曼海姆，2000：25-30）。曼海姆的知识概念实际上是本书分析的一个起点，由于意识形态存在差异，知识的主体和内容均存在一定的偏向性，这种偏向性影响了知识的最终呈现方式。但曼海姆对于传播过程的忽视也是不可否认的，他并没有对知识的扩散过程作出更多

① IBRD: World Development Report, 1998/1999: Knowledge for development. 1999, 检索于：https://digitallibrary.un.org/record/1305232.

论述。

相比于曼海姆，威廉·詹姆斯的知识概念在传播学中受到的关注更多，威廉·詹姆斯是心理学家，其所定义的知识类型更具社会心理学基础。在帕克后来的阐释中，威廉·詹姆斯的"感知知识"类似于人们生活中不需要刻意去学习的"习惯"；而知晓知识则是更为正式的知识类型，需要通过归纳和整理去获得（王颖吉，2018；詹姆斯，2006：300-302）。帕克认为，新闻处于感知知识和知晓知识之间，兼具两者的特点，其智识性与惯习性使其能够在社群当中实现传播，让社群成员保持对于现实的联系，实现自我调节，因此存在政治功能（Park，1940）。

曼海姆和威廉·詹姆斯论述的知识流动过程在全球传播的知识流动中体现得更加明显，例如本书在之前所探讨的各领导类型在气候治理中的关系要素。气候治理的国际合作存在一个固定的合作网络，以 IPCC 等机构为科学核心，各国参与气候讨论的谈判人员也多为固定的专门人员，他们在气候谈判中的立场代表了国家利益，与以国家为主体的外交活动与新闻发布活动具有一致性。这也决定了本研究在思考国家间治理知识的流动时主要参考国家官方文本。

在此基础上，进一步思考知识与全球治理秩序的形成之间的关系。相比于知识社会学，经济学家对知识与秩序之间的关系论述更加深入。卡尔·波兰尼（Karl Polanyi）是匈牙利的政治经济学家和哲学家，也是"知识社会学先驱"（钱振华，2002），他对于知识的理解在社会学、教育学等学科产生了广泛影响。波兰尼借鉴格式塔心理学关于整体与部分、细节与综合的见解，将知识类型分为"默会知识"（tacit knowledge）和"显著知识"（articulated knowledge）（Polanyi，1958：12-31）。[①] 显著知识与詹姆斯的感知知识在内涵上大体一致，均为"成型""可编码"的知识，默会知识则更类似于对詹姆斯知晓知识的延伸，同样指难以直

---

① 默会知识也可称为隐性知识、意会知识；显著知识也翻译为显性知识、明晰知识。

接解读、需要二次编码的知识类型，主要存在于人或物的行动层面，是通过人际交流等物理实践产生的知识类型，即"做中学"。两者之中比较抽象的是默会知识，波兰尼给出的典型案例是阅读地图的能力，地图虽然是成型的知识，但是将地图与现实连接起来的能力却难以被总结成文，需要通过实地观察地图与地形之间的联系进行培养。即便在新媒体时代，这种默会知识的壁垒也很难被"不在场"的云端交流所跨越。

因循全球治理语境下的知识流动，在回顾知识社会学、知识经济学有关经典论述的基础上，本研究以波兰尼的分类方式提出全球气候传播中的知识类型，即"知识"在全球气候传播中以何种状态存在（见表1-2）。

表1-2　全球治理知识传播语境下的知识类型

知识类型	默会知识	显著知识
战略传播过程	物理行动	信息传播
传播方式	经由人与人、人与物的交往与互动，传播效率与地理距离成反比	主要为科学知识的媒介复制传播，传播效率与地理距离成正比
协作方式	合作化行动	争议性呈现或合作化行动
共享方式	基础设施建设、民间外交、留学生交流、商品流通	技术转让、科学报告、专业论文

1. 作为争议话语的显著知识

在全球气候治理场域中，显著知识主要以专家知识的形式存在，是成型、可被编码的知识。一方面包括全球治理中的科学知识，例如有关治理问题的科学研究、治理模式和技术标准等；另一方面也包括专业媒体所转译的科学知识，尤其是专业媒体面向多元主体发布的科学新闻。此处的新闻仅指以文本形式呈现的新闻内容，强调新闻的科学传播功能。最后，因为可以被电子媒介所无限复制，显著知识的传播价值在于地理意义上的广泛性，其传播效率与地理距离成正比。

全球气候治理语境下，显著知识主要以争议话语的形式存在，因为参与治理协商的知识一般代表各自阵营的利益，但在同一阵营内部，显著知识也可能以合作行动的方式存在，例如国家间的技术援助。科学共同体是这类知识的核心生产主体，诸如IPCC等气候变化权威科学机构每年会招募全球科学家参与撰写报告，世界卫生组织则通过各地分支机构对全球疾病信息进行统计。

容易误解的是，全球气候治理语境下的显著知识并非纯粹的科学知识，也存在着话语博弈，知识生产者通常会以既有权力意识去设计显著知识的呈现结构。并且当知识进入全球治理环节后，知识的选择和呈现便具有了权力的展演性。知识外交和全球治理谈判的科学性和技术性远超一般的国际传播活动，科学家、企业作为知识共享者也存在着国家立场。

战略传播要求政府主体建立与多元知识主体相配合的传播体系。当前西方精英对中国政治和媒体精英缺乏基本信任，相比之下，在科学和商业领域，中国的科学家和企业等对外合作紧密，例如中国在新能源应用、疫苗研发等领域已经成为全球治理的必要参与者。但就现状来看，中国在全球治理的科学传播舞台中并不活跃，中国科学机构在全球治理中的传播活跃度不仅低于发达国家，也略逊于同为发展中国家的印度，活跃的气候类智库多来自德国、美国等发达国家（详见附录5）。

媒体方面，考虑到显著知识的扩散多发生于知识分子群体内部，在传播渠道的选择上也应更具专业主义色彩。我国长期缺乏诸如彭博社一类的具有全球影响力的专业媒体，更依赖政治资源开展治理语境下的科学国际传播，使得中国科学话语缺乏全球吸引力。知识通过国际媒体的选择性报道进入全球传播环节，这对应着战略传播的核心要素——定向性：开展这种显著知识的国际传播更应考虑核心受众的信息接收习惯，根据全球治理具体议题的重要性进行科学信息发布的排序，决定投入的传播资源。

　　显著知识与默会知识的一个区别在于，显著知识可以通过媒体渠道建设等方式有目的地推进，其传播效果也更容易进行评估。相比之下，接下来要介绍的默会知识虽然在成效方面难以在短时间内进行评估，但其互动过程也更加稳定。

2. 作为合作行动的默会知识

　　"默会知识"是全球治理中主流但又容易被忽视的知识类型，是非语言智力活动的知识成果，存在于物理行动中，难以被解码，需要进行二次解读。默会知识的传播主要指基础设施出口、商贸往来、人员交流等物理行动中的知识扩散。因为默会知识只能通过人与人或物的在场互动进行传播，其传播效率与地理距离成反比。并且与显著知识主要以争议话语呈现不同的是，默会知识产生传播的前提是主体之间存在实际合作行动，"非竞争性""合作"是这类知识得以传播的前提。

　　默会知识的引入承认国际传播能够以去文本的形式存在于全球商品与货物流通之中。与显著知识通过媒介复制进行传播不同的是，默会知识通过"知识溢出"（spillover）的形式进行扩散。所谓的知识溢出，即虽然商品、货物和人员的流动不以知识传播为设计目标，但当流动过程发生，知识便经由物与人的"在场"所建立的社会网络产生传播。

　　其中，人员流动包括气候、医疗等治理主题下的科研合作、商业人员交流、培训等。以知识为尺度理解这种流动有助于重新理解公共外交等概念与战略传播中的关联，公共外交在国际传播研究中的定义和分类一直较为暧昧，最初指政府为指导的大众媒体所开展的一系列传播活动，但随着新公共外交范式的兴起，多元主体参与到"民间外交"中，教育外交、科学外交等多元主体成为公共外交的主要参与者，这类公共外交实践主要关注的便是人员的在场互动。因此从知识的分类来看，新公共外交主要是以默会知识为主的传播形式。

　　其次是"物"的知识溢出。知识社会学认为，商品、基础设施镶嵌着设计者的实践意志，来到国际传播环节，"物"作为认知对象通过跨越地理距离进行流通，将难以表达的知识细节传递给认知主体，带来了知识的传播。也因此，媒介地理学认为，商贸往来频繁的国家间具有更强的知识亲缘性，尤其是那些出口知识密集型商品的国家。莱文森（Marc Levinson）对于集装箱的描述体现了默会知识的广泛影响，集装箱的发明和应用是"冷战"时期美国经济增速超越苏联的标志性转折，其出现使得依靠海运的西方国家在商品的流通效率上超越依赖于铁路系统的苏联，使得美国生产的知识密集型商品迅速打开市场；并且集装箱的标准化也改变了港口和海运的运营模式，建立了偏向西方国家的全球货运标准（莱文森，2008）。

默会知识因存在"潜移默化"的社会影响，在认知战、地缘竞争等方面也一直备受关注。从历史的眼光来看，早在19—20世纪的殖民时代，通过"商品"统一社会知识结构就被视为是重要的社会控制手段，早期殖民者通过倾销商品使殖民地成为宗主国的单一市场。美国"二战"后在西欧稳固其统治力的"马歇尔计划"也是对欧洲国家进行资金援助，令欧洲国家加速购买美国商品，向其传递更为美式的生活经验。相比之下，"一带一路"倡议面向的是全球治理共同体，出口的主要是促进当地经济发展的基础设施，中国以合作者而非领导者的身份出现，带来的是共同发展，这与具有浓厚意识形态色彩的"马歇尔计划"在知识立场上有根本区别。

在比较优势方面，中国在默会知识上具有一定优势。虽然中国在知识密集产业上与发达国家有一定差距，但也是全球唯一一个拥有完整工业体系的国家，是对外投资基础设施、外派劳工最多的国家之一，还通过"鲁班工坊"向全球出口职业技术教育。[①] 以"一带一路"为例，这一倡议以"发展"为起点的建设内涵，及其实施过程中所产生的货

---

① "鲁班工坊"是以中国古代杰出工匠鲁班命名的职业教育国际交流平台，旨在帮助"一带一路"共建国家培养技术技能人才，被称为"一带一路"上的"技术驿站"。

物和人员流动，都蕴含着中国特色的"全球治理新模式"，具有中国的发展和治理特色。有外媒总结道，"一带一路"与其说是"路"（road），不如说是哲学范畴"道"（tao），包含行动、力量、创举和社会秩序等多重含义[①]，使得合作国家之间有机会建立共同的实践逻辑，实现底层互信。总而言之，全球治理中既存在科学知识的流动与共享（李昕蕾，2019），也涉及作为理念、倡议的治理知识（卢静，2022a）。在气候治理领域，多元主体所开展的气候传播也存在着知识的多重面向，既可以是"双碳"目标、"人与自然生命共同体"等"中国方案"或治理"倡议"，也可以是有关全球气候变化现状的科学数据与知识。

五、全球气候传播的两个线索

面对新闻报道中出现的纷繁复杂的气候变化专业词汇，普通人往往难以对相关议题作出进一步解读，而本章试图为此建立起一套概念框架，构建有关全球气候治理和气候传播的想象空间。基于对全球气候传播中关键概念、重要时间节点的梳理，笔者在本章总结出全球气候传播的初步框架和两个重要线索——领导模式和知识协商，认为全球气候传播是各领导主体基于气候治理所开展的一种知识协商过程。在此基础上，本书试图思考，全球气候治理如何框定了全球气候传播的基本结构和框架，反过来全球气候传播如何反映和影响全球气候治理的发展逻辑。

对此，本章首先绘制全球气候传播的概念地图，回顾全球气候治理、气候传播、健康传播、环境传播等关键概念，并基于此提出本书所关注的"全球气候传播"定义，明晰全球气候传播的参与主体和核心议

---

① 新华网：瞭望·治国理政纪事｜"一带一路"铺通共赢大道. 2022 年 6 月 18 日，检索于 https://baijiahao.baidu.com/s?id=1735943438298689422&wfr=spider&for=pc.

题，提出我国参与全球气候传播所要达成的核心目标是实现"全球气候安全"。与以往单向的国际传播范式不同的是，本书将全球气候传播划定为将多元主体纳入的一种多元互动的传播范式，因为气候安全关乎全人类的发展和社会福祉，没有国家可以置身事外，气候问题的解决有赖于不同国家之间形成合力，带来发展理念的共同转型。

其次，笔者以领导力为线索构建出全球气候传播的主体框架。在气候议题的国际新闻中，登场的主体往往是中国、美国等国家，或是古特雷斯、西蒙·斯蒂尔等国际组织领导人，他们之间以何种形式产生关联？通过梳理全球气候传播的几个历史发展阶段，本章提出"后哥本哈根时代"的全球气候治理的主要特征为"责任政治"，各国就气候治理的模式、责任分配等问题开展全球气候传播。在这一过程中部分国家和国际组织扮演着领导者的角色，拥有绝对话语权。以 IPCC 为代表的知识型领导起到知识生产的作用；以 UNFCCC 为代表的工具型领导则放大了知识型领导的科学议程，并且组织国家等结构型领导参与到气候治理的协商中，这一过程中存在着工具型领导对于国家主体的话语权力分配过程。结构型领导主要为国家主体，会基于国家利益参与到气候治理当中，可进一步分类为权力型领导和定向型领导。最后本研究提出，全球气候治理视阈下的气候传播可被视为是知识的协商与传播过程，因为知识既包含了气候传播的理念、倡议层面的政治话语，又包含了气候科学之中的科学话语层面，两者相辅相成，共同形塑了全球气候传播的基本面貌。

面对诸多全球治理的科学争议，中国在表达立场时常面临着被"政治化"的尴尬境地，这在很多情况下来源于西方国家在全球治理中制造的知识壁垒，通过放大不同国家的知识差异，营造一种"政治化"的对立情绪。为从根源上实现气候传播的"去政治化"，本书在全球气候传播中引入"知识"概念，将全球治理语境下的战略传播视为一种知识的共享与传播过程。全球治理中既存在显著知识的流动与共享，也涉及以人员、基础设施、商品流动为代表的治理知识扩散。以往气候传播实践主要关注以文本形式呈现的显著知识，这类知识在传播效果上更易评估，但所受到的规制风险也更多。而默会知识往往是显著知识产生传播的前提，默会知识通过人与人、人与物的社会网络实现连接，为显著知识提供了前置空间，两者的呈现关系也会随知识传播者的权力意识和关系网络发生改变。

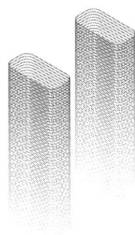

全球气候传播的历史脉络与话语进路

  本章将深入剖析领导力维度下全球气候传播的发展历史，从纵向视角出发，不仅限于理论的简单复述，而且立足于前文所构建的理论框架，对全球气候传播的历史进程进行全新的解读。我们将细致回溯各领导模式的诞生背景与发展脉络，审视不同历史阶段下领导模式间的互动特征，并深入探讨"知识"在全球气候治理与传播各个时期的具体作用与表现形式。此外，通过"气候紧急状态"这一典型案例，我们将进一步把握全球气候传播话语的最新发展趋势，并对其进行批判性解读。

  人类对气候变化的关注已有几千年历史，中国自古以来一直视"气候"与"天象"为维系社会发展的重要知识类型，对"天象"的掌握被统治者视为重要的权力象征。中国早在上古农耕时期便发明了二十四节气，至今都在影响着中国人的生产生活。如周朝开始设立的"灵台"以及唐朝开始设立的"司天台"都是专门监测气象变化的国家机构[①]，但在中国古代，气候信息仅限于统治阶层内部传播，且"天象"更多与占卜相关联。

  在西方社会，在"新闻"诞生初期，有关气候变化和天象"异常"的种种新闻经常占据各种"头版"，法国、德国等欧洲国家在报纸诞

---

① "灵台"是东汉时期天象观测人员进行观测数据记录、整理的住所和办公场所。"司天台"出现于唐代，为古代观测记录天文气象、制定并颁发历法、兼掌天文历法知识传授的国家机构。

生前后出现了大量以气候新闻为主的"小册子"与"新闻纸"（news-sheets）（佩蒂格雷，2022）。在气象科学尚未诞生之时，人们从各种异常天象联想到王权、战争等世俗事件，此类新闻往往能获得更多关注。可见，人们通过新闻了解天气、气象变化，并将其与现实进行连接的需求一直存在。20 世纪伊始，中华民国政府和欧美国家都出现了气候信息监测部门和专门的气候科学研究型期刊，但其传播范围也仅限于政府内部，服务于当时的军事信息监测需求，几乎不在社会层面流通。

现代意义上的气候传播诞生于"二战"之后。20 世纪 50 年代，"气候科学"走上正轨，开始出现在新闻媒体之中，直到 80 年代末，"气候变暖"成为全球性议题后，专业化的气候传播才开始出现，"全球气候传播"开始登场。时至今日，因为与地缘政治格局、全球经济发展紧紧相关，气候议题已经成为全球各大媒体的重要新闻热点，各类专业化的气候媒体也层出不穷，在欧美国家已经诞生诸多以气候报道为主的专业媒体。全球气候变暖作为当今国际社会一个举足轻重的全球治理问题，同时也是人类社会 30 余年来最受关注的环境问题，人类对于气候变化的认知过程也体现了人类对自然环境认识情况的转变。从 20 世纪 80 年代的气候"怀疑论"，到 90 年代的逐渐重视，再到近年来成为联合国秘书长古特雷斯口中的"气候紧急状态"，人类社会对气候变化的认识论与话语建构也在经历着转型过程。相较于西方国家，我国的气候传播研究起步较晚且相关研究匮乏，学术界尚缺乏对气候传播历史全面而系统的梳理。当前气候传播领域中诸多伦理失范问题的根源可追溯至气候治理共同体初建之际，因此，深入探究全球气候传播的历史脉络，对于理解全球气候传播的发展逻辑具有重要意义。

全球气候传播与气候治理的发展历程紧密相连，气候治理各阶段的核心议题亦引导着气候传播的工作重心。本章以领导力为视角，对自 20 世纪 50 年代以来全球气候传播的历史进程进行扼要概述，回顾重大气候治理事件对全球气候传播产生的深远影响。最后，还将简要梳理中国参与全球气候传播的历史，总结不同阶段中国在全球气候传播中的主要议题与工作侧重点。

一、从"变冷"到"变暖"：全球气候传播争议历史

气候治理格局对全球气候传播有形塑作用，也使得全球气候传播有显著的阶段性特征。哥本哈根以及巴黎气候大会等影响气候治理发展史的决定性会议在召开前就被寄予厚望，各领导主体早已经为可能到来的气候变革做好充足准备。这些重要的气候变化大会受到的国家和媒体关注也最多，决定了之后五年甚至十年的气候治理主题，影响全球气候传播的整体走向。在以《京都议定书》、哥本哈根气候大会、巴黎气候大会为节点的气候治理不同阶段，不同领导类型开展气候传播的方式和主题也差异明显。

相比于 20 世纪 90 年代气候治理开始在全球范围内蓬勃发展，全球气候传播并未与其同步兴起，而是稍微滞后。广义上的气候传播诞生于 20 世纪 50—60 年代，科学共同体对全球气候变暖形成共识是在 20 世纪 80 年代，但以国家和全球媒体为主体的全球气候传播真正开始是在 20 世纪 90 年代至 21 世纪初（Agin & Karlsson，2021），尤其是发展中大国开始参与到气候治理之中，真正意义上的"全球气候传播"初现雏形。虽然当前全球气候治理的紧迫性已经成为全球共识，发达国家和发展中国家均采取实际行动应对这场 21 世纪人类所面临的最重大危机。即便在同一共识下，基于国家利益、发展需要以及制度信任，各国采取的具体治理理念及方式也会有所不同。但也正是这种差异使得各个国家在全球传播场域就气候责任展开话语权争夺，并且在全球树立了截然不同的气候形象。

（一）20世纪50年代至80年代：气候争议初现

气候治理自诞生起就围绕着科学争议所展开，这种争议性在全球传播信息流中被放大，奠定了全球气候传播的争议底色。从学科发展的起点来看，20世纪50年代至70年代，气候传播伴随着气候科学的诞生而出现，早期气候传播的科学色彩较为浓厚，主要为科学家之间的互动与交流，国家主体并未涉入其中（Moser，2010b）。50年代起，仅有零星科学家开始提出全球气候变化异常对人类社会可能造成的破坏性影响。60—70年代，全球气候变化的争论在科学界开始出现，但彼时人们对气候变化的认识较为初级，尚未出现广泛的科学共识，参与者主要是科学家群体以及小部分媒体，传播范围主要局限于西方社会内部。气候变化之所以在此时受到部分人关注，很大一部分原因在于当时欧美国家环境思潮的崛起，以1962年《寂静的春天》一书出版为标志，有关环境、安全、生存的议题在西方社会获得广泛讨论，彼时公众对于生存环境的担忧情绪显著影响了媒体的议题关注和公共政策的走向，专业化的环境传播与科学传播开始兴起，为气候传播后来的迅速发展奠定了基础。

在20世纪70年代，鉴于全球范围内连续观测到的异常低温事件，科学界兴起了一股预测"人类社会即将迈入新一轮副冰河期"的风潮。[1]此时期，洛厄尔·庞特（Lowell Ponte）于1975年出版的著作《全球变冷：又一个冰川世纪已经来临？我们能够渡过这一难关吗？》是该领域的标志性文献[2]，该书深入剖析了冰河时代复现可能引发的广泛破坏性影响，尤其聚焦于气候冷却导致的全球粮食产量缩减，在中国与苏联等国可能引发的灾难性后果。

---

[1] 20世纪70年代，人们普遍担心地表污染会反射阳光，使地球变冷。而地表污染的确阻止了地球像本来应该的那样快速变暖，但这种影响对于普遍的气候变暖而言微不足道。

[2] 科学网：科学争论：全球变冷是真的吗？百年内小冰期不会卷土重来. 检索于：https://wap.sciencenet.cn/home.php?mod=space&do=blog&id=1200390.

与此同时，媒体界亦积极响应，诸如《纽约时报》等权威媒体均发布预警，称"全球气候变冷"已成为不容忽视的显著趋势（庞忠甲，2016：78-89）。值得注意的是，当时仅有少数科学家提出"气候变暖"假说，非但未获广泛认可，反而被视为边缘理论。彼时关于气候变化的争论，与当前气候议题下的争议情形颇为相似。

1967 年，国际科学理事会（International Council for Science，ICSU）和世界气象组织（World Meteorological Organization，WMO）启动了一项名为全球大气研究计划（Global Atmosphere Research Programme，GARP）的全球科研计划，以更好地了解大气的行为和气候的物理基础。"全球大气研究计划"的目的是改进用于天气预报的预测模型，但这项计划最终被纳入气候变化科学范畴。1967 年，此研究计划指出，大气中的二氧化碳含量增加一倍将导致全球平均气温升高 2℃，对可能出现的全球气候变暖进行了初步预警。

接下来的十年里，研究人员发现，在 20 世纪的前几十年，北半球的平均温度已经升高。当时悬而未决的争议是这一变化是自然变异还是人为引起的，这些争议问题激发了生态学和地质学界对气候变化的兴趣。1979 年，第一届世界气候大会召开，开始关注长期性的气候变化。1980 年，ICSU 和 WMO 决定将 GARP 计划转变为气候研究国际合作论坛，GARP 正式更名为世界气候研究计划（World Climate Research Programme，WCRP），至今仍在为现代气候科学作出贡献。[①]

在国际组织建设方面，1979 年，WMO 和联合国环境规划署（United Nations Environment Programme，UNEP）组织了第一次世界气候大会。然而这次会议几乎完全集中在气候变化的物理学基础上，缺乏其他学科的贡献，除了呼吁为气候研究提供更多资源外，没有尝试走出学术界并

---

① International Science Council: The origins of the IPCC: How the world woke up to climate change. 检索于：https://council.science/current/blog/the-origins-of-the-ipcc-how-the-world-woke-up-to-climate-change/.

提高公众对该问题的认识。且这一时期虽然气候问题开始受到媒体关注，但没有在国际社会引发反响，WMO 也没有因此树立起知识领导力，这为之后 IPCC 的忽然崛起留下了科学知识的话语权真空。

尽管在这一时期，关于全球气候变暖的科学共识尚未确立，但通过科学家与媒体的大范围传播与讨论，全球气候变化的议题至少已成功渗透至公众意识之中。人类社会开始从科学的角度，严肃审视全球气候变化可能带来的不利后果，这一转变为后续全球气候变暖议题上升为全球性关注焦点奠定了坚实的基础。在此期间，专注于气候变化研究的科学社群已初具规模。值得一提的是，1974 年布朗大学举办了一场聚焦于"全球变冷"议题的研讨会，该会议汇聚了众多科学领域的专家学者，其影响力之大，以至于会议组织者还向时任美国总统尼克松发出了一封包含"气候变化"警示信息的信函（庞忠甲，2016：78-89）。

但在科学领域之外，有关气候变化的社会认知在此时并未发展起来。这一时期，国际社会的主流意识形态聚焦于推动全球经济的快速增长，而未能为全球气候变暖的认知框架构建提供充分的政治议程支持。当时，正值"二战"后全球经济繁荣的浪潮之中，众多亚非拉国家相继获得独立，亚洲"四小龙"的经济崛起更是被视为经济奇迹，吸引了全球的目光。与此同时，冷战的持续状态也分散了国际社会对于包括气候变化在内的各类潜在非传统安全威胁的关注。直至 20 世纪 90 年代苏联解体后，随着美国等西方大国试图通过全球治理机制来构建新的国际秩序，气候治理才在这一推动下逐步崭露头角，开始其发展历程。

纵观这一历史时期的气候传播活动不难发现，随着气候科学的蓬勃发展，关于气候变暖与变冷的科学辩论随之兴起。社会各阶层围绕气候变化可能引发的利益格局变动进行了广泛互动。这揭示了气候科学领域所蕴含的复杂特性，也预示了这种科学复杂性有可能在全球范围内的气候信息传播过程中留下广泛的争议空间。

进入 20 世纪 80 年代，学术界对于气候变化的科学认知框架出现剧烈的范式转换，即从原先普遍关注的"全球变冷"论断急剧转向"全球变暖"共识。这一突如其来的认知转折，凸显了气候科学研究中的不确定性和深层次复杂性，同时也是后续"气候否认"现象兴起的一个重要根源，对西方社会随后数十年间关于气候变化的争论产生了深远的影响。特朗普等人公开质疑气候变化科学性的论据之一，便是援引自该时期广泛流传的"全球变冷"假说，这进一步印证了早期科学争议对后续公共政策讨论及公众认知的潜在影响。

（二）20 世纪 80 年代至 21 世纪初：气候传播领导力的初创与发展

1988 年 IPCC 诞生，美国国家航空航天局（NASA）正式向全球发出"气候变暖"警示，气候变化议题真正进入全球治理场域，国家以及国际组织等政治主体介入，实践意义上的"全球气候传播"开始出现。在本书所关注的三种领导类型中，知识型领导是全球气候治理中最早诞生的领导类型，因为正是科学共同体发现"全球气候变暖"这一基本科学事实，并将其传播至科学共同体之外的国际社会，国际组织和国家主体才会开始采取行动进入气候治理当中。

20 世纪 80 年代，全球气候科学出现急转弯，70 年代盛行的"全球变冷"学说几乎在一夜之间消失，"全球变暖"被科学证明将是人类社会所面临的主要灾难和危机之一。也是在 20 世纪 80 年代至 90 年代，以 IPCC 为代表的知识型领导逐步确立起其在全球气候治理认识论中的领导地位，建立起长久且广泛的科学影响力。[①] 在后来，这种科学话语甚至被政治力量所使用，成为全球气候治理中的"政治正确"。具体而言，在这种科学影响力的建立过程中，科学家群体也很容易逾越科学的边界，以更为激进的行动者的身份试图影响政治，关于这一问题，本书第五章将详细介绍。

————————

① 详见：IPCC（2023）. History. https://www.ipcc.ch/about/history/.

全球气候变暖获得全球性关注的一个里程碑事件是 NASA 所发出的气候变化警告。1988 年，NASA 的科学家詹姆斯·汉森（James Hansen）向美国政府发出警告，提出人类使用化石燃料所产生的温室气体可能导致全球气候变暖，最终引发灾难。汉森将这一趋势形容为一种"紧急状态"，他是向政府部门发出警告的最知名的科学家，被称为"气候变暖研究之父"。这一事件也奠定了 NASA 等美国科研机构在知识型领导上的优势地位。当前，将全球气候变暖形容为"紧急状态"已经是西方媒体的常态操作，这一话术的最初来源正是此处。

作为跨国科学机构的 IPCC 同样成立于 1988 年，其诞生之初便受到媒体的广泛关注。但在很长一段时间里 IPCC 都没有任何专门负责气候传播的部门，甚至可以说 IPCC 在早期是排斥与媒体进行合作的，原因在于 IPCC 试图通过与媒体保持距离以保证自身的"科学中立"（Lynn，2018）。因此，在 IPCC 成立的前 20 年间，UNFCCC 这一工具型领导几乎扮演了 IPCC 的"新闻代理人"角色。当然，两者本来就是联合国气候治理框架下的"双生子"，虽然在机构上独立并且性质不同，但它们之间的合作一直很紧密。UNFCCC 负责将 IPCC 所发布的评估报告推广至以联合国气候变化大会为主的气候治理舞台，这些报告也是 UNFCCC 组织会议议程的重要科学基础。UNFCCC 对于 IPCC 的气候传播代理角色基本符合前文对于知识型领导与工具型领导之间关系的论述——工具型领导负责放大知识型领导的知识议程，不过这种传播更多出现在外交场合，日常的气候传播工作对于 IPCC 而言无迹可寻。

相比于哥本哈根气候变化大会之后颇受科学权威质疑的 IPCC，UNFCCC 作为工具型领导的角色更为稳定，UNFCCC 是全球气候治理的最重要行动者之一，也是早期联合国气候治理框架下全球气候传播的规则制定者。1990 年 12 月，联合国常委会批准气候变化框架公约政府间谈判委员会（The Intergovernmental Negotiating Committee for a Framework Convention on Climate Change，INC/FCCC），赋予其气候治理的核心组织地位。1991—1992 年，联合国共召开五次气候变化会议。最终，1992 年 6 月，150 个国家在巴西里约热内卢举行的联合国环境与发展大会上签署"公约"，全球气候治理正式启动。[①] 值得注意的是，中国也是首批签署这项条约的国家之一。

1995 年，联合国气候变化大会第一届缔约方会议（COP1）在柏林举行。1997 年，《京都议定书》签署，正式确认国家主体在减排义务上的责任。虽然气候治理的责任政治初步显现，但实际上以此为国际传播工作重点的国家并不多。在这一时期，除欧盟等少数发达国家以外，多数国家并未进入气候治理的实际环节，现在被广泛提及的"绿色新政"在当时对于大多数国家而言可谓是天马行空（袁倩，2017：25-39），也很少有国家会真正开展所谓的气候传播，无论是面向全球和国内。因此，整个 20 世纪 90 年代到 21 世纪初，UNFCCC 在全球气候传播网络中起到代言人的作用。

在结构型领导建设方面，这一阶段，欧盟在气候治理格局当中一家独大。从 20 世纪 90 年代《京都议定书》开始，欧盟便在气候治理中确立了自身的领导地位（钟猛，王维伟，2022）。1997 年签署的《阿姆斯特丹条约》在外交领域统一了欧盟的对外话语规则，更有利于欧盟就气候问题开展统一的全球传播活动（任芹芹，2020），通过有形的（如气候援助）以及无形的（如气候科普）外交和传播手段，欧盟在气候治理领域相比美国树立了巨大优势。例如欧盟从 90 年代开始就同时接近发达国家与发展中国家，敦促发达国家尽快签署条约，给发展中国家开出签署条约的优厚条件，包括资金和技术援助等。

对于美国而言，1988 年，詹姆斯·汉森发布的气候警告立即震惊美国社会，《纽约时报》第二天就刊登文章对此进行讨论，但在随后发生的东欧剧变、苏联解体等国际性新闻的掩盖下，这种热度很快就被消

---

① 可参考：UNFCCC 官方网站 . https://unfccc.int/about-us/about-the-secretariat.

减。到了 90 年代，美国媒体主要关注多元社会文化、全球化、科学争议等问题，气候变化议题被视为一种边缘性议题（李海东，2009）。

　　这种现象的主要原因在于美国政府对气候变化的政治重视度不足，美国政府在 90 年代并没有对气候变化予以高度重视，时任总统老布什认为气候变化的成因在科学界众说纷纭，并没有在政策层面提升对全球气候变暖的关注度。但其在气候公共外交方面却表现得较为积极，90 年代正值"冷战"结束，英美等国所推行的"新自由主义"遍地开花，美国在气候变化的国际表态方面做足了"定向型领导"的工作。例如美国政府参加了 1992 年在里约热内卢召开的首届"地球峰会"，并迅速批准公约。之后克林顿政府上台，在气候政策方面推行更为积极的治理方案，但相比于欧盟等其他经济体也表现得颇为保守。这实际上是"吉登斯悖论"的直接体现，虽然全球气候变暖被提出之初立即获得了媒体的关注，但这种关注一般都不会持续下去，因为与文化、经济等问题不同的是，气候变化不易被感知到，因此也不可能被媒体持续关注。

　　除欧盟和美国以外，广大发展中国家虽然在气候诉求上存在一致性，例如对"共同但有区别的责任"原则的支持，最终目的是追求"气候正义"，但这一时期发展中国家在气候治理的组织结构上非常松散，没有代表性领导国家出现，发展中国家阵营在气候外交方面也主要采取"防御外交"的策略。这种外交策略给予发达国家在初期主导全球气候治理框架的机会。广大发展中国家的合力直到 2009 年的哥本哈根气候变化大会才真正形成。

　　气候变化的社会思潮方面，21 世纪初，有关全球气候变暖的讨论在西方国家开始流行开来。有代表性的案例是美国前副总统阿尔·戈尔（Albert Arnold Gore Jr.）在 2006 年制作的纪录片《难以忽视的真相》[①]（*An Inconvenient Truth*，见图 2-1）。这一纪录片的发布在国际政坛影响

---

① 此纪录片早期在国内被译为《不能忽视的真相》。

颇大，在 2007 年获得奥斯卡最佳纪录片奖，戈尔在当年也与 IPCC 共同获得诺贝尔和平奖。这部纪录片的发行是 21 世纪初期影响力最大的气候传播事件，意味着全球气候变化借由大众媒体开始进入公众视野，也为后来西方社会频繁开展的绿色运动奠定了叙事基础，这部纪录片中所使用的诸多叙事方式即便现在来看也不过时，如"个体叙事""生态中心主义美学"等（吴定勇，王积龙，2008；吴江龙，2008）。

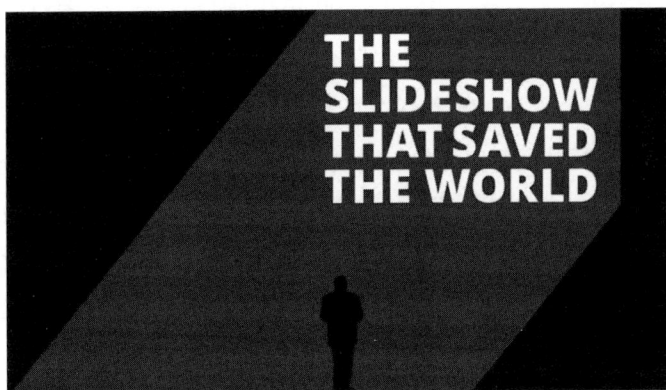

图 2-1　纪录片《难以忽视的真相》在气候传播史中被赋予很高的地位

《难以忽视的真相》的全球流行也说明了传媒力量对于一国治理形象的重要影响，传媒并非传统意义上的气候治理的参与者，但通过影响气候"观念"调整着全球气候治理的主体话语权。虽然当时小布什政府在气候政策上主要持消极态度，退出《京都议定书》，但美国本土丰富多元的气候传播实践却使得全球社会普遍对美国的气候形象颇有好感，认为美国在气候治理中真正起到了榜样作用。在这一时期，NGO 等多元主体也纷纷参与到全球气候治理实践中，制造"媒介事件"。同样是2007 年，世界自然基金会（World Wide Fund For Nature，WWF）发布"地球一小时"倡议，试图建立起常态化的全球气候传播事件，世界自然基金会的尝试不可谓不成功，这一倡议迄今为止仍然是气候变化领域最为成功的社会动员案例。

前哥本哈根时代,全球气候传播的格局并不明朗,但面向国际社会,尤其是西方国家公众的气候传播开始走向成熟。经由媒体、NGO以及名人效应,国际社会对于全球气候变暖的认识论也开始形成。回顾这一时期全球气候传播的基本特征,可以总结出以下三点:

首先是以技术和科学主题下的气候传播为主,很多国家还没展示出对全球气候治理的真正重视,基于国家利益所开展的全球气候传播并不是主要议程。这一点在20世纪90年代尤为明显,各国对于气候变化的具体认知还不清晰,也没在公众层面形成动员。虽然21世纪初各国开始意识到气候治理的责任分配对于全球经济的重要影响,但包括IPCC等在内的国际科学组织在气候治理的具体细节规划上也处于初步阶段,中国等发展中国家并没有意识到气候变化可能带来的国际社会剧变。UNFCCC等国际组织更多将气候传播等同于科学传播,气候传播的政策和政治特征尚未凸显,直到"碳时代"真正到来后才有所转变。

其次,这一时期的全球气候传播总体呈现自上而下的传播模式。这与当时气候治理"自上而下"的模式对应,在"责任政治"没有成为气候传播的焦点之时,政府主体开展气候传播的积极性也不高。在UNFCCC的主导下,各国政府被动地开展全球气候传播。例如21世纪初,各个国家会向UNFCCC提交《气候变化国家传播报告》,向国际社会展示自身在气候与环境治理中的成果。[1]但除此以外,以国家为主体的全球气候传播行动仍然比较少见,仅局限于欧美发达国家之中。

最后,这一时期,伴随着媒体的不断关注与跟进,全球气候变暖议题开始走进公民社会,在很多国家成为重要的社会议题,气候治理的"双层博弈"面向开始凸显。普通公众对于气候问题的关注促成了气候治理"黑箱"的打开,气候治理不再是各国领导人层面的闭门会议,而是成为影响社会意识形态的重要政治议题,政府、企业等气候治理主体

---

[1] 相关报告详见 UNFCCC 官方网站:https://unfccc.int/resource/docs/natc/chnnc1exsum. pdf.

越来越重视全球气候治理中的话语建设，面向全球公众的气候传播越来越受到重视。

（三）21 世纪初至今：领导力基本形成与气候话语权的分配

2009 年是全球气候传播领域的一个关键转折点。哥本哈根会议作为史上参与国家数量最多、规模空前的气候变化国际大会，汇聚了来自 192 个国家的代表。此次会议的举行，象征着"责任政治"时代的正式开启，基本确立了全球气候治理的总体框架。在此背景下，围绕"责任分担机制"与"治理哲学"的核心议题，各国间关于气候治理话语权的竞争日益显性化，这一动态极大地促进了全球气候传播领域的全面进步与发展。与此同时，国家及国家集团参与气候活动的积极性显著增强，促使诸如 UNFCCC 等国际组织在气候传播中的角色发生转变，由以往的"激励者"与"代言人"逐步演变为"协调者"。

在这一阶段，全球气候治理的国家集团正式形成，其划分依据由传统的发达国家与发展中国家二元对立，转变为以欧盟、伞形国家集团、基础四国、中国 +G77 国集团、小岛屿国家联盟等为核心的多极化气候治理国家集团格局，这一转变为各国在全球气候传播中的基本立场与策略奠定了基石。全球气候传播也从 20 世纪 80—90 年代以"科学传播"为主转向科学、政策、政治三位一体的传播实践领域，而政策传播、政治传播与科学传播也共同构成了当前气候传播的三个面向（郑石明，何裕捷，2022）。

无论对于国家、国际组织还是企业等主体而言，2009 年都可被视为全球气候传播的一个重要转折点。对于知识型领导而言，2009 年发生了震惊国际社会的"气候门"丑闻，来自东英吉利大学的科学家被指修改科学数据，以夸大气候变暖的严重性，虽然相关数据造假并不直接影响 IPCC 科学报告的信度，但也使得 IPCC 等气候科学组织的公信力大大丧失，迫使 IPCC 这一知识型领导放弃与媒体"保持距离"以及"回避"的气候沟通原则，转而增加与媒体的合作，提高评估报告的透明度，发布专门针对媒体进行气候传播的媒体摘要。当然，这份媒体摘要同时也会受到来自结构型领导的审查，以追求其平衡性。

对于 UNFCCC 等综合性气候治理国际组织而言，虽然哥本哈根气候变化大会并没有达成实质性的协议成果，但在全球传播意义层面，这场会议所受到的关注是前所未有的，不仅让全球气候变暖的科学事实深入人心，也提高了 UNFCCC 的国际地位。

这一时期另一个重要的节点是 2015 年《巴黎协定》签署后，UNFCCC 与其他国家之间的指导从"自上而下"的治理模式转变为"自下而上"模式，各个国家自主制定减排计划，自由度得到提升。对于这一时期的气候传播而言，各国若想在气候治理中争夺话语权，不仅要依赖气候治理的实际水平，也就是碳实力的硬实力层面；也需要调动软性碳实力，即通过气候传播向世界说明自身治理理念的优越性，才能够真正获得影响力。这种自由度也帮助 UNFCCC 不再需要完全兼任国家层面的全球气候传播代理人，而是将气候传播注意力放至更为广泛的多元主体，例如 NGO、企业等。

巴黎气候变化大会后，发达国家与发展中国家在全球气候治理中的利益博弈趋于缓和，但不同国家集团在气候治理上的发展路径差异却更加明显。2019 年，英、美、德等老牌西方国家爆发了学生罢课运动，数以万计的学生上街游行，抗议政府在气候变化治理上的不作为。当年来自瑞典的小女孩儿格蕾塔·通贝里（Greta Thunberg）成为西方国家多个榜单评选的"年度人物"，受到欧美国家左翼领导人的接见；但在发展中国家，这种环保"偶像"却并不常见，民众也并无意愿参与到此类激进的气候运动当中。这种差异来源于两种国家在气候治理模式以及气候治理发展阶段上的差异，欧美国家气候治理模式关注社会力量，乐于动员民众以及关注激进的气候话语（考克斯，2016：231-254）；而发展中国家出于经济发展考量，往往会由国家对民众进行统一动员，强调国家力量而非个人主义。这种差异影响了不同类型国家在全球气候治理中的话语分野。

时至今日，全球气候传播不再仅仅以官方召开的气候变化大会为单一舞台，2019 年澳大利亚大火、2021 年中国河南洪灾、2024 年西班牙大洪水等全球性气候灾害足以让人们意识到全球气候变暖的危险。常态化的气候传播实践在国家间气候治理协调中开始起作用，这些实践包括全球气候科学共同体间的跨国交流、城市气候公共外交等。如果说联合国气候变化大会是 UNFCCC 以及各国家主体开展气候治理的主战场，那么各国在气候变化大会之外所开展的气候传播实践类似于全球各国在日常交往中所开展的一种"无声的协调"（曾向红，2022）。这种无声的协调主要指各国在治理问题中所进行的彼此适应、主动学习的并未公开化的协调过程。从实际的气候协商进程来看，在联合国气候变化大会召开之前，各主要国家就已经就气候治理的初步议程达成协作（Andresen & Agrawala，2022），各国在会议召开前便积极通过全球气候传播在国际社会中争取来自其他国家、NGO 等多元主体的支持，树立自身的绿色形象，这一过程并未在气候大会等主战场所表现出来，却影响了国家间气候合作。

21 世纪的第三个十年，新冠疫情、俄乌冲突等全球危机为全球气候治理蒙上阴影，气候议题再次成为全球传播的次要议题。好在发展 30 余年的全球气候传播体系正在建立常态化的传播渠道，相应的治理政策与措施也逐步推进。这一时期，全球气候传播的一个主要趋势是 Z 世代在全球气候传播中所起到的作用越来越大。这是一个全球性的普遍现象，Z 世代乐于关注媒体中有关气候变化的新闻和信息（童桐，黄典林，2024），在社交媒体中通过话题、标签等方式参与有关气候变化的讨论，正在成为全球气候传播中最具潜力的一个世代。当然，Z 世代之后的 α 世代由于生长在气候灾难频发的时代，其对气候威胁感知只会

有增无减。^①

与 Z 世代在全球气候传播中崛起相伴相生的一个现象是全球气候传播中"个人领导者"的流行，前文提到的格蕾塔·通贝里只是一个缩影，她背后有专门的团队作为媒体宣发工作的支撑，2020 年还上映了讲述其参与气候行动的纪录片《我是格蕾塔》(*I Am Greta*)。虽然格蕾塔的气候行动在全球范围内存在诸多争议，但这种现象的出现也说明全球气候传播领导力正在呈现"下沉"的趋势，太平洋岛国原住民、欧洲难民以及北美的原住民群体中诞生了诸多的"气候领袖"，这些气候领袖的出现符合西方社会的民间气候运动传统，因此主要在欧美国家获得了广泛欢迎，受到诸多国际组织的重视。这种新型领导者的出现会对既有的全球气候传播格局带来何种影响，需进一步考察全球气候治理的议程走向。

（四）全球气候传播的历史要素

基于以上梳理可知，当前全球气候传播领导模式格局的形成有其历史要素。不同领导主体参与全球气候治理的时间点有所不同，其在全球气候传播中所持有的资源也有所差异。气候治理是当前参与主体最多、最积极的全球治理领域，但在体制机制建设方面尚不完善，不同国家、主体的发声机会不均衡，这在传播层面造成了权力失衡、利益分化等问题的存在。IPCC 作为知识型领导诞生于 20 世纪 80 年代，设置了基本的科学议程，而联合国气候框架公约形成于 90 年代，全球气候治理开始出现统一治理框架的工具型领导，90 年代末欧盟建立起在气候治理中的先进地位，直到哥本哈根气候会议，全球气候治理的结构型领导格局基本形成。

西方国家开展全球气候治理较早，参与了整个治理体系的建设与

① α 世代即"阿尔法世代"，通常指 2010 年以后出生的少年儿童。

形成，从而形成了在全球气候传播中的话语优势。发达国家最早推进了全球气候治理体系的建立，这一过程也造成了发展中国家话语权缺失的问题，使其一直行使防御气候外交的策略，没有形成气候治理的参与积极性。因此，国际社会普遍呼吁，气候治理中"南南合作"格局至关重要，在帮助发展中国家联合起来争取气候正义的同时也能调动其参与到全球气候治理当中。

纵观全球气候传播历史，美国是一个较为特殊的案例，美国在全球气候治理中一直摇摆不定，没有承担起与其实际地位相符的气候责任。但在全球气候传播的重要事件上，美国往往能把握重要节点作用，在全球范围内树立起其气候形象和全球领导力。从 1988 年詹姆斯·汉森发出"气候紧急情况"的警报震惊全球，到 2005 年《难以忽视的真相》在全球范围内引起讨论热潮，美国社会的多元主体非常善于制造各类媒介事件以引起全球关注。国际社会也是在这一次又一次的标志性节点中逐渐对全球气候变暖建立起主体认知。

二、中国开展全球气候传播的发展历程

中国在构建全球气候治理领导力方面展现出强大的内生驱动力。首要因素在于其广袤的地理疆域，我国既有饱受台风侵扰的亚热带季风气候，也有极端缺乏降水的沙漠地区，各区域地理因素的差异导致不同地区对气候变化的敏感性及受影响程度呈现显著差异。例如，2021 年河南省遭遇的"7·20"极端洪水事件，即为全球气候变暖趋势下极端降水事件频现的一个具体例证，这次极端降水是东亚大气环流异常协同作用的直接结果，也是全球气候变暖背景下我国极端强降水事件频发的具体表现，凸显了参与全球气候治理对于保障中国社会安全与稳定的重要性。其次，随着全球气候治理迈入"低碳"时代，新兴的低碳经济标准

为中国这一制造业强国提供了重要的发展契机与转型动力。再者，全球气候治理对现行国际格局产生深远影响，气候议题的话语权日益成为国际谈判与合作中的核心资本。在此背景下，近年来中国在增强气候领导力及提升气候信息传播效能方面作出了显著努力，特别是在哥本哈根气候变化大会之后，中国媒体对气候相关议题的关注与报道力度有了显著提升，进一步彰显了中国在全球气候治理中的积极参与姿态。

必须正视的是，当前我国在构建气候话语体系的过程中，尚存在独特性缺失的问题，主要体现为在国际气候治理舞台上主要扮演发展中国家领导者的角色，而未能充分展现"全球中国"的贡献与视角。尽管我国是"共同但有区别的责任"原则的坚定维护者，但在全球气候治理框架内，特别是考虑到"全球中国"的战略定位，中国如何为世界贡献其独特的气候治理智慧，其角色定位与战略路径仍显得不够明确（史安斌，盛阳，2021）。鉴于此，本书主张在全球气候传播重要性日益凸显的当下，对我国的全球气候传播历程进行系统性回顾，深入挖掘并理解领导力建设的历史资源与经验，为促进我国在全球气候治理领域中的角色转型与领导力提升提供理论与实践基础。

（一）前哥本哈根时代：融入全球领导体系

回顾中国早期气候与环境传播实践可以发现，我国政府和媒体很早便开始对气候问题进行讨论。新中国成立初期，受国家发展需求的影响，中国媒体对气候变化的关注集中于气候异常现象对于农业生产生活的影响，以《人民日报》为例，根据笔者统计，从1949年到整个20世纪60年代，有关气候变化的新闻稿件仅有4篇，且主要以农业新闻为主，这一时期中国也无"气候科学"可言。[①] 70年代起，由于海外媒体认为"全球气候变冷"趋势下的气候冰河期可能为我国农业经济发展带

---

① 数据来自："人民日报图文数据库"：http://data.people.com.cn/rmrb/20230227/1?code=2，由笔者统计。

来灾难性后果,《人民日报》等媒体也开始关注这一新的科学现象。但我国媒体面对这一系列气候争议表现得较为冷静,认为所谓的"冰河期再临"只是无稽之谈,缺乏实际科学依据,相关争议也不了了之。

在 20 世纪 80 年代,中国本土面临着诸如西南部严重的水土流失、西北与东北地区频发的沙尘暴等一系列环境灾难性事件。这一时期,环境新闻报道的焦点主要聚焦于"全民义务植树"这一大规模生态恢复运动,该运动实质上构成了环境治理作为"新兴治理运动"的基石。为了积极应对国内环境持续恶化的严峻挑战,1984 年,新中国历史上首份专注于环境问题的报纸——《中国环境报》创立。这份由生态环境部直接主管的出版物,不仅象征着中国本土环境新闻媒体的开端与兴起,而且是当时全球范围内唯一一个国家级环境专业媒体。值得注意的是,中国在 80 年代起所开展的"全民义务植树"是人类历史上时间跨度最久的、有组织的环境治理运动,这一治理式运动所沉淀下来的环境符号也成为日后中国开展气候传播、塑造气候形象的重要文化资源。[①]

20 世纪 90 年代,中国逐步推进改革开放,积极融入全球体系,是 1992 年最早签署《联合国气候变化框架公约》的国家之一,此后也一直是发展中国家中积极参与气候治理的代表。虽然我国 90 年代便在风沙治理、水土保持方面成绩斐然,但在专业媒体建设方面的缺失使得这些环境成就并没有很好地被国际社会所看到。这使得我国虽然在气候治理中积极作为,已然成为发展中国家参与气候治理的重要领导力量,但在全球气候形象上却难以与老牌欧美国家相匹配。

回顾整个 90 年代,不难发现政府和媒体开展全球气候传播的一些初步探索。1992 年中国签署《联合国气候变化框架公约》之时,正值中国改革开放步伐加快,中国深度融入经济全球化。中国在各国际组织中所参加的各类活动越发频繁,这其中也包括联合国环境署等各类组

---

① 关于"全民义务植树"的环境传播考察,可参考:童桐(2024a)。

织。整个 90 年代，中国频繁与联合国环境署及其他会员国家开展相关公共外交活动，包括与亚洲、南美等发展中国家互派环境科学家，与外部国家和国际组织的频繁合作也帮助我国融入全球气候传播体系之中，学习全球环境治理经验。

在探讨全球气候传播的框架内，20 世纪 90 年代是中国初步探索将气候变化及环境治理纳入构建国家形象战略的关键时期。彼时，中国媒体机构创新性地建立了本土情境下"植树造林"活动与全球气候治理议程之间的联结，巧妙地将"植树"行为塑造为外交互动中的一种仪式性表达，此举成为中国推进气候与环境领域公共外交的重要举措。这一具有开创性的实践至今仍在全球气候传播的现代实践中得以延续，尽管其表现形式已随时代变迁而演化：昔日的"植树造林"在气候治理日益主流化的当下，已转型升级为碳交易体系中的专业术语——"森林碳汇"。

（二）2009 年至今：专业知识参与建设发展中国家领导力

与前文所梳理的全球气候传播历史分期相同，我国的全球气候传播同样可以以 2009 年为起点。2008 年，国家发展和改革委员会成立气候司，在政策口径中，气候变化从"科学问题"转变为社会经济发展问题（张志强，2017）。2009 年以前，中国无论在业界还是学界都没有形成真正的气候传播共同体。2009 年之后，中国气候治理进入落实阶段，参与哥本哈根气候变化大会的记者数量急速攀升，中国参与气候变化大会一度成为中国各大新闻媒体的头条，中国的气候传播也正式随之起步。

虽然 20 世纪 90 年代末至 21 世纪初中国政府以及媒体开始对全球气候变暖加以关注，但当时并没有建立起对全球气候传播的初步认知，在国际社会缺乏活跃度。哥本哈根气候大会中，中国参与报道的新闻记者显著增长，从之前的寥寥无几迅速增长至近百人（袁瑛，2014），凤凰网、新浪等互联网门户媒体均开设了哥本哈根气候变化大会专门的报道主页，实时追踪这一全球性会议的各项最新进展，形成了"全民关注"

的局面。之后的巴黎气候变化大会等场合也延续了这一基调，国务院新闻办公室更是在巴黎气候变化大会后在国内专门召开了"巴黎归来谈气变"中外媒体见面会，向世界说明中国参与巴黎气候变化大会所取得的具体成果以及所持立场，标志着气候形象越来越成为国家形象的重要组成部分。

在主流媒体实践方面，自哥本哈根会议起步的中国气候传播恰好伴随着中国国际传播实践的发力。2009 年，也就是哥本哈根会议召开的同一年，"中国媒体走出去"的重要战略被提上日程，中国媒体开始在世界各地重要的"媒体首都"建立分支，借助这一东风，中国的全球气候传播也获得更多媒体资源。以中国国际电视台（China Globle Television Network，CGTN）为代表的中国媒体就气候变化议题在全球范围内与国际媒体、政要以及国际组织领导人广泛开展合作，逐步建立了属于中国的全球气候传播媒体网络。[①]

面向公众的气候传播方面，依托我国强大的社会动员能力，2009 年之后，国内面向社会群众的气候传播工作有条不紊地开展。2013 年，中国设立全国低碳日，在全国范围内开展有关气候变化的公共教育与新闻传播工作。"2060 碳中和"战略发布后，国家开始号召企业主体，甚至是个人参与碳中和目标的实现，带动了一大批专业化的气候传播媒体诞生，这些自媒体将"低碳经济"与"碳中和"视为下一个财富增长风口，对公众进行低碳知识的普及。可以说，自 2020 年起，至少在社交媒体层面，中国的民间气候话语正"蔚然成风"。

在民间的气候话语保持高热度之时，我国媒体仍缺乏专业化的气候报道，在专业性报道与舆论监管层面都缺乏体系性建设，落后于欧美国家（王积龙，闫思楠，2019）。虽然自 20 世纪 90 年代以来，在中国

---

① 关于"中国媒体走出去"的相关介绍，可参考：Tong Tong & Li Zhang. Platforms versus agents: the third-party mediation role of CGTN's news commentary programs in China's Media Going Global plan, *Chinese Journal of Communication*, 2024（1），61-77.

参与全球化的浪潮下，我国媒体对环境问题的报道逐步增多，但相关媒体主要在环保部门的组织下开展报道工作，报道内容集中在国内环境治理、监察等领域，缺乏对气候变化等全球环境问题的关注。

一个重要原因在于，相比于"权威式资源"稀缺的环保部门（易明，2011），在我国以"碳中和"为代表的国家战略主要是由发改委等经济部门所牵头，而在国际社会，气候治理也普遍受到经济、金融领域的专业人士关注。当前，我国涉及"碳中和"报道的媒体主要集中在经济领域，而环境媒体则更倾向于报道公共环境治理的新闻议题，如污染控制、城市生态等，对于全球气候议题的全面覆盖及国际经验的借鉴方面尚存欠缺。

全球气候传播是中国既有环境新闻报道的专业化延续，还是完全独立的另一套经济话语，仍有待考察。好在近年来我国媒体对于全球气候变暖的关注度一直在提升，以"财新"为代表的传统媒体以及以"36氪"为代表互联网新媒体都纷纷开设关注气候议题的专栏，在气候报道上的专业性也在增强。2023 年 1 月，中国还出现了第一份以"气候传播"为主要关注对象的杂志《临界点》，由澎湃新闻创办。《临界点》的开刊序言写道：

作为社会的一分子，媒体，我们深知自己在其中亦扮演着重要的角色。传播正确的气候变化讯息从未如此重要和急迫。作为气候变化议题中举足轻重的国家，中国也深受各种极端天气气候事件的影响，但是中国公众对于气候变化的关注、认识和行动还远远不够。[①]

气候类媒体或媒体专栏的不断涌现说明我国媒体开展气候传播有其内生性动力，对于一直缺乏专业性气候传播媒体的我国而言，如何通过气候传播动员社会公众参与到低碳发展当中，是配合"双碳"目标顺利实施的关键所在。建设专业性的气候传播媒体也是我国提升全球气候形象的重要起点。我国虽然是全球气候治理中最重要的两个国家之

---

① 澎湃：凡是过往，皆为序章——澎湃新闻《临界点》月刊今日上线 . 2023 年 1 月 30 日，检索于：https://www.thepaper.cn/newsDetail_forward_21702354.

一，但缺乏像《卫报》、彭博社一类的在全球气候传播中具有一定影响力的媒体，这使得我国在气候传播的媒体话语中十分被动。

在学界，我国的全球气候传播研究也于 2009 年正式起步，以哥本哈根会议为起点，中国进入气候治理快车道后，气候传播研究伴随着国家需求正式成为一项学术议题（郑保卫，王彬彬，2019：28-31）。以郑保卫为代表的学者多次参与联合国气候变化大会，将海外气候传播研究引入国内学界，为我国气候传播研究进行奠基。当前国内气候传播研究关注议题广泛，从碳市场监督机制建设（王积龙，刘杰磊，2022）到气候议题下的国际传播（史安斌，童桐，2021），再到市场主体参与碳交易过程中的"漂绿"与伦理失范现象（王菲，童桐，2020），"气候变化"议题正在与新闻传播学的各个研究方向进行结合，新闻传播学也成为我国气候治理研究的一个重要知识来源。可见，"双碳"目标的提出正在扩展本土气候传播研究的想象力，未来如何扩展对全球层面气候治理的关注需要进一步思考。

（三）"双碳"目标：中国气候领导力的全球传播

国家层面，作为全球气候治理中举足轻重的大国，中国以身作则参与到气候治理当中，稳固在发展中国家的领导力。哥本哈根气候大会上，中国与广大发展中国家组成"中国 +G77 国集团"在联合国气候变化大会上发声，成为实际上的发展中国家领导者。这种领导地位在之后的历次会议上都得到了加强。2020 年 9 月中国宣布"双碳"目标意味着我国进入开展全球气候传播的新时代，带动了亚洲及全球多个发展中国家纷纷宣布自身的碳中和战略，这一"连锁反应"充分说明中国在全球气候治理中的领导者地位。与发达国家合作方面，中国相继在 2014年以及 2015 年签署《中美气候变化联合声明》以及《中法元首气候变化联合声明》等重要文件，与欧盟等发达国家保持密切气候合作。中美即便在政治经济交往处于紧张状态之时依然保持着合作，在 2021 年签署了《中美应对气候危机联合声明》，气候合作成为两国近年来为数不多的持续保持合作的治理领域。

　　值得注意的是，中国在全球气候治理中的领导地位并不一定与在全球气候传播中的领导地位等同。全球气候传播是一个复杂的协商系统，中国虽然积极参与全球气候治理，但在发展速度与发展阶段方面都逊于欧盟、澳大利亚等发达国家。且在当前全球传播体系下，我国在气候话语权的建设上仍处于弱势地位，全球气候形象的树立仍然任重道远。

　　从发展趋势来看，当前我国的全球气候传播正在向"战略传播"范式进行转型，目标在于向世界说明中国的气候治理成效。全球气候治理以碳减排实力为基础，其中的传播逻辑也同样扮演着重要角色。自2021年"5·31"讲话以来，战略传播成为传播学界的一个"显学"，自然也受到了国际传播和全球传播学者的关注。战略传播的经典定义为"组织为实现发展远景而进行的有目的的传播"，主要指媒体之外的以政府、组织为传播主体的传播行为，与全球气候传播的多主体参与、统一调配传播资源等特征不谋而合（史安斌，童桐，2021a）。

　　与当前学界普遍关注的面向公众动员的气候传播研究不同，本书所关注的"全球气候传播"多是以国家为主体的传播行为，媒体、公共外交更多是一种气候传播手段，服务于国家和国际组织在全球气候治理中树立领导力的战略目标，这在实践层面也与战略传播的要求和逻辑产生共鸣。既有研究多将国家的减排实力与话语权割裂，缺乏整合性框架，而本书则同时将气候治理中的领导力概念与气候传播基本理念共同纳入分析框架。结合对各领导主体碳实力的认知，能够更"有的放矢"地开展气候战略传播。因此，本研究在理解全球气候传播领导力格局的基础上，也将从宏观格局层面为我国未来开展全球气候传播，尤其是战略传播框架下的气候传播提供思路和建议。

三、气候安全与"紧急状态"话语转型

本章前两节回顾了领导力维度下全球气候传播的演进历程及中国开展全球气候传播的简要发展史。本节旨在探讨近年来全球气候传播中的一个关键话语转变，并以此作为纽带，联结媒体与各国政府在气候治理中理念的变迁。鉴于全球极端气候事件的频发，"气候变化"已成为国际新闻报道的焦点议题，甚至是一种"公共安全"或"全球安全"事件。当前，众多科学家与专家呼吁应采用"气候危机"（climate crisis）、"气候紧急状态"（climate emergency）替代"全球气候变暖"和"气候变化"等传统表述，以促进气候传播工作的深入。

自 2020 年以来，全球气候变暖加剧，极端气候事件频发，北半球多国遭遇历史性高温，其中包括中国、德国、西班牙等国经历的百年不遇极端降水事件。在 2024 年 11 月在阿塞拜疆首都巴库举办的第 29 届联合国气候变化大会（COP29）上，世界气象组织（WMO）发布的《2024 年气候状况 COP29 更新报告》提示，2023 年温室气体浓度创下新纪录，而实时数据表明，2024 年的浓度仍将继续上升，在这一趋势下，全球气候变暖引发的高温与暴雨事件已比预期提前 10 年出现（见图 2-2），强调全球各国需对潜在的气候灾难做好充分准备。

鉴于极端气候灾害的频发趋势，近年来，欧美国家的科学家与媒体专业人士日益增多地倡导，在气候相关新闻报道与公共传播中使用"气候紧急状态"的表述。此倡议于 2021 年获得广泛关注，不仅赢得了《纽约时报》《华盛顿邮报》《卫报》等国际主流媒体的支持，还促使法国、韩国及新加坡等国家宣布进入"气候紧急状态"。

从行政管理角度来看，所谓的"紧急状态"是将气候变化纳入"国家安全"范畴下进行管理的一种表现。气候变化本身就是"非传统安全"的一个重要关注对象，因此将其纳入"国家安全"的"紧急状态"下无可厚非，但相比传染病、地质灾害等突发事件，影响更为广泛和漫长的气候治理能否被纳入"紧急状态"话语下，这其中存在不同国家在治理体制上的差异。

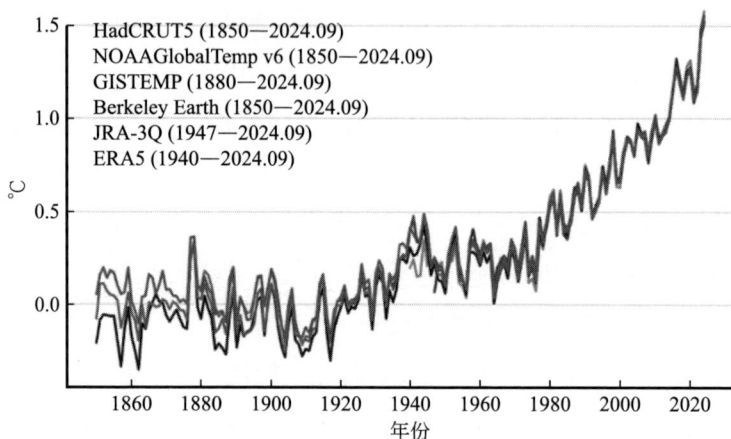

图 2-2　世界气象组织根据六个国际组织数据所统计的 2024 年 1—9 月
全球年度平均气温异常（相对于 1850—1900 年平均值）①

　　从媒体传播的角度来看，在全球气候传播日益呈现"部落化"趋势的背景下，"气候紧急状态"概念的推广将驱动媒体角色与报道议程的转变，引领气候传播语境的革新。然而，此转型过程亦加剧了科学与媒体间的逻辑张力，且未能充分回应现有气候传播的结构性挑战。

　　为深入探究"危机"和"紧急状态"话语对全球气候传播可能产生的深远影响，本节对"气候紧急状态"这一概念在国际传播领域的形成过程及其语境转换机制进行剖析。历史分析表明，19 世纪末欧美学术界将原本属于"自然资源"范畴的森林重新界定为亟须保护的"公共财产"，这一转变不仅标志着"环境主义"的兴起，也促使其融入主流政

①　世界气象组织（WMO）：2024 年有望成为有记录以来最热的一年，升温将暂时达到 1.5℃. 检索于：https://wmo.int/news/media-centre/2024-track-be-hottest-year-record-warming-temporarily-hits-15degc.

治社会的话语结构之中（童桐，2024a）。类似地，"气候紧急状态"这一新兴概念的涌现，预示着气候变化领域正经历一场深刻的认知范式转变。在此背景下，媒体的角色定位以及其对全球气候治理与国际传播实践的具体作用，成为亟须深入探究的议题。

　　本节在追溯并反思"气候紧急状态"概念源流的基础上，也同时回顾"立即报道气候"（covering climate now）运动中的媒体倡议以及报道实践描摹出这一概念背后的语境和话语转型过程。本书在分析过程中将概念视为媒体实践与话语转型之间的一个连接阀，通过审视概念的提出、兴起及争议，把握全球气候传播的话语流变过程。本节的一个核心主旨是，"危机"和"紧急状态"概念的提出是为了解决当前气候传播的"部落化"困境，但不同国家对安全话语的理解有所不同，使得这一方案并不理想。对此，将全球治理的多主体、地方性视野纳入气候传播当中，实现真正的"全球气候传播"，可能是更为理想的解决方案。

（一）全球气候传播的概念流变

　　环境传播塑造了人类对自然环境的认知框架，而气候传播作为其关键分支，集中展现了人类对气候变化认知及话语演变的历程。近年来，随着气候变化议题在全球层面的关注度骤升，诸如强调气候变暖紧迫性的"气候过热"（climate heating）及描述气候变化反对者的"气候变化否认者"（climate change denier）等新兴概念相继涌现，并被纳入气候议题的新闻报道与公共传播实践。其中，"气候紧急状态"作为气候传播话语转型的典型案例，不仅映射出全球气候治理观念的转变，还牵涉到气候问题的科学论争及国家间在全球气候治理中的策略互动，已成为气候传播理论与实践中的一个核心议题。

　　回溯历史发展，"气候紧急状态"这一表述可追溯至20世纪80年代，其时已由美国国家航空航天局（NASA）科学家詹姆斯·汉森（James Hansen）与德国政府前科学顾问大卫·金（David King）率先引入公共讨论领域，用以描绘全球气温攀升可能诱发的自然灾害频发与生物多样性大规模丧失的严峻图景，正如本章前文所述。然而，因该时期科学界对于气候变化的确切成因及具体后果的理解尚处于初步阶段，该术语未能即时获得广泛认知与重视。自 20 世纪 90 年代始，联合国政府间气候变化专门委员会（IPCC）相继发表一系列权威报告，明确警示全球气候变暖可能带来的灾难性影响。在此期间，"温室效应"（greenhouse effect）与"臭氧层耗竭"（ozone depletion）等科学术语频繁见诸媒体报道，尽管如此，这些概念在全球范围内仍难以有效凝聚公众关注，形成强有力的舆论导向。从 1997 年《京都议定书》的缔结，至 2016 年《巴黎协定》的达成，国际社会虽在应对气候变化方面展现出一定的合作意愿与努力，但因各国间存在的利益分歧与立场差异，全球气候治理机制的有效实施与持续推进始终面临重重挑战。

自 2018 年起，一场以"全球气候变化"为核心议题、由青年网民主导的网络社会运动在全球范围内迅猛兴起，其波及范围超过 120 个国家。尤为引人注目的是，瑞典环保活动家格蕾塔发起的"全球周五罢课"活动，以及她在随后举行的联合国气候变化大会上对各国领导人的直接质询，成为当年全球瞩目的焦点。在此背景下，欧美地区的诸多民间环保组织积极响应这一全球性运动，纷纷在抗议活动中采用"气候紧急状态"这一表述，该概念也随之在欧美主流媒体中频繁出现，获得了广泛关注。与此同时，科学界亦对媒体与公众舆论的强烈呼声给予了积极反馈。2019 年 11 月，来自全球的超过 1.1 万名科学家在知名学术期刊《生物科学》（BioScience）上联合发表声明，郑重呼吁人类社会应正式宣告进入"气候紧急状态"。据统计，2019 年内，"气候紧急状态"这一术语在新闻报道中的使用频率实现了百倍增长，其影响力之巨大，以至于被《牛津英语词典》评选为当年的"年度词汇"，进一步凸显了其在全球范围内的广泛关注与讨论。

2020 年新冠疫情的暴发，尽管暂时性地中断了全球范围内关于气

候变化的紧迫性讨论，却意外地加速了"气候紧急状态"这一概念在全球各国政府层面的认可与接纳进程。此场突如其来的全球性公共卫生危机，导致"紧急状态"管理机制成为众多国家及国际大都市应对公共卫生挑战的常规手段。基于这一前所未有的实践经验，越来越多的国家开始审慎地将气候变化议题纳入紧急状态的考量框架之中。可以论断，新冠疫情期间各国在构建"紧急状态"公共治理体系的过程中所积累的经验，极大地推动了"气候紧急状态"概念在气候变化传播领域中的合法化进程。这一进程表现为，原先众多未采用"气候紧急状态"表述的媒体机构，在引用政府官方文件及报道相关议题时，逐渐习惯于采纳并传播这一概念。

2020 年 12 月，联合国秘书长古特雷斯正式向世界各国提出进入"气候紧急状态"的建议，此举标志着该语境化转型正式升级为一项获得联合国正式支持与认可的全球性倡议。进入 21 世纪第三个十年，全球各国相继经历了极端寒冷与极端高温的双重气候挑战，仅在 2024 年，西班牙等地遭遇毁灭性洪水，印度则达到 50℃的极端高温，这一系列极端气候事件深刻警醒了全球各国对气候变化严重性的认识。凭借联合国及各政府主体的权威背书，2021 年 7 月 28 日，《生物科学》杂志第二次发布了气候紧急状况声明，强烈呼吁世界各国即刻采取切实有效的行动与措施，以应对日益严峻的"气候紧急状态"，同年 8 月，西方媒体对气候变化的报道量达到高峰，"气候紧急状态"成为新闻报道中频繁出现且备受关注的重要词汇。2024 年 10 月，《生物科学》第三次发表《2024 年气候状况报告》警告称，世界正面临前所未有的气候紧急状态，以翔实的数据证明气候变化正在以危险的速度恶化。[①]

回顾气候传播的概念史可以发现，与"危机"或"紧急状态"相

---

① 期刊《生物科学》声明其办刊使命为：传播新知识，同时为国家和世界的科学发展作出贡献。这份期刊每年会发布一个有关气候变化影响的联合报告，引用量较高。

比，将"气候变化"界定为可经人为管控的"问题"（problem）一直是
国际新闻传播中普遍遵循的报道规范。"紧急状态"这一表述，通常用
以描述"突发性的非常规情境"，诸如"战时状态"、突发自然灾害，或
是传染病大流行等"重大公共安全事件"。从概念界定的角度来看，"紧
急状态"本质上属于公共管理与社会治理领域的专业术语，而秉持"客
观"与"公正"报道原则的媒体，在新闻报道中往往不会轻易采用这一
表述。

与"紧急状态"紧密相关的另一重要概念为"非程序化决策"。非
程序化决策是一个公共安全管理术语，其隐含着这样一个认知：在气候
传播中采用"紧急状态"这一表述，意味着政府需针对气候变化进行全
方位、系统性的动员，通过采取非常规手段，加速公共政策从酝酿、制
定到实施这一漫长且复杂的协商过程，以期规避或有效应对迫在眉睫的
灾难与危机。也因此，鉴于这一过程所需投入的资源成本极为庞大，各
国政府在运用"紧急状态"这一概念时普遍表现出高度的审慎态度。从
全球视角审视，真正在气候政策中明确采纳"紧急状态"概念的国家并
不多见。尽管有不少国家宣布全国进入"气候紧急状态"，但在实际操
作层面，往往缺乏相应的政策配套与落实措施。目前，真正将这一倡议
付诸实践的主要集中在英法等欧洲发达国家，这些国家凭借已建立的较
为成熟的碳交易体系，在气候治理领域处于全球领先地位。

追溯历史脉络与社会语境可见，"气候紧急状态"的兴起与全球气
候治理领域近年来所经历的深刻变迁息息相关。回溯至 20 世纪 80 年代
"全球气候变暖"概念的提出，直至 21 世纪初的这段时期，由于气候变
化对普通民众日常生活的直接影响相对有限，难以激发公众的广泛共
鸣，进而导致相关治理政策在争取公众支持方面面临挑战，错失了政策
推进的初期关键时机。而自 2010 年以来，尽管气候变化所引发的自然
灾害频发，民众对气候变化的认知与关注度逐年上升，但与此同时，西
方国家政治极化的加剧却为气候信息的有效传播蒙上了阴影。在欧美地

区，右翼政客大肆宣扬"气候变化否认论"，使得关于气候变暖的讨论日益陷入激烈且极端的争议之中，这一局面无疑为气候变化相关政策的持续推进增添了阻碍。

在美国，随着选民代际逐渐年轻化，从美国 2020 年大选至 2024 年大选期间，气候变化已跃升为与警察过度执法、枪支暴力及选举公平并列的四大具有高度争议性的政治议题之一。尤其到了 2024 年，Z 世代以超过 21% 的人口占比成为美国社会占比最大的世代类型。在中国，根据清华大学气候传播研究中心的调查结果，Z 世代普遍表现出对气候变化的深切忧虑，超过 90% 的该群体成员在日常生活中会采取不同程度的节能减排措施。[①] 而在欧洲，高达 50% 的青年网民将"全球气候变暖"视为当前最为严峻的全球性挑战，其紧迫性甚至超越了"新冠疫情""贫富差距"等其他社会问题（史安斌，童桐，2022）。在此背景下，美国党派媒体纷纷将"气候紧急状态"作为批评特朗普政府政策的一个有力概念工具，这一动态在很大程度上推动了"气候紧急状态"概念在美国媒体界的广泛接纳。进一步地，在欧美国家，"气候紧急状态"已成为环保主义者与"气候变化否认者"之间"文化战争"的核心议题之一，尤其受到年轻群体的密切关注与热烈讨论。

在国际社会当中，这一概念则主要受到发达国家以及受气候变化影响较大的小国家的青睐，如斐济、马尔代夫等，"紧急状态"成为此类国家在联合国气候峰会等重要场合敦促大国落实气候政策的政治筹码。相比于国家等政治主体，媒体对于这一概念的接受较为积极，这一概念被使用最多的场合仍然是媒体的气候报道，其中以美英两国的新闻传播实践最具代表性，媒体在气候传播中的作用也越发凸显。

---

① 有关中国 Z 世代气候意识和心态的文献可参考：曾繁旭，王宇琦，许俊卿，张智鹏．连接中国 Z 世代：生活信念与气候传播．北京：清华大学新闻与传播学院气候传播与风险治理研究中心，2024.

（二）气候传播的媒体困境与角色转型

1. 气候传播的"部落化"困境

那么，究竟是何原因促使"气候危机"和"气候紧急状态"等概念在近年来重新成为媒体关注的焦点，为何大量西方媒体愿意采用这样一个看似与媒体"客观性"不相符的报道用语？近年来，西方媒体对"气候紧急状态"这一表述的采纳，不仅出于政治考量，更深层地反映了新闻业对于气候传播所面临挑战与困境的深刻反思。一个显著的标志是，2019 年 4 月，《哥伦比亚新闻评论》（*Columbia Journalism Review*）携手《科学美国人》（*Scientific American*）等行业媒体，共同发起了名为"立即报道气候"的运动，旨在推动新闻报道向"气候紧急状态"主题的转型。[①] 该运动以"像报道'二战'那样报道气候变化"为核心理念，为"紧急状态"概念在气候传播中的持续影响力奠定了基础。

随后，2020 年新冠疫情的全球大流行，进一步加速了这一趋势。为应对这场前所未有的公共卫生危机，国际主流媒体迅速行动，普遍实施了"24/7"报道制度，即全天候、不间断地追踪疫情动态。这一经历不仅锻炼了媒体的应急报道能力，也为气候传播提供了新的启示。进入2021 年，面对频发的自然灾害与极端天气事件，众多媒体积极响应"立即报道气候"的倡议，将疫情期间形成的报道规范与机制巧妙地"移植"至气候传播领域。

当前，至少有包括《卫报》、《国家》（*The Nation*）在内的超过30 家媒体加入了这一行列。其中，《卫报》时任总编辑凯瑟琳·维纳（Katharine Viner）明确指出，全球气候变暖是人类面临的最大危机，而"气候变化"一词的表述过于温和，难以准确传达当前气候灾难的严峻性。为此，《卫报》还发布了一份详细的采编备忘录，鼓励在相关报道

---

① Hertsgaard, M: Kyle Pope .Why Can't We Call It An Emergency? 2021-6-3, 检索于：
https://www.cjr.org/covering_climate_now/climate-emergency-statement.php.

中采用"气候紧急状态"这一表述，并提供了具体的指导建议，以期更准确地反映时代所面临的紧迫气候挑战。[①]

近年来，欧美国家气候传播领域出现的"部落化"现象，成为学界与业界共同关注的一个媒体困境，是业界力图通过气候传播的角色转型加以解决的核心问题。在社交平台与智能传播技术的双重作用下，各利益群体在气候变化认知及政策诉求上展现出显著分歧，这不仅导致立场各异的媒体在新闻来源选择与观点表达上差异悬殊，还严重阻碍了媒体间的合作，使得关于气候变化的公共讨论难以凝聚社会共识。

气候传播"部落化"趋势的一个直接负面影响在于，多数新闻媒体在报道气候问题时表现得过于保守与谨慎，难以有效设置议题并引导公众关注。回顾"气候变暖"概念提出 40 年来的新闻传播实践不难发现，以常规报道规范应对气候变化这一全球性威胁，显然难以实现科学家所倡导的将全球升温控制在 1.5℃以内的目标。

鉴于此，各国新闻媒体亟须超越政治立场与意识形态的界限，在全球气候治理的框架下加强协作，推动全面且整合性的角色转型。而"紧急状态"概念的引入，在一定程度上正是对这一困境的积极回应。气候传播作为高度专业化的报道领域，不同国家、地区乃至同一地区内媒体间的报道能力存在显著差异，因此，增强媒体的公共属性，成为促进媒体间合作的关键前提。

2.媒体作为全球气候传播的"动员者"

研究表明，新闻媒体对"紧急状态"议题的关注，不仅标志着气候传播报道规范的变迁，而且深刻反映了新闻媒体在气候传播领域中的角色转型。在欧美新闻业界，相较于传统角色定位中的"传播者"与"阐释者"，专注于环保报道的记者更倾向于自我认同为"社会活动家"。随

---

① Hertsgaard: Pope, K. Living Through the Climate Emergency. 2021-04-12, 检索于：https://www.cjr.org/covering_climate_now/living-through-climate-emergency-journalism.php.

着"紧急状态"成为气候报道的常态，这一"环保记者"的角色特征愈发显著。以"立即报道气候"运动作为典型实例，通过深入分析该媒体运动的初始倡议、近年来相关奖项的评选准则，以及主流媒体的报道策略，我们可以观察到新闻媒体在气候传播中的角色转型主要体现在以下三个维度：

首先，在编辑方针层面，部分媒体采纳"气候危机"作为报道导向后，对报道内容进行了显著调整，逐步缩减了气候报道中科学和政治新闻的比重，转而聚焦于青少年在气候议题上的社会行动，以及气候变化对弱势群体生活造成的实际影响。传统上，新闻媒体在报道气候变化时往往大量使用科学专业术语，然而，由于气候变化"质疑者"多为教育水平较低的群体，他们难以充分理解这些复杂信息，因此新闻报道需适应智能媒体时代的发展，融入更多情感元素，以更加贴近人心的方式呈现"气候变化"这一原本显得较为"遥远"的议题。例如，近年来"立即报道气候新闻奖"的提名作品中，有三分之一的新闻作品均聚焦于气候变化背景下普通人的日常生活，这凸显了当前主流气候新闻领域对此类报道类型的青睐与偏好。

其次，媒体的气候传播角色转型倡导不同国家、不同类型和不同立场的媒体在气候报道上应当开展深入合作，摒弃"揭丑曝光"的传统报道模式，采纳"建设性新闻"的理念，以全球气候变暖的"解决方案"为报道核心，形成强有力的议程设置。① 既往，媒体在报道气候变化议题时，倾向于通过强调气候变化的"威胁性"来提升公众关注度。然而，现有研究揭示，这种报道方式对公众的实际影响颇为有限。原因在于，所谓的"威胁"信息易随着公众注意力的转移而淡化，且过度的"威胁"报道还可能引发公众的心理疲劳，反致其对气候变化的威胁感

---

① Abby Rabinowitz: Climate journalism enters the solutions era. 2021-4-21，检索于：https://www.cjr.org/covering_climate_now/climate-solutions-journalism-mothers-of-invention.php.

知降低。鉴于此，媒体被倡议采取新的报道策略如下：相较于利用耸人听闻的叙事、数据及细节来"警醒"公众，更应直接聚焦于气候变化解决方案对日常生活的实际影响，以此缩短决策者、科学家与普通民众之间的距离。CNN及路透社等西方主流媒体近年来的实践为此提供了有力例证，它们有意识地将气候新闻中的科学数据与民众的日常生活紧密相连，使气候变化新闻以"社区新闻"的形式融入公众视野，从而增强了报道的贴近性和说服力。

最后，针对新闻工作者，尤其是记者群体，"立即报道气候"倡议主张媒体从业者应直接介入环境保护活动的现场，扮演动员者的角色积极参与。联合国秘书长古特雷斯将这一媒体角色的转型定义为气候变化议题范畴内的"人类红色警报"，强调记者不应局限于气候变化的信息传递者身份，而应积极投身于气候变化相关的"社会进程"重塑之中。《纽约时报》资深气候记者肯德拉·皮埃尔（Kendra Pierre）强调："唯有深入弱势群体的生活实践，记者方能叙述出真实反映气候变化影响的故事。"此趋势的一个显著例证为《泰晤士报》将气候变化议题与2020年兴起的"黑命贵"（black live matters，BLM）运动相融合，深入剖析气候变化与种族主义歧视之间潜在的内在联系。记者通过亲身体验与实地研究得出结论：种族主义与气候变化问题共享着相似的社会深层原因，这一共性导致环境保护与可持续发展的理念在种族主义的束缚下遭遇重重阻碍，难以有效推进。[①]

以上种种实践表明，"气候紧急状态"这一概念已经深入影响了当下全球气候传播的实践探索，在其引导下，新闻媒体也正以更为积极的角色参与到全球气候治理当中，成为重要的行动者，并且也强化了环境记者所具有的动员属性。但不容否认的是，在气候传播的转型过程中，以"立即报道气候"为代表的媒体角色转型也招致了诸多争议。

---

① Mark Hertsgaard: Climate-justice stories in every community, waiting to be told, 2020-6-7, 检索于：https://www.cjr.org/covering_climate_now/climate-justice-george-floyd.php.

3. 科学逻辑下的"紧急状态"话语困境

值得注意的是，尽管气候传播转型的初步倡导力量主要来自科学家群体，他们对于将"紧急状态"概念融入气候传播实践却普遍展现出谨慎立场。在科学信息与公众传播之间，科学家与媒体间存在着一种根深蒂固的张力：科学家倾向于深入细致地分析具体问题，而媒体则往往倾向于简化科学议题的复杂性，以求取更广泛的关注与影响。气候变化这一议题，因其高度的科学争议性，尤为凸显了这种张力。为了确保气候报道的准确性和深度，记者与编辑理应向科学家寻求充分且深入的背景知识支持。然而，审视当前主流媒体的气候报道，科学家参与度之低令人忧虑。

剑桥大学人文地理学教授迈克·赫尔姆（Mike Hulme）针对"立即报道气候"倡议提出其批判性见解，他指出，该运动自启动之初便显现出科学家参与度不足的问题，众多媒体倾向于采纳单一的声音和消息来源进行统一口径的报道（Hulme，2019）。此外，当前以社会运动为主导的报道策略，可能导致媒体过度依附于既有的报道框架，这一倾向蕴含着简化科学研究复杂性的风险，即容易将科学的初步探索成果直接转化为不容置疑的既定事实，进而加剧关于气候变化认知上的分歧与差距。

从社会治理的视角来看，"紧急状态"意味着有关气候治理的公共政策将缩短商议过程，即以最为简化的程序换取最低限度的共识。程序的缩短通常意味着科学性和严谨性的降低。科学家虽然对于全球气候变暖存在明确共识，但在气候变化的具体影响上，如全球变暖所带来的飓风频率变化、冻土融化速度或"绿色新政"的执行效力等微观议题上，意见的分布要复杂得多。忽视气候变化议题的多样性与复杂性，以统一的报道规范对不同子议题进行报道，有可能导致气候传播陷入新的"部落化"困境。

再者，气候传播若缺乏科学性的审慎考量，便易于陷入"取消文化"的政治情绪旋涡之中，其中，对气候变化的质疑往往被标签为"政治不正确"。[1]自"黑命贵"运动开始，欧美国家社交平台上兴起了一种由自由派推动的取消文化现象，其特征在于网民自发地追踪并公开批评那些发表所谓"冒犯性言论"的个体，尤其是各界精英与名流，这种"泛政治化"与"泛道德化"的趋势自2019年以来已逐渐汇聚成一股显著的社会潮流。至2020年，在欧美国家同时面临"新冠疫情"与"黑命贵"运动双重舆论压力的背景下，这一现象更是被推至极端，自由派与保守派之间相互指责，频繁利用"取消"手段进行政治攻击。

在"紧急状态"的话语构建下，被无限放大的身份政治与群体偏好可能导致气候变化报道在科学知识与证据的全面考量上有所缺失。虽然"紧急状态"为新闻媒体赋予了更大的影响力，但同时也可能加剧报道中隐含的"预设立场"问题。当前气候新闻报道所引用的信息源主要集中于相关领域的科学家，而公共政策、经济学、社会学等领域的专家声音则相对较弱，缺乏多元视角的融入。在全球信息来源层面，"欧美中心主义"依然占据主导地位，来自中国、俄罗斯、印度等新兴经济体有关"紧急状态"的看法往往遭到有意或无意的边缘化。关于这一议题，我们将在第三章中进行深入探讨与分析。

4. 全球气候传播中的结构性问题

"气候紧急状态"并未在气候传播中获得成功的一个重要原因在于，当今新闻业在气候传播领域所面临的诸多问题都是系统性的、结构性的，大多数媒体在报道气候问题时并未将"气候变化"视为具有统摄性的"宏大叙事"，而是将其视为具有高度专业性的"垂类议题"，从而忽视了全球气候变暖与经济发展、社会平等、南北差异等宏观议题之间的

---

[1] Hailstone, J: Cancel Culture Fears Stopping Young People Speaking Out on Climate Crisis. Study Finds. 2021-12-20, 检索于：https://www.forbes.com/sites/jamiehailstone/2021/12/20/cancel-culture-fears-stopping-young-people-speaking-out-on-climate-crisis-study-finds/?sh=4f37cec2283a.

重要关联，这也是"立即报道气候"倡议所想要解决的气候传播"部落化"趋势的根源所在。媒体间的报道差异是由政治立场、市场体制、文化价值观等多重因素所决定的，这一点在不同类型媒体的气候传播实践中体现得更为明显。

对于传统主流媒体而言，由于 2016 年以来欧美国家政治极化愈演愈烈，作为科学议题的气候传播也逐渐走向意识形态化。但值得肯定的是，近年来媒体在气候传播方面越发积极，即使在经济发展迟缓、预算大幅削减和机构裁员的情况下，《纽约时报》《华盛顿邮报》等美国主流大报对气候变化的报道数量总体呈上升趋势。但这类媒体的问题在于，在气候变化报道上存在"立场先行"的趋向，例如这些媒体将气候报道作为批评特朗普政府的重要阵地，将气候传播转变为自由派与保守派进行意识形态论争的主战场，对气候变暖的解决方案却较少关注。

相比主流报纸媒体，电视媒体在气候传播上的"社会责任"意识更加淡薄。出于对收视率的优先考量，电视媒体倾向于将全球各地出现的极端气候异常现象描述为偶发性的"自然灾害"，却避而不谈气候变化的科学内涵。2021 年 8 月底，飓风"艾达"袭击美国的三天内，美国广播公司、哥伦比亚广播公司、CNN、福克斯等主流电视媒体播出的 774 条报道中，只有 34 条强调了气候变化的严重性。大量相关的科学研究显示，"艾达"之所以造成如此破坏性的影响，与全球气候变暖所导致的海洋温度升高和"风暴潮"风险的提高密切相关，而电视新闻报道中几乎淡化甚至于忽略这一诱因。

在气候治理中，新闻媒体最适宜的角色是将科学知识和有关气候变化的多元议题联系起来，并弥合不同利益相关者之间根深蒂固的利益冲突。基于此，相比于提升气候变化的预警级别，找出现有气候传播中不同媒体报道所存在的缺陷，敦促政府监管部门和各大企业，尤其是传统能源企业承担起应有责任，应当是"气候紧急状态"传播的下一个转型重点。

结合各方批评可见，与其持续地将气候变化形容为一场无法挽回的灾难，不如将气候变化与多元议题相融合，突出这一问题的政治、经济和社会属性。例如，在气候传播中，媒体可以将全球气候变暖与各类微观议题相连，并将其与本地民众的核心关切相互融合，这也是突破人类面临气候问题"短视效应"的主要手段。

（三）"慢节奏"的气候传播：另一种解决方案

以"气候紧急状态"为代表的气候话语转型所带来的结果便是新闻生产的加速，即通过频繁的新闻报道强化公众对于这种"紧急状态"的感知。这种新闻生产"加速"显然会导致报道质量的下降，记者和编辑不再深入挖掘新闻议题的语境与意涵，这直接影响到受众对公共议题的深入认知，损害其知情权，也会导致他们参与公共事务的意愿降低，造成"政治冷漠症"的蔓延。另外，热点事件的频繁更替导致"新闻烂尾"和"舆论失焦"，眼球刺激和情感宣泄代替了理性表达和深度探讨，加剧了社交平台上后真相的泛滥和舆论极化趋势，破坏了气候变化的社会共识根基。

根据"社会加速"理论，社会生活在不断提速的同时，也会带来其他领域的"停滞"，这一方面体现在信息超载所带来的"选择困难"与"抉择失误"之中，人们难以对信息的真伪优劣加以判断，真正有价值的内容被淹没于海量冗余的信息洪流之中。另一方面，对于大众传播而言，个体的认知水平也难以跟上社会加速的节奏。信息化时代媒体饱和与信息超载越发严重，网络新闻特有的"累进更新"模式使得新闻业在讲求速度的同时，失去了广度和深度。"突发新闻"成为网络时代的惯例或常态。已经有多个研究证实，频繁强化气候变化的紧急程度实际上反而使得公众对气候变化产生一种倦怠感，降低其对气候变化重要性的感知程度。[1] 其背后透露的问题是，气候新闻的生产周期不再以受众的生活节奏为中心，无休止的气候新闻报道带来的超载感导致了受众疲劳，最终导致公众选择"气候新闻规避"。

在此背景下，"慢新闻"成为一些媒体开展气候传播转型的另一个方向。慢新闻旨在恢复传统媒体时代聚焦于"昨日新闻"的传统，整合新闻事件的"碎片"化细节，仔细核查信源，最大限度地抵御政治和商业势力对于新闻业的侵蚀。从传播效果来看，慢新闻、慢生活与"新闻规避"等现象之间存在显著关联，2020年的研究显示，在慢新闻发达且生活节奏缓慢的瑞典、荷兰等国，两国的新闻回避率分别为15%和11%，而在生活节奏更快的韩国则高达73%（Skovsgaard & Andersen，2020）。

"慢新闻"在气候传播领域显示出较大潜力，在改变气候观念方面有重要作用。表现在于，相比于快节奏新闻突出事件的冲击性而忽视气候新闻的科学本质，慢新闻通过还原各类气候极端事件的各种细节，有助于为公众还原气候变化的全貌，同时帮助受众集中注意力，增强对气候变化的理解。其次，慢传播聚焦于细分化垂直领域，能够帮助气候传播精准聚焦可能影响的关键人群，慢新闻通常与深度报道相关联，能够吸引诸多专业人士关注该新闻类型，并通过这些专业人士的"二级传播"扩散至更广泛的社会公众，有利于这些新闻机构维持基本营业收入。

在探讨气候传播领域内慢新闻实践之典范时，《延迟满足》（*Delayed Gratification*）作为一项值得深度剖析的案例脱颖而出。该刊由英国的"慢新闻公司"（The Slow Journalism Company）自2010年末创始，凭借纸质杂志与在线平台等多渠道发行，至今保持着慢新闻领域中最为持

---

[1] NiemanLab: If you want Americans to pay attention to climate change, just call it climate change. 2024-8-12, 检索于: https://www.niemanlab.org/2024/08/if-you-want-americans-to-pay-attention-to-climate-change-just-call-it-climate-change/.

久的生命力。其主编韦伯斯（Marcus Webbs），先前担任知名慢生活杂志《消费导刊》（*Time Out*）的国际版编辑，成功地将慢生活的理念融入新闻业，创办了《延迟满足》。从其官网可知，《延迟满足》最受欢迎的两个品牌栏目是"气候变化"和"灾难重建"，报道所选取的是"慢新闻运动"所倡导的建设性视角，又不失新闻本身的严肃性和与受众的相关性。[①]

在新闻实践方面，《延迟满足》所倡导的"中程过去"（midrange past）是慢新闻生产实践的指导理念之一，它要求新闻报道专注于报道发布前三月至半年内的新闻事件。通过详尽的个案研究分析，在此时间框架内，采编团队能够有效回答"新闻事件如何收尾"的问题，展现出高质量的报道成果。在实践中，三到六个月的间隔不仅为采编团队提供了充分的时间深入挖掘新闻事件的全面细节，也促使公众与舆论在保持适度关注的同时，能够进行更为冷静且深入的反思与讨论，从而规避社交媒体时代下情绪化的舆论压力或因新信息涌现而导致的"舆论反转"现象。此外，认知心理学的研究成果指出，针对过去三到六个月内重大新闻事件的持续深度报道，有助于在公众认知中构建"仪式化记忆"，赋予这些事件以纪念价值和启示意义。此时间段的慢新闻报道还能有效保留事件的情境价值，相比之下，超过半年时限的"远程过去"事件则逐渐归入历史范畴，失去了即时性的新闻价值。

在欧美国家，由于气候议题早已与政治话语绑定，在欧美国家党派纷争和群体极化日渐常态化的背景下，《延迟满足》把目标受众定位为中间派人士，大大降低了对于时政新闻的报道比例，即便是像美国大选和英国脱欧这类重大事件也没有进入其选题范围。相比之下，医疗健康、环境保护、社区治理等更贴近受众需求的民生议题报道逐年增加。

[①] 《延迟满足》杂志官网，检索于：https://www.slow-journalism.com/.

"慢节奏"的气候传播为以"紧急状态"为代表的气候传播转型提供了新思路，即气候传播不一定以紧急动员的形式开展才有效。多方研究证明，回归传统媒体的气候传播方式反而比这类紧急动员更能引起公众的关注和兴趣。可见，任何议题都有其适合的报道方式，单纯将所有议题都纳入危机传播的范式之下，有可能会损坏新闻媒体与受众之间建立的合作关系。

（四）气候话语转型的本土化考量

以"气候紧急状态"为线索的气候传播转型已经在全球范围内蔚然成风，相关新闻报道在数量和质量上都有了显著的提升。对此，我国从事气候传播的新闻工作者和相关专业人士，应当结合具体国情和社情来准确把握这一概念的提出及采用。从概念提出的语境来看，"气候紧急状态"提出过程中的政治考量远大于科学考量，其与近年来西方国家兴起的"气候否认主义"紧密相连，并以一种"对抗性话语"的姿态进入气候传播领域之中。但从科学角度而言，这一概念能否引起公众进一步关注气候变暖的严重性仍须进一步观察。

其一，从公共治理的制度适配来看，"气候紧急状态"的提出也意味着全球将提高对气候变化的应对级别。美日等国在 20 世纪 70 年代早已出台《紧急状态法》，而目前我国还没有出台类似的法律法规，因此面对"气候紧急状态"这一新概念，是否采用、如何采用，需要公共管理和新闻传播等多领域的专业人士加强合作，共同作出判断。

其二，在气候议题的全球传播层面，"共同但有区别的责任"作为包括中国在内的发展中国家参与全球气候治理的重要原则已经获得广泛认可。"双碳"目标标志着中国全面进入绿色低碳时代，也向世界宣示以"十四五"为起点开启生态文明新征程的决心，成为广大发展中国家参与全球气候治理的典范。为保持议题的一致性，我国应慎重考虑"气候紧急状态"背后的政治、经济和社会治理的内涵，慎重考虑其对全球气候治理议程所产生的影响。

其三，不难发现，西方国家气候传播的"紧急状态"转型体现了媒体和科学家期望解决气候报道"部落化困境"的能动性。从公共利益视角来看，"部落化困境"透露出不同社会群体在气候变化问题中的利益与认知差异；从全球层面来看，"部落化困境"也体现在不同国家治理阵营间"小院高墙"的气候利益差异中。对此，"紧急状态"的话语策略能否弥补不同主体甚至是国家之间的认知差异仍存疑，"慢节奏"的气候传播强调开放对话、还原细节的传播理念，也许可以成为引导多元主体达成气候共识的一个可能路径。

从主体参与层面来看，借鉴新冠疫情这一"紧急状态"下的公共传播经验，我们可以观察到，唯有当科学机构主动承担起更为积极的传播角色时，相关的新闻报道与传播活动方能真正发挥其应有的效能。以新冠疫情中为社会公众提供实时更新的美国约翰霍普金斯大学为例，其科研机构在新冠疫情期间提供的实时数据，不仅成为全球媒体进行相关报道的重要依据，更为全球范围内的科学防疫工作奠定了坚实的基础。这一实例进一步强调了科学机构在紧急状态下公共传播中的不可或缺性。

不容否认的是，"气候危机"和"紧急状态"对于我国气候传播的专业化发展具有一定的启示意义。在贝克所预言的全球风险社会中，未来人类社会将与全球性风险长期共存。气候变化很难从根本上得到解决，但新闻媒体能够在其中扮演重要角色。全球气候变暖的紧迫性是显而易见的，IPCC 在 2021 年所发布的报告显示，即便将全球升温控制在 2℃ 以内，到 2050 年仍然会有数亿人口因海平面上升而失去家园，1.3 亿人陷入赤贫，数以万计的物种灭绝。对于我国而言，积极参与全球气候治理既是履行"构建人类命运共同体"的历史使命，也是实现可持续发展的现实需要。

四、在争议中转型的全球气候传播

如果以"知识"为尺度审视 1988 年"全球气候变暖"正式提出以来的全球气候传播，从 20 世纪 80 年代末到整个 90 年代的全球气候传播以传播有关全球气候变暖的科学知识为主。这一时期，国家等政治主体由于缺乏积极性，全球气候传播并未真正起步，除欧盟在统一框架下开展的气候外交外，这一时期各主体在气候传播上并不存在很大差异，使得 UNFCCC 等工具型领导和 IPCC 这一知识型领导在全球气候传播中也一直处于被动状态。

21 世纪初，大国意识到全球气候治理的重要性后，这一局面开始转变，全球气候传播兴起，开始关注发达国家与发展中国家之间有关碳减排责任分配间的矛盾。哥本哈根气候大会后"责任政治"时代的到来使得结构型领导越来越重视自身在气候治理中的话语权建设，气候传播的重点也从单一的、显著的科学知识向包含科学、政策、政治多元一体的宏观知识过渡，默会的理念型知识和科学知识均开始在全球气候传播中展现出重要作用。

从领导力主体层面来看，1988 年成立以来，IPCC 毫无争议地在全球气候治理中扮演着知识型领导的角色（董亮，张海滨，2014），这一过程中其也曾因科学争议的出现而进行过传播转型；自 1992 年以来，UNFCCC 放大气候科学的影响力，组织全球气候治理的议程，是典型的工具型领导；国家主体则分别以权力型领导模式以及定向型领导模式为实际策略，建立自身的结构型领导力量，从而树立优势话语。以上三者的互动过程如何体现在全球气候传播过程中，是后面三章所要探讨的问题。

作为全球最大的发展中国家，中国早在 20 世纪 80 年代发起的"全民义务植树"运动便已经是参与全球气候治理的代表性事件，随着 90

年代中国参与全球化程度的加深，环境外交成为我国对外交往的一张重要名片。2009 年的哥本哈根气候变化大会标志着中国开展全球气候传播的全面起步，中国代表广大发展中国家参与到全球气候传播的知识协商当中。

最后，就"气候紧急状态"这一传播转型而言，中国更须将视角放置于全球气候治理框架下思考这种话语的影响和适用性。长期以来，以中国为代表的广大发展中国家在环境与气候报道中的专业水准与发达国家存在着明显的差距，在全球气候传播话语场中处于"失语"状态。在"双碳"目标得到国际社会普遍欢迎的背景下，中国在全球气候治理中需要赢得与其贡献相匹配的话语权和影响力。为此，辩证看待"气候紧急状态"的气候传播语境转变和话语转型，理解这一倡议背后的争议与洞见，对于当前我国开展有关气候变化的公共传播、积极参与全球治理具有重大而深远的现实意义。

本书第一、二章分别从理论、历史层面概括了本书所要论述的全球气候传播的基本知识架构与发展过程，接下来的几章将进入本书的主体案例部分，分别就全球气候传播中的几个重要领导类型做相关论述，以案例分析等视角深入理解全球气候传播的图景与未来。

第三章
国际组织框架下的全球气候传播格局

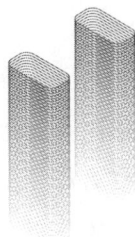

任何全球治理难题的解决都需要有国际组织的参与，国际组织是全球治理的副产品，用以维护已有国际秩序的平衡与发展（奥尔森，1995：10-25），这种特质又会使国际组织转化为全球治理中的工具型领导，影响全球治理的进程。国际组织参与全球治理有其制度意义和过程意义，制度层面意味着国际组织部分约束着其他政治主体参与全球协商的行为规范（江忆恩，李韬，2022）。过程视角下，国际组织在国际社会的多边交往中扮演着"中介"的角色，是各类治理议题下全球传播中的重要行动者。既往研究中，这些国际组织在全球气候传播中所起到的领导作用很少受到关注和考察。因为国际组织所开展的沟通工作经常被视为一种循环反复且缺乏变化的"廉价谈话"（cheap talk）（Sartori，2002），完全受制于国际关系的基本准则，缺乏能动性。这种观点忽视了存在于传播话语中的权力建构和国际组织的能动性，使得国际组织构建下的全球传播框架被视为一种既定的、默认的规则，很少受到传播学者的关注。

联合国气候变化框架公约（United Nations Framework Convention on Climate Change，UNFCCC）所在秘书处是全球气候治理的核心国际组织[①]，UNFCCC是一项国际性公约，其目标是将大气中的温室气体稳

[①] 需要说明的是，UNFCCC虽然名义上是一项国际性公约，但其秘书处实际执行着国际组织的职能，在学术研究中一般被视为一个国际组织。

定在安全的浓度水平，防止因浓度过高可能造成的气候系统异常，进而防止对人类社会可能造成的气候灾难的发生。该公约于 1992 年 5 月 9 日在联合国大会通过，并在当年 6 月里约热内卢所召开的联合国环境与发展会议上正式签署。此公约是全球各个国家和国际组织参与气候治理的核心公约，对于当事国具有法律约束效应。

作为全球气候治理的核心会议——联合国气候变化大会（Conference of the Parties，COP），即缔约方会议为本书把握全球气候传播的结构变迁提供了重要线索。截至 2023 年 10 月，已有 198 个国家和地区成为联合国气候变化公约的缔约方。联合国气候变化大会（以下简称 COP）则是基于该公约所召开的缔约方大会，是全球气候传播的重要舞台。从 1997 年的《京都议定书》到 2016 年的《巴黎协定》，COP 通过的多项气候协定对气候治理的发展走向有决定性影响，各国政府、国际组织、跨国企业等气候治理的参与者也通过在 COP 会议上积极发声来引导国际舆论，掌握气候话语权。

2015 年巴黎气候变化大会（COP21）后，全球气候治理进入"自下而上"的全球气候治理时代，即各国自主决定减排贡献，逐步增加贡献力度。"自下而上"模式的形成伴随着国际社会对于气候问题的关注度增加，除国家主体外，企业、NGO 等主体也开始回应气候议题的关注度（肖洋，柳思思，2010）。多元主体纷纷基于自身利益，与政府部门配合，影响气候治理的议程焦点，放大对自身有益的气候话语，影响碳减排的责任分配。这对"双碳"这一全球气候治理的"中国方案"的国际传播构成挑战。面对这一线索，现有研究多关注中美等双边关系下气候"二轨"对话中的话语博弈，缺乏对于现有气候传播结构的全局性理解。对此，应从全球气候治理视角出发理解气候传播的话语结构，把握"全球气候传播"的议题变迁，这对我国当下开展有关"双碳"目标的对外传播具有重要意义。

以往研究主要关注国家，尤其是国家领导人在全球气候传播中的领导力建设,缺乏对联合国等国际组织的关注。原因之一在于,"碳减排"主要是指国家或企业主体从能源结构、工业结构等方面降低排放标准,而国际组织由于并非碳排放主体,不参与气候政策的实际执行环节,很少参与话语权力争夺过程,在气候治理中所进行的斡旋工作往往受到忽视。并且不像世界银行在贫困问题等议题下具有典型的"知识分享"功能,UNFCCC 在气候治理中主要负责对接 IPCC 及联合国其他相关机构的技术推广工作,很容易被传播研究所忽视。但实际上,以 UNFCCC 秘书长为首的国际组织气候领导人在气候传播上的影响力上不亚于许多国家领导人,他们多来自重要国家的外交部门,精通各类治理议题的国际谈判,在气候治理中有能力召集其他国家领导人,鼓励各国放下偏见,共同进入讨论环节,其领导价值尽显无疑。

当前多数气候治理研究都将国家视为气候谈判的参与主体,仅突出国际组织的"平台"和"中介"作用,假定国际组织参与全球治理的过程主要是国家角力的反映(高翔,2016)。但在气候治理等特殊议题下,国家主体往往缺乏积极性,反而是国际组织对历次全球性气候谈判的编排及定义影响着气候治理的发展走向,同时也建构了政治主体参与全球治理的权力秩序,例如每年联合国气候变化框架公约下所举办的气候变化大会都会确定当年气候治理的议程热点。在这样的背景下,作为工具型领导的 UNFCCC 如何通过全球气候传播把握和施行这种领导作用,对于我们开展以国际组织为核心的全球气候传播有重要的参考价值,也将是本章所要回答的问题。

一、"权威缺失"框架下的全球气候传播

就其重要性而言,UNFCCC 在框架与平台两维度为国家行动主体的协作共进提供了支持,其目标在于为全球气候治理图景奠定基础架

构。也因此 UNFCCC 成为全球气候传播的重要信息枢纽,其发布的新闻内容是全球各国媒体气候议题新闻报道的重要信息源。此外,由于 UNFCCC 始终致力于推动全球气候治理共同体的形成与凝聚,而非侧重部分国家或地区,相比于单一国家的媒体文本,对理解全球气候传播的议题和主体变迁具有客观参考价值。

相比于反恐、互联网安全等治理领域存在明显的领导型国家和地区性国际组织,在全球气候治理的"权威缺失"格局下,没有国家或地区性组织可以称自己为全球气候治理的领导者(于宏源,王文涛,2013),这使得 UNFCCC 这一国际组织在全球气候治理中所承担的协调作用非常大,其作为气候治理的全球性领导在气候传播中的重要作用和典型性也更值得探究。

(一)全球气候传播的"权威缺失"格局

领导力概念来源于国际关系研究(Young,1991),主要指国家、国际组织或是领导人在国际舞台中所达成的影响力。很多情况下,国际组织的各类国际规则在实际执行中并不具有法律约束效应,这种无制度性约束使得国际组织往往承担一种"价值型领导"的角色。通俗来讲,就是吉祥物式的角色。但气候治理有其特殊之处,与地区冲突、核危机、能源安全以及恐怖主义等全球性议题不同的是,自 20 世纪 80 年代联合国领导下的全球气候治理开始建立以来,面对越发频繁的全球性气候灾害以及巨量的碳减排需求,尚没有一个国家能够毫无保留地担起这份重任,在全球气候谈判中占据绝对的领导位置。

这一特点在后哥本哈根时代更加明显,"责任政治"的气候治理原则将减排责任引向各减排主体的内部协商上,尤其在"自下而上"的治理模式下,各国自主制定减排额度,"碳减排"成为与各国的国内政治利益、发展需求相挂钩的内部政治协商过程。美国等传统霸权国家为权衡国内各方利益,也自顾不暇,很少通过外交手段去影响他国气候政策,更别提在气候传播中建设影响力。因此,相比于其他全球治理问题,碳减排议题下,联合国等国际组织的领导力更重要也更具典型性。

具体来看,诸如美国等长久以来奉行"国内优先"的发达国家很难在气候政策中保持影响力。自21世纪以来,小布什政府和特朗普政府分别退出《京都议定书》和《巴黎协定》。尤其是2016—2020年的特朗普政府在最高领导人层面带头否认气候变化的真实性。在这样的政治氛围下,以商业利益为重的美国媒体在报道气候议题上也充满偏见,例如忽视频繁爆发的气候灾害背后所存在的气候变化动因,诸如福克斯新闻(FOX News)等保守派媒体质疑气候变化的真实性也成为家常便饭。但相比于美国政府,美国企业在气候治理,尤其是碳交易等行业中的影响力却是首屈一指,诸如苹果、谷歌、亚马逊等跨国企业为规避其他国家的环保政策所带来的负面影响,并且树立良好的全球环保形象,会在全球范围内积极参与全球气候治理行动。

对于碳交易的先行者欧盟而言,其气候领导者的角色也在俄乌冲突后受到冲击。一方面其在政治上难以从气候政策层面撼动美国这一超级大国,而中国、印度等发展中大国则在气候治理上有较强的独立性,并逐渐崛起,目前欧盟更多与非洲小型发展中国家进行合作,影响范围有限;另一方面,欧盟国家在能源安全方面也受到来自俄罗斯、美国等国家的政策的牵制,这一点在2022年年初爆发的俄乌冲突中显露无遗,为了回应欧盟在经济、政治等多个层面对于俄罗斯的制裁,俄罗斯从冲突开始便限制天然气出口,威胁到欧洲经济发展命脉,使得欧盟自2022年年初开始面临前所未有的"能源危机",德国、丹麦等国家不得不改变现有的国家气候政策,甚至推迟"净零"和"碳中和"的时间点,在能源危机应对问题上的"捉襟见肘"使其在气候治理上的协商影响力也大打折扣。

对中国、印度、巴西等在全球具有影响力的发展中国家而言,这些国家主体在国际气候协商舞台上主要还是代表广大发展中国家的利益参与全球气候协商，尤其是对"共同但有区别的责任"原则的维护，可以称得上是发展中国家参与气候协商的领导者。例如以中国为首的"中国+G77国集团"在气候外交上常常被视为一个独立主体，代表着发展中国家的利益诉求，是发展中国家与发达国家进行气候谈判的重要代表，但在全球领导力的建设上，中国等发展中国家在碳减排的专业性方面仍处于初步建设阶段，尚未建立全球公信力。

以上种种原因使得全球气候治理一直被称为一个"权威缺失"的治理领域。在气候治理"权威缺失"的治理格局下，联合国及其相关机构成为组织全球气候谈判的主要组织者与领导者。从谈判格局来看，当前全球气候治理呈现以联合国为主要组织者和治理舞台，中美两国为核心国家，欧盟作为积极行动者，小岛屿国家联盟、雨林国家等多个国家集团共同参与的现状。虽然传统发达国家和地区性国际组织如美国和欧盟都曾试图在全球气候治理格局中起到领导者地位，但由于此类"全球北方"国家与"全球南方"国家在经济模式、治理理念上存在巨大差异，这种以国家利益为标尺的差异甚至超越了意识形态上的区别，因此欧美国家很难复制其在其他全球治理领域的地位。而发展中国家则基于自身的发展需求，建立了G77以及小岛屿国家联盟等气候治理国家谈判集团，形成了除欧盟等传统国家集团以外的基于气候利益所形成的国家治理集团。

全球气候传播既是全球气候治理格局的一个重要反映，同时也受到各国全球与战略传播能力的影响。在"权威缺失"的背景下，UNFCCC便形成了这样一个气候话语权力争夺空间，各主体虽然国家地位和实力悬殊，但不得不保持相互依赖，依托于UNFCCC的权力框架开展气候传播的权力协商。在这种全球气候治理基本格局下，作为"协商场域"与"工具性领导"的UNFCCC如何影响全球气候传播的构建与发展，这是接下来本节所要回答的问题。

总体而言，如果将全球气候治理视为以国家为主体的全球性协商，那么以联合国为代表的国际组织则为国家主体参与全球气候治理提供了"入场券"，也扮演着"聚光灯"的作用（翟大宇，2022）。以 UNFCCC 为代表的国际组织将气候治理定义为何种问题，所建立的协商规则是否公平，其对"知识"的选择是否充分体现了不同类型国家的利益需求、获得全球性认可，回答这些问题是考察其领导力的关键所在。本章基于对全球气候传播历史与现状的把握，将 UNFCCC 定义为全球气候治理中的"工具型领导"，考察其在全球气候治理的知识把关过程中所扮演的领导角色，理解当前全球气候传播中工具型领导的把关标准以及这种标准背后存在的权力意识。

（二）作为全球气候传播知识"工具型领导"的 UNFCCC

当前的全球气候治理主要基于核心国际组织所架构的谈判规则所展开，并基于此形成了以国际组织为核心的全球气候传播图景。在气候政治中，国际组织约束着其他政治主体参与全球协商的行为规范。在全球治理研究中，UNFCCC 被广泛视为"权威缺失"治理模式下的"工具型领导者"（instrumental leadership），即"使用"和"放大"知识分子和其他领导者的想法，以便将科学议程提上政治议程的一种领导类型。这类工具型领导在气候治理中主要有两类职能：（1）通过外交手段组织谈判议程、策划合作网络、平衡各方利益，确保各方能够坐到谈判桌前；（2）通过"捕捉"并为国际社会"呈现"科学和政治信息，制定治理议程，从而引领制定解决方案。

在第一个职能方面，国际组织在多边治理中扮演着"第三方中介"的角色（Tong & Zhang，2024），其作用在于动员多元主体参与到气候治理的合作网络当中，编排全球气候传播的合作网络。UNFCCC 引领着气候治理的权威热点，决定了多元主体参与全球气候治理的行动逻辑以及日常协作模式。目前，UNFCCC 在这一角度面对的主要矛盾是全球南北方国家之间的气候治理责任分配问题。鉴于全球南方国家拥有庞

大的人口资源，但在全球传播结构中处于相对弱势地位，COP 背后的
UNFCCC 等国际组织近年来越来越重视全球南方的参与，声称为其提
供更多发声权。因为全球南方国家经济发展迅速，碳排放量迅速增加，
若能及时转变发展模式对全球气候治理的贡献将颇大。问题是在这一过
程中，适合全球南方国家的气候治理模式由谁定义，全球南方在多大程
度上享有发展权，这也关乎全球北方国家的利益分配，是气候话语的竞
争焦点。

第二个职能方面，UNFCCC 通过对科学、政策等信息的选择、把
关以及放大来发挥其领导作用，并在这一过程中完成实质上的全球气候
治理话语权分配。在全球气候治理"权威缺失"的现状下，达成全球气
候治理的主体间合意十分重要，这种合意在政治、政策和科学三个方面
得以体现：政治逻辑是国际组织"中介"职能的延伸，即在协商中协调
各方利益；科学涉及气候治理的底层逻辑，是相对客观的争论焦点，掌
握科学话语权的国家具有更多话语权；政策相较于政治与科学更为具
体，主要关注如何将气候治理的各项政策付诸实践。这三种逻辑既存在
延续关系，又相互制衡，例如仅关注如何"科学"地推进气候治理可能
会忽视"气候正义"等历史责任。

以往研究虽关注国际组织如何建构全球治理的结构网络，但多数
研究放大气候治理国家集团的能动性，未突出国际组织及其平台的工具
型领导作用。值得注意的是，虽然南北方国家间的矛盾仍是全球气候治
理所要协调的核心问题，但 2015 年巴黎气候变化大会召开后，私营企
业等碳排放主体正越来越受到关注，国家—企业、企业—企业之间的合
作关系深入气候治理的实际执行层面。相比于矛盾复杂的全球南北方责
任分配，企业主体更加配合国际组织所倡导的绿色消费浪潮，具有积极
性，也是工具型领导所要平衡的重要主体类型。

其中，第二个职能对于全球气候传播而言至关重要，形塑了全球
气候传播的话语格局，也是本章所要关注的重点。"工具型领导"在气

候传播中对于信息来源的把关和筛选赋予了多元治理主体不同程度的可见性。这种可见性可被解读为一种"赋权"，即决定哪些信息具有"新闻价值"。COP 作为 UNFCCC 框架下的缔约方正式会议，在全球气候治理中的公信力得到了大多数国家和地区的认可，所发布的信息是全球气候传播的重要信息源。UNFCCC 在其新闻文本中选择性地呈现不同主体的信息来源，以及以何种方式呈现这种信息，本质上也是一种对信息的"把关"过程，这种把关过程可以进一步从以下两个角度进行解读。

1. 定义全球气候传播中的"共同问题"

根据 Young（1994）等的总结，工具型领导的领导作用体现在对综合谈判的把控方向上，即确定全球气候治理的基本调性。工具型领导者的主要作用是寻求找到实现共同目标的方法，并使他人相信特定问题或解决方案框架的实质性优点（Underdal，1991）。气候治理具有科学、政策、政治意义上的多重属性，工具型领导会基于治理问题的严重程度，针对不同类型受众、不同语境，将全球气候变暖建构为不同问题类型。这种定义过程对于全球气候传播的影响较大，参考贫困问题，在非洲，贫困被视为一种发展问题，而在欧美社会则被定义为一种社会公平问题，也因此，中国的扶贫事业在西方媒体建构下被曲解为"人权"框架（史安斌，王沛楠，2019）。

全球气候变暖也是如此，以联合国为代表的国际组织在气候治理的不同时期经常会通过制造"话语"的方式来确定全球气候治理的政治议程，创造了诸如"温室气体""气候过热"等概念。近年来受到全球升温 1.5℃这一危险线迫近的影响，全球气候治理的政治动员色彩正在逐步增强，尤其是自 2020 年以来，联合国将气候变暖与新冠疫情等治理难题相联系，以此提升全球气候在国家内部的受重视程度。哥本哈根会议召开后，全球气候治理进入"责任政治"时代，围绕"碳减排"所生发出的多重议题属性及其重要性是 UNFCCC 作为工具型领导在问题定义过程中的核心考量。

此前有关气候领导力的研究主要集中于国际关系领域，例如探究欧盟、澳大利亚等政治主体的气候政策重点，通过回溯政策文本或领导人讲话等方式来进行探究全球气候治理的建构定义的过程（吴志成，2016），对于新闻文本的考察在国际关系视阈下的领导力研究中一般不会受到关注。但气候传播中的领导力存在于政策文本之外，尤其是新闻文本中工具领导对于新闻报道的选择以及呈现，基于此，对于文本进行考察往往能提炼出隐藏在文本背后的传播者的权力意志。

2. 对全球气候传播中"知识"的把关

正如工具型领导模式的定义所提及的，工具型领导对于知识来源的"选择"和"放大"是其领导模式的核心。这种对知识的选择和放大过程实质上是对全球气候治理的权力分配，在全球气候治理"权威缺失"的现状下，UNFCCC 等国际组织意图通过扮演第三方中介的角色吸引多元主体参与到气候治理工作当中（Baser & Swain，2008）。工具型领导能力的形成取决于领导力的活跃度及国际地位，他们需要参与气候治理的多方斡旋，通过建构"共同目标"，达成全球气候治理的合意。在全球气候治理中，UNFCCC 所要调节的最为突出的权力冲突便是发展中国家与发达国家就气候治理责任分配问题所产生的矛盾。这一矛盾在UNFCCC 所制定的五条基本原则中便有所体现：

一、根据"共同但有区别的责任"原则，发达国家缔约方应带头应对气候变化及其不利影响。

二、发展中国家缔约方根据具体需要和特殊情况参与，对那些特别容易受到气候变化不利影响的缔约方应给予考虑。

三、缔约方应采取预防措施，预测、预防或尽量减少气候变化的原因并减轻其不利影响。

四、缔约双方有权并应当促进可持续发展。

五、缔约方应合作促进一个支持性和开放的国际经济体系，该体系将帮助所有缔约方，特别是发展中国家缔约方的可持续经济增长和发展，从而使它们能够更好地应对气候变化问题。[①]

在"五项原则"下，UNFCCC 又如何平衡南北国家的话语权力？在既有的全球传播体系下，发达国家相比于发展中国家，在气候话语权中有着无可比拟的优势。但 UNFCCC 等国际组织近年来也越来越重视发展中国家的发声，重视其在全球治理中的参与。因为这些国家当前经济发展速度较快，碳排放量正在极速攀升，但如果能及时转变发展模式，也能够为全球碳减排贡献巨大力量。UNFCCC 如何平衡发达国家与发展中国家在全球气候传播中的积极性，为其提供发声渠道，关乎着全球气候治理能否真正产生成效。

虽然南北矛盾仍是全球气候治理所要解决的核心问题，但进入"后哥本哈根时代"，企业等碳排放主体正越来越受到关注，气候治理中的参与主体正变得更加丰富，诸如企业、个人、NGO 等非国家主体当前在气候治理中的影响力不容小觑，这些主体在国际关系政策文本中往往受到忽视，但实际上也是工具型领导所要平衡的重要主体类型。

通过以上两点梳理，本章整理出 UNFCCC 这一工具型领导在气候传播中的重要职能架构（见图 3-1）。工具型领导的首要价值是对于知识型领导的科学议程放大功能，在把握科学知识的基础上，对当前全球气候治理主题进行判断，产生对全球气候变暖的初步定义。接下来在实际工作中，面对国家、企业等排放主体，进一步完善对于全球气候治理的定义，同时对不同主体的知识来源进行选择性呈现，平衡各方利益。由于 UNFCCC 与 IPCC 的合作关系更多是基于联合国统一框架下的合作范畴，并不是典型的气候传播过程，本书将重点关注工具型领导与碳排

---

① 联合国气候变化公约（UNFCCC），检索于：https://unfccc.int/resource/ccsites/
tanzania/conven/text/art03.htm.

放主体间的传播互动，即图 3-1 中工具型领导与碳排放主体之间的互动过程，考察其面对多元排放主体，如何在气候传播中呈现全球气候治理蓝图，又是如何为多元主体赋予可见性的。

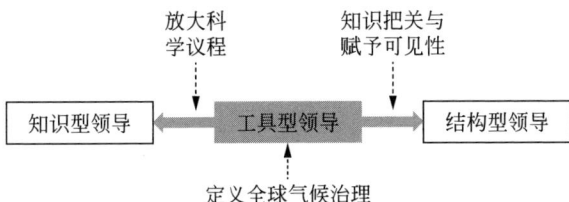

图 3-1　全球气候传播中工具型领导的职能类型

二、UNFCCC 的全球气候传播把关与框架变迁

工具型领导对知识的选择性呈现如何影响全球气候传播中的传播权力结构及发展走向？回顾新闻学经典概念，新闻媒体对于信息来源的把关及筛选为不同的社会主体赋予了不同程度的可见性，这种可见性可以进一步延伸为对被呈现主体的"赋权"，即什么是具有"新闻价值"的信息（Galtung & Ruge，1965）。UNFCCC 作为设立于德国波恩小镇的联合国常设机构，是国际社会参与解决全球气候治理问题的基本框架，其公信力受到全球大多数国家和地区的肯定，是全球气候传播的重要信息来源。UNFCCC 如何在其新闻文本中选择性呈现不同主体的知识来源，又是以何种方式呈现这种知识的，其实质上也是一种对于信息的把关过程。

在对新闻机构的把关考察中，既有研究大致可以分为两个视角，以怀特（David Manning White）为代表的个体把关传统及以休梅克（Pamela J. Shoemake）为代表的结构把关传统（白红义，2020），后者因为使用了一种组织视角，与本书所关注的以 UNFCCC 为主导的气候治理现状更为相符。休梅克等将把关的选择标准分为社会系统、制度环境、组织、传播规范、个人等几个维度（Shoemaker & Reese，1996：12-15）。对比新闻媒体的把关模式，UNFCCC 等国际组织的把关模式也可以从"结构把关"的几个维度进行考量，只不过这些维度跨度更大，包括气候变暖的科学争议、地缘政治、国际组织的行为规范，甚至是国际组织的领导人喜好等（王积龙，2022），对这些因素的考察需结合工具型领导力所处的具体历史语境。在前文梳理中，UNFCCC 对气候传播的这些把关作用正是工具型领导力的体现，反之这种把关也维护了国际组织框架下的气候治理系统正常运作，能够稳定其气候领导力。结合工具型领导的两个职能，本书构架起理解 UNFCCC 及其背后国际组织新闻把关功能需要明确的问题：普遍性逻辑在于 UNFCCC 对多元治理主体的可见性分配上，即哪些主体获得了更多发声权，这无疑是气候传播的权力焦点；特殊性逻辑则表现在 UNFCCC 如何基于气候治理的议程特点分配话语权，并引导多元主体参与协商。

在分析视角上，本书将这种"把关"过程视为一种随气候治理结构而进行转型的动态过程，将气候变暖的科学争议、地缘政治、国际组织的结构性资源等因素纳入分析，将把关标准与更广泛的气候治理结构相结合。在 20 世纪 90 年代到 21 世纪的第一个十年，全球北方国家一直主导全球气候治理话语权，呈现出"中心—边缘"的权力结构。以中国为代表的几个经济增速较快的全球南方国家成为全球气候治理的众矢之的。然而，从哥本哈根会议开始，"中国 +G77 国集团"强调气候治理应考虑历史因素，提倡"共同但有区别的责任"。UNFCCC 一直鼓励发展中国家在全球气候治理中扮演更为重要的角色，并任命多位全球南方国家重要人物担任要职。本节旨在探讨这种主体可见性如何在 UNFCCC 的全球气候传播的新闻把关中得以呈现，UNFCCC 又是如何平衡多元主体的权力关系。基于此，本节将要回答的是，作为工具型领导的 UNFCCC 在全球气候传播中如何理解并引导"后哥本哈根时代"

全球气候治理？ UNFCCC 如何在气候传播中选择和呈现国家、企业等
多元主体的信息来源？

（一）案例研究设计

1. 研究方法

本案例通过内容分析的方式对研究问题进行探究，研究选取
UNFCCC 官方网站的"新闻"（unfccc.int/news）模块中的新闻文本为分
析材料。UNFCCC 的新闻功能上线于 2016 年，记载了自 2002 年以来
UNFCCC 的所有官方新闻文本，这些文本包括官方新闻稿、官方演讲、
气候声明、公告、文章、社论等内容。笔者统计 2009 年哥本哈根气候
变化大会（COP15）至埃及沙姆沙伊赫联合国气候变化大会（COP27）
召开后 UNFCCC 所发布的所有新闻稿，并将 2023—2024 年全年的
UNFCCC 新闻稿纳入补充数据进行分析。[①]UNFCCC 的新闻板块类似于
其为全球新闻媒体提供的新闻补贴，作为全球气候治理的核心行动者，
UNFCCC 的新闻内容自然受到全球诸多媒体的关注，是全球气候传播
的重要新闻来源之一。

首先对整体样本分布进行统计，从 COP15 至 COP27，UNFCCC
共发布 4686 篇新闻稿。从时间分布来看（见图 3-2），巴黎气候变化大
会召开的 2015 年是 UNFCCC 开展气候传播的高峰年份，当年共发布
1424 篇新闻稿，远超其他年份。这说明《巴黎协定》不仅仅是全球气
候治理的重要里程碑，在全球气候传播中也占有重要位置，当年之所以
官方新闻稿数量大幅增加，是因为全球各个国家，尤其是发展中国家提
交了《巴黎协定》框架下的承诺书，联合国对此高度重视，也相应地为

---

① 笔者统计发现，UNFCCC 在 2023 年进行了网站改版，新闻发布的形式和数量
有所变化。考虑到 2023—2024 年的 COP 议程仍然是《巴黎协定》的延续，议
程变化不明显，为保证数据的一致性，2023—2024 年的新闻稿数不纳入数据统
计，但会以文本分析的形式在本书中进行分析呈现。

发展中国家提高了可见性。但从 2017 年开始，国际社会"黑天鹅"事件频现，加之随后而来的新冠疫情、俄乌冲突等新的全球事件，使得全球气候变暖议题的关注度也受到影响。

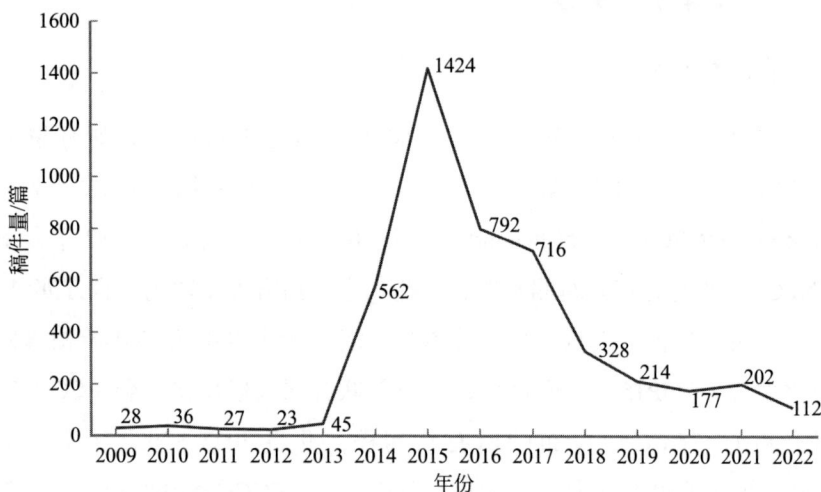

图 3-2　UNFCCC 历年新闻稿数量变化

2. 研究变量

研究使用内容分析的方式回答所要关注的研究问题：为新闻文本进行变量赋值，对其进行趋势统计以及比较分析。通过对 UNFCCC 官方新闻稿的初步考察，以及前文提出的研究问题，笔者设置以下分析变量：

（1）世代 / 阶段

本研究主要关注"后哥本哈根时代"，也就是"碳减排"时代的气候传播概况，内含了对气候传播的世代性的强调。在知识社会学传统下，曼海姆等学者也非常关注"世代"的概念，世代是指在一定时期内，一定类型的个体在结构中处于相似地位，这种相似地位带来了相同问题的定义方式（曼海姆，2002：56-89）。全球气候传播也具有类似的世代特征，哥本哈根确定了全球气候治理的责任政治意识，而《巴黎协定》则进一步确定了全球碳减排的具体行动路线，不同国家集团也逐步确定了自己的合作方式。本节根据全球气候治理的特殊性以及新闻文本的分布特征，将"后哥本哈根时代"的全球气候传播分为三个阶段，分别为：哥本哈根时代（2009—2013）、《巴黎协定》时代（2014—2017）、卡托维兹时代（2018—2023）。

值得注意的是，笔者之所以将 2014 年视为第一、二阶段的分割点，是因为虽然 2015 年举行了巴黎气候变化大会，但统计发现，实际上在 2014 年，巴黎气候变化大会的议程便已经全面起航，全球气候治理议程已经开始转型，这一点从图 3-2 中的报道分布也可以看出。第三个阶段以 2018 年在波兰卡托维兹召开的 COP24 为节点，这场会议确定了《巴黎协定》之后的全面行动路线，这是继巴黎气候大会后最重要的一次会议，是决定《巴黎协定》目标能否实现的重要契机。此次大会围绕《巴黎协定》规则、提升全球气候行动力度，以及气候资金等问题展开磋商，为各国在 2020 年前更新国家自主贡献奠定基础。同时在第三阶段，2019 年美国特朗普政府正式递交退出《巴黎协定》的申请，美国全球气候影响力大打折扣；2020 年新冠疫情以及 2022 年俄乌冲突等国际事件的爆发同样也为全球气候治理带来了诸多不确定性因素。这一时期也被学者称为是"乌卡"（VUCA）时代，即 Volatility（易变性）、Uncertainty（不确定性）、Complexity（复杂性）、Ambiguity（模糊性）（史安斌，童桐，2022a），这一时代特征也为全球气候治理的发展前景带来诸多不确定性。

（2）问题框架

"问题框架"主要考察 UNFCCC 如何定义全球气候治理的议题属性。笔者使用框架分析的方式对这种问题定义方式进行理解，每一类框架对应一种定义方式。研究首先参考德赖泽克（2008：5-60）、史安斌等对气候及环境话语的不同分类（史安斌，童桐，2021），结合高频词分析及对 UNFCCC 新闻稿文本进行细读，总结出六个气候议程框架。分析过程中，研究人员邀请四位从事气候科学研究的科学家和环境记者对各个框架进行评价，修改为最终版本，这六个框架可进一步分为气候治理的三个面向——科学、政治、政策，具体分类如下（见表3-1）。

表 3–1　UNFCCC 对气候治理的六种定义框架

话语	框架	描述	高频词
科学	科普	强调全球气候治理的科学属性，重点关注气候治理中新技术、新科学研究以及新治理模式的发现，强调气候治理可以通过科学手段进行解决	净零、新能源、温室气体、排放
	生存	强调全球气候治理的紧迫性，认为气候治理已经接近无法挽救的局面，人类必须即刻采取行动挽救当前人类社会所面临的气候危机	紧急状态、生存、灭绝、危机
政治	合作	强调全球气候治理中国家合作的重要性，对已有合作以及即将展开的合作作出肯定	合作、援助、协调、中美
	平等	强调气候治理中的南北平等，发达国家应当承担更多的减排责任，并对发展中国家施以援手	最不发达国家、发达国家、援助
政策	批评	对各国在气候治理工作中的不作为进行批评，认为现在各国开展的气候治理工作远未达到标准	1.5℃、紧急状态
	责任	敦促各国即刻履行所应承担的减排责任，同时说明 UNFCCC 在气候治理中的工作进程	COP、波恩、敦促、希望

（3）引用来源和方式

在对引用来源和引用方式的划分上，研究者基于对文本的细读以及全球气候政策的争论焦点，以及 Yang 等对多元主体的划分方式（Yang, Wang & Wang，2017），结合研究人员编码过程对新闻稿的把握，总结出编码类目。研究人员与编码员随机抽取 79 篇新闻稿进行初筛，对有争议的编码类目进行充分讨论，编码至 40 篇新闻稿时，新闻稿中不再出现具有争议的类目，研究人员和编码者确定了最终编码表。

最终，本研究将 UNFCCC 新闻稿中的引用来源划分为八类，分别为：a. UNFCCC；b. 国际组织；c. 全球北方国家；d. 全球南方国家；e. 企业；f. 科研单位；g. NGO；h. 个人。

同时，本研究也考察 UNFCCC 对这些主体的引用方式。研究人员参考 UNFCCC 新闻网站对新闻稿类型的初步分类，在编码过程中逐步确定了五种引用方式，分别为：

a. 承诺：主要指国家、企业等排放主体在碳减排、能源政策上的承诺，特指还没有进入实际政策执行层面和出现政策结果的承诺。

b. 政策：尤指国家、企业和国际组织所开展的进入实际政策执行阶段的减排政策。

c. 案例：各类型主体在碳减排工作中的优秀成果，特指已经有结果产出的政策或案例。

d. 数据：数据的引用，既包括由于气候灾害所引发的伤亡数据，也包括科研院所发布的研究数据。

e. 呼吁：指领导人、个人或企业等其他主体发出的具有领导式色彩的口号式呼吁，呼吁其他主体积极参与到全球气候治理当中。

从知识的分类来看，案例、数据属于显著知识类型。显著知识是气候治理中以"硬科学"形式所呈现的知识类型，例如美国国家气象局所监测的气候变动数据、欧盟企业所实行的新兴低碳生产方式的具体科学细节等。

承诺和政策是嵌入于治理经验和实践之中的知识类型。包括排放主体采取何种治理手段应对碳减排，代表性的包括以美国为代表的自下而上的气候治理模式、以中国为代表的国家领导下的自上而下式气候治理模式，以及以欧盟为代表的区域互补型治理模式。

值得注意的是，在全球气候传播中，默会知识与显著知识有时并不能够完全被区分，默会知识的形成过程包含着科学知识认识论的推进，并且呈现于气候传播文本中的默会知识往往是经过二次解读的知识类型，例如一个国家所实行的气候治理模式往往来源于其社会习俗、心态等默会知识，但在形成具体的方案时，科学家也会将这些治理模式合法化。这个二次解读过程为这些默会知识赋予了显著知识的类型特征，即可编码、可反思、可传递三种特征。

（4）抽样及信度检验

由图 3-2 可见，UNFCCC 新闻样本在三个阶段的分布并不平均，第一阶段仅有 159 条官方新闻，第二阶段有 3494 条官方新闻，第三阶段有 1033 条官方新闻。为保证每个阶段都有充足的样本进入分析环节，使得研究更具代表性，参考前人研究（张迪，童桐，施真，2021），本研究采用分层抽样的方式对样本进行抽样，以发布时间为排队标准，对三个阶段分别抽样 100%、10%、20%，使得三个阶段的文本数量更加平均，最终抽样 720 条新闻稿进入分析样本。[①]

研究共有两位编码人员，为两位相关专业低年级博士研究生。进行编码前，两位编码者均获得充分培训，研究抽样 74 条样本供两位编码者进行试编码，通过 Scott Pi 信度系数对编码样本进行信度检测，所有变量编码员信度均大于 85%，信度可以得到保证，因此进入分析环节。

（二）忽视"气候正义"的气候传播框架

气候治理影响着全球气候传播的话语秩序，形塑了人们对于全球气候治理的认知。全球气候治理究竟是一项科学议程，还是围绕国家利益所开展的政治协商，这决定了人们以何种思维方式参与到治理行动中。基于对 720 篇新闻文本的编码工作，研究统计出不同类型定义的占比，

---

① 在抽样过程中，有 6 篇新闻稿或报告存在上下篇发布的情况，为确保分析完整性，此类文本上下篇均纳入样本框，最终样本量计数为 720。

六个问题定义从高到低进行排序分别为责任（41.3%）、科普（30.7%）、合作（10.7%）、生存（10.6%）、平等（4.2%）、批评（2.6%）。不同阶段的占比情况见图 3-3。

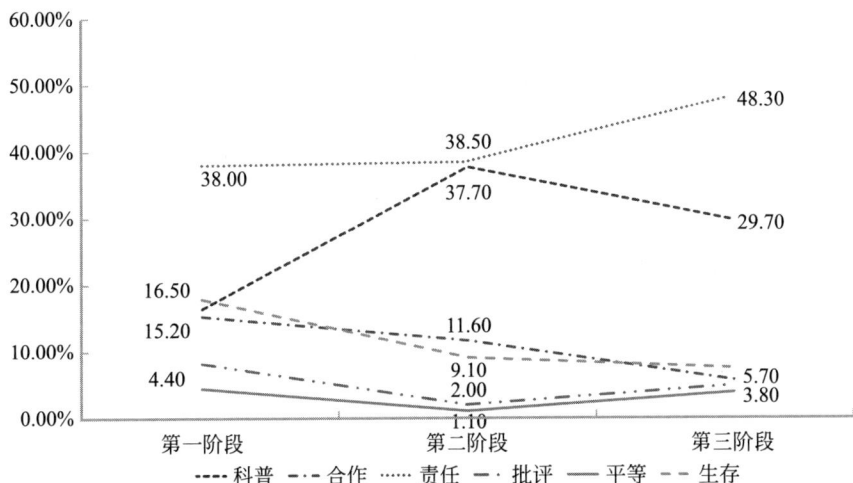

图 3-3　三个阶段 UNFCCC 对气候治理问题的定义变迁（n=720）

　　首先，从几个框架所代表的"定义方式"的分布来看，UNFCCC 在气候传播工作中主要将气候治理定义为"政策"和"科学"问题，较少提及全球气候治理的政治色彩。这体现了工具型领导在全球气候传播中的议题侧重，即淡化全球气候治理中的南北冲突，绕开全球气候治理的起点问题，从气候治理的实际执行过程入手。一种可能的解释是，与全球气候治理的实际争议不同，UNFCCC 的气候传播倾向于以一种更温和的方式向公众普及全球气候治理的正义性。实际上，在建设性新闻的诞生地欧洲，很多典型的新闻媒体就是在气候议题下开展"建设性新闻"实践的，因为气候新闻的"慢启动"特征与全球气候变暖议题具有一定适配性。正如第二章所提及的，欧洲最为著名的"慢传播"媒体《延迟新闻》，其最受欢迎的两个品牌栏目是"灾后重建"和"气候变化"。在关注气候新闻的过程中，UNFCCC 报道所采用的也是"慢新闻运动"所倡导的建设性视角，通过科学、温和的方式来讲述各类气候新闻。考虑到 UNFCCC 经常引用欧洲国家的新闻来源，并且还坐落于以"慢生活"运动著称的欧洲小镇德国波恩①，其气候传播模式可能受到这些媒体的报道风格影响，这可能是 UNFCCC 总是倾向于凸显气候传播中的建设性色彩的一个原因。

其次，从责任框架以及科普框架的表现来看，UNFCCC 主要将全球气候治理定义为一种"全球责任"，并强调全球气候治理中的科学因素。UNFCCC 较少对国家、企业等排放主体的减排政策进行批评，这一趋势在巴黎气候变化大会实行"自下而上"的气候治理模式之后更加明显，这符合前述工具型领导的基本特征：以"过程推动者"，而非"行为约束者"和"规则制定者"的身份出现在气候谈判过程中。这也说明在工具型领导的几个角色中，UNFCCC 在全球气候传播层面更加凸显的是自身的科学议程放大功能，而非政治主体的矛盾协调作用。自巴黎气候变化大会后，南北国家在气候治理的某些层面存在的争议正在逐渐缩小，全球气候变暖作为一种"共同问题"已经开始受到全球国家的重视。

综合来看，相关报道存在重视气候治理技术、轻视具体争议等问题。例如，报道重视 IPCC 所推荐的各项技术标准，却没有关注多数全球北方国家尚未完全履行《气候出资交付计划》中关于每年向全球南方国家支付 1000 亿美元气候资金的承诺。又如，关于 2021 年格拉斯哥气候变化大会（COP26）的报道，UNFCCC 多次强调技术创新的重要性，重点宣介了各国在清洁能源技术上的承诺，如英国宣布将在 2035 年之前实现电力系统的完全"脱碳"，美国推出了大规模投资计划，重点支持风能、太阳能和电动车技术的开发和应用等，但未深入讨论发展中国家对减排目标的不同意见或对资金分配的不满。

---

① 波恩是德国重要的政治城市，是前西德首都。1996 年开始，联合国环境和发展事务组织驻扎此处。波恩以城市绿化和表现优异的环保指数闻名于世，其文化历史悠久，是贝多芬的出生地。

最后，从不同阶段的定义框架分布来看，除"责任"框架始终是主要定义方式之外，其余定义方式均在第二、三阶段有所下降。而第一阶段之所以几个框架呈现较为平均的状态，是因为第一阶段的新闻稿中UNFCCC的秘书长讲话占据绝大部分，而这些演讲稿对全球气候治理不同角度的关注也较为平均。相比之下，占第二、三阶段更多的是以新闻稿形式呈现的传播文本，其在批判色彩上明显降低，与新闻媒体较少关注气候变化中的政治因素有关，UNFCCC后期的新闻稿主要转载于欧美国家政府新闻来源和彭博社等财经媒体，经济新闻和政府新闻中大量关注发达国家的案例和数据，影响了UNFCCC气候传播工作的整体调性。

从中可见，在气候治理与传播的不同阶段，联合国气候变化大会的议程框架分布情况同样发生流变，"责任"框架始终是主要议程，"科普"框架也一直保持较高比重，这对于作为科学议程的"双碳"议题而言具有积极意义。而其余议程框架，尤其是"合作""批评"等框架的走低，再次说明全球气候传播的"去争议""去差异"趋势越发明显，即淡化全球南北方国家在气候治理上的问题争议，强调气候议题的科学性以及问题解决的措施。

一个可能的解释是，大量以欧美国家新闻为来源使得UNFCCC的新闻内容缺乏批判性。笔者在统计过程中发现，UNFCCC的主要媒体引用来源是财经媒体彭博社（Bloomberg News），彭博社是美国著名的专业型财经资讯媒体，关注的气候新闻集中于欧美国家金融、企业等领域人士所感兴趣的议题。虽然南北平等一直是全球气候治理争议的焦点，并且UNFCCC一直被认为是调节南北矛盾的重要中间人，但在气候传播中，作为工具型领导的UNFCCC很少涉及气候政治议题，一直在减少冲突性框架的显著程度。虽然研究者统计的UNFCCC新闻文本中有很大一部分都关注了气候治理中全球南方国家所面临的经济和治理困境，但很少有新闻继续追问其中蕴含的"南北平衡"，且没有对气候治理的具体历史语境进行关照。

总而言之，作为气候治理中的工具型领导，UNFCCC 在其全球气候传播实践中凸显更多的是以"治理技术"为代表的显著知识类型，对于气候治理中的理念竞争及"气候正义"却越发忽视，在传播模式上受欧美国家媒体影响较大。这使得当前全球气候传播中的知识类型往往脱离了历史语境，在引用来源上也向发达国家进行倾斜。

UNFCCC 将全球气候治理定义为一种"去争议"的政策过程和科学实践，以此引导全球气候治理的协商对话。在此过程中，主要关注全球气候传播的科学议程，关注气候合作的整体推进，而非全球南北方的角色差异，此类"去差异"传播不可避免地使其面对功能与视角的局限、缺失。作为直观结果，这种"去争议"的气候传播忽略了全球气候治理的历史语境，也忽略了气候治理的国家间责任差异，即无论在气候治理的发展阶段还是话语权建设上，全球南方国家都落后于全球北方国家。而在现代科学叙事框架之下，全球气候治理与传播被视为典型的科学和政策事件，进一步扩大了全球北方国家与全球南方国家之间在气候议题上的可见性与影响力差距。

（三）全球气候传播中的知识选择与放大

全球治理的复杂之处在于，其既存在于国家间经济和政治利益的互动与争夺中，也是一套专家话语体系，包含政治、政策与科学等多个面向，属于复杂知识系统，不同国家参与全球气候治理的过程也是知识话语权的争夺过程。在全球气候传播框架下，本部分进一步通过对 UNFCCC 新闻引用来源的分析来把握全球气候传播如何选择并呈现各主体的知识来源。其中，"引用来源"这一变量对应着对不同类型主体在气候传播中的可见性，即 UNFCCC 是否充分给予不同治理主体平等、合理的发声机会；"引用方式"则具体关注全球气候传播中所使用的知识类型，把握不同知识类型背后所存在的主体偏向，即 UNFCCC 如何对来自不同主体的角色和作用进行定位。

1. 引用来源的变迁：全球南方可见性提升

首先对 UNFCCC 的新闻引用来源进行分析。在分析过程中，由于同一篇新闻稿可能有多个引用来源，也可能没有引用来源，本研究将在一篇文章中多次出现的单个引用源记为引用一次。根据统计，720份新闻稿中共出现 1355 次引用，引用从高到低排名分别为：国际组织（23.6%）、全球南方国家政府（18.7%）、全球北方国家政府（18.5%）、企业（13.4%）、NGO（6.7%）、个人（5.0%）、科研院所（4.4%），另外UNFCCC 引用自身的比例占 9.6%。其中，全球南方国家政府与全球北方国家政府基本持平，这是因为全球南方国家众多，引用较为分散，而全球北方国家虽然数量少，但引用较为集中。

被引用国家政府中最高的几个国家及地区其排名及被引次数分别为：美国（66）、中国（43）、英国（22）、德国（21）、法国（18）、欧盟（17）、韩国（17）、墨西哥（16）、日本（15）、智利（15）、印度（15）。可见，中美两国作为全球气候治理中最重要的两个国家获得了绝对关注优势，英国、德国、法国以及欧盟作为单一的政治主体也获得了较高关注，韩国虽然在经济总量上逊于日本等国，但由于在全球气候治理舞台较为活跃，在全球气候传播中获得了更多可见性。总体看来，全球北方国家政府在被引数量方面占据绝对优势地位，但墨西哥、智利等在气候治理中较为活跃的新兴国家也获得了较多关注。

在被引企业方面，全球北方国家企业几乎占据所有份额。其中欧盟企业 68 次，伞形国家企业 58 次（主要为美国企业，被引 57 次），全球南方国家企业 36 次。中国企业被引数量仅为两次，一次来自某国有银行的发展数据，另外一次来自四川省某企业的节能减排案例，均未受到过多关注。对企业主体的重视是国际气候治理舞台近年来的一个新走向，而欧美国家企业在此快车道上走在了前列。一个重要的判断是，虽然美国在第三阶段退出《巴黎协定》，但美国的气候治理影响力并没有减少，主要是因为美国企业在全球气候治理中的活跃度最高，使得美国在气候治理中的话语权并没有消减。相比之下，我国企业在全球气候治理中并不活跃，全球传播能力也相对欠缺。

在被引媒体方面，彭博社及其能源板块单位"彭博新能源财经"（BloombergNEF）是 UNFCCC 的主要媒体引用来源。UNFCCC 仅转载过专业性的财经媒体，或是"绿色和平组织"（Greenpeace）等 NGO 的新闻来源[①]，对于其他类型的媒体几乎没有提及，虽然《纽约时报》、BBC 等全球性媒体有影响力较大的气候变化评论板块，但这类文本并没有在国际组织中获得更多关注。

从被引用来源在哥本哈根、巴黎、卡托维兹三个气候之路阶段的分布来看（图 3-4），主要有两个变化：

一是 UNFCCC 对全球南方国家的引用在第三阶段（2018—2022）超过全球北方国家，全球南方国家在气候传播中的影响力越来越大。当然这种趋势也来源于国际组织为了解决发展中国家所存在的"限制性参与"的难题（朱杰进，张伟，2020），即为了让小国在气候治理中有更多参与权，国际组织会给予小国在全球治理中更多的发声权，这种趋势在"后哥本哈根时代"的全球气候传播中也越发明显。

二是企业主体被引用数量的显著增加。研究者在编码中发现，在第三阶段，UNFCCC 对国家主体在气候治理中的承诺关注明显减少，取而代之的是对企业主体碳减排案例的关注。IPCC 的第四、第五、第六次报告都将私营部门视为可持续发展中最具潜力的主体，UNFCCC 作为 IPCC 的"知识放大器"自然也延续了这一倡议，赋予其更多可见性以进行动员（邓拉普，布鲁尔，2019：60-62）。这再一次说明了发展中

---

① 绿色和平组织是全球范围内最具影响力的环保组织之一，但在部分国家也面临着政治争议。其官方使命为：保护地球、环境及其各种生物的安全及持续性发展，并以行动作出积极的改变。无论在科研还是科技发明方面，均提倡有利于环境保护的解决办法。

国家企业提升自身在全球气候传播中可见性的紧迫程度，未来全球气候传播对这一类主体的关注将只增不减。

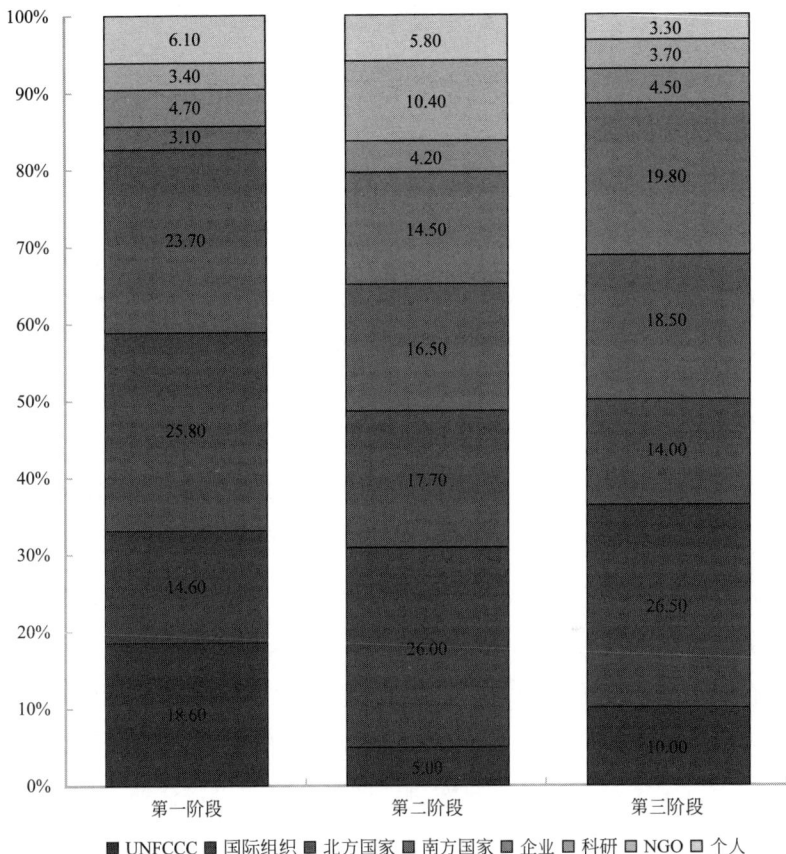

图 3-4　三个阶段 UNFCCC 对不同类型传播主体的引用变化（$n=1355$）

对于企业而言，开展全球气候传播不仅具有形象价值，更具经济意义。自哥本哈根气候变化大会以来，全球商业界正掀起一波绿色消费浪潮。绿色、低碳已经成为欧美国家消费市场最为关注的消费符号之一，企业是否"漂绿"是消费者关心的重点问题，而这种浪潮也逐渐有向发展中国家转移的趋势。随着中国企业"走出去"进程的加快，面临的环保压力也会越来越大，开展行之有效的"绿色营销"成为重要课题。关于这一问题，本书的第六章将会进一步探讨。

UNFCCC 新闻引用源的变化趋势也说明，当前全球气候传播正在呈现"下沉"趋势。本书在开篇便提及，当前全球气候治理仍然是以国家为参与主体的治理场域，但当气候治理真正走向落实阶段，以国家为代表的国际社会层面的碳排放主体获得的关注开始下降，以企业为主体的实际碳排放主体获得越来越多的关注，全球气候传播的关注重点也随之改变。而在这种关注重点"下沉"的过程中，全球气候传播中的话语权力不平等进一步被加深。看似全球南方国家获得了更高的关注度，但实际上全球气候传播的新闻生产逻辑仍然向经济更发达、传播主体更为多元的发达国家主体倾斜。

2. 引用方式变迁：多元主体的能动性激活

在引用方式上，本书对新闻来源中的代表性主体及其引用方式进行交叉分析，理解 UNFCCC 在引用不同主体的新闻来源时，倾向于引用它们的哪些信息类型（见图 3-5）。其中，最值得关注的是全球南方国家和全球北方国家的引用方式对比。

在对"减排政策"的引用上，全球南方国家和全球北方国家获得的关注差别不大。在对于减排"案例"的展示上，UNFCCC 更多展示来自全球南方国家和企业的减排案例，即来自新兴经济体所开展的减排、民生案例更容易收获全球重视。同时，UNFCCC 非常重视新型气候治理政策对于发展中国家居民生活改善所带来的积极影响，与这类国家相关的新闻经常与贫困、发展、改善等关键词联系，所报道的地区也多为经济不发达的偏远地区，报道倾向上负面案例居多。

而对于全球北方国家的报道则充分展示了碳减排措施对于城市生活的改善以及对于经济发展效率的提升，关注地区也主要是纽约、伦敦等先进城市。从报道倾向上来看，主要为正面案例，很少关注发达国家的气候灾害。但实际上，许多发达国家也同样面临着气候灾害所导致的

"返贫"问题，例如美国近年来愈发频繁的飓风问题与全球气候变暖所导致的洋流与气压异常有很大的关联，已经成为美国社会最为关注的社会议题。但在 UNFCCC 的实际报道中，此类报道角度却极少出现在有关发达国家的报道中。在全球南北方共同出现的新闻稿中，来自发达国家企业所开展的商业性援助被放大。欧美发达国家和地区擅长通过制定各类商业合作模式来参与气候治理，中国较为有代表性的民间环保组织阿拉善 SEE 也是由近百名中国企业家发起的，是中国民间较为有影响力的环保力量，其最初名为阿拉善 SEE 生态协会，2008 年正式注册成为阿拉善 SEE 基金会。[①]

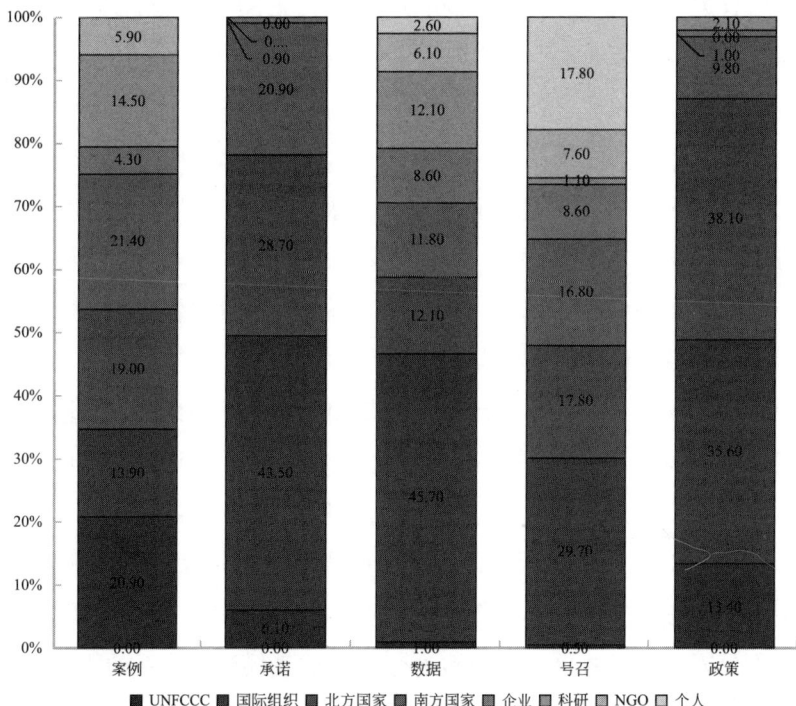

图 3-5 UNFCCC 对不同传播主体的引用方式分布（n=1180）

---

① 关于阿拉善 SEE 的发展历程，可参考杨鹏（2012）。

在 UNFCCC 的新闻稿中，对于中国、印度等发展中国家所开展的"南南"气候合作与气候援助在 UNFCCC 官网中近乎"绝迹"。中国早在 2015 年就向全世界宣布有关气候变化南南合作的"十百千"倡议，即在发展中国家建设十个低碳示范区、一百个减缓和适应气候变化项目及一千个应对气候变化培训项目。[①] 此类援助活动的全球意义并不亚于很多欧美国家所开展的"华而不实"且广受批评的气候援助，但在 UNFCCC 这一全球气候传播核心舞台中却被忽视。

因此，即便是作为"中立"的工具型领导，UNFCCC 在开展全球传播过程中也存在以欧美"他者"眼光看待发展中国家的情况。正如本书第一章有关"知识"发展历史部分所论述的，UNFCCC 新闻稿中隐含的知识关系与发展传播学中美式现代化的"知识"话语非常相似，即来自西方的治理技术和理念具有先进性，可以也应当被推广至全世界（李金铨，2019），使此类观念在 UNFCCC 的全球气候传播理念中得到延续。

这其中所存在的问题值得思考，发展传播学出现的根本原因在于西方式现代化的全球性扩张，背后有深层次的经济、政治和文化因素存在，虽然进入 90 年代后，早期古板、固化的发展传播理念逐渐走向没落，但其背后的价值话语在当前全球治理的各个领域仍然存在。当前国际组织在气候援助领域并没有建立起明确的援助评价体系，因此通过新闻稿回溯可见，当前 UNFCCC 所关注的许多援助项目并没有真正产生影响力，更多是为凸显西方国家技术优势所搭建的宣传手段。

可见，对于发展中国家而言，突破既有全球传播中的"发展"框架一方面有赖于气候话语权的增强，包括在公共外交、媒体建设方面做出更有针对性的传播活，同时也有赖于全球气候治理体系的不断完善，建立科学、公正的气候治理合作模式，让全球南方国家更"可见"。世界银行诞生于 1944 年，经历了马歇尔计划、国家独立潮等全球性发展

---

① 澎湃：应对气候变化国际合作中的中国身影 . 2021 年 11 月 4 日，检索于：https://m.thepaper.cn/baijiahao_15238185.

事件，在知识共享体系的建设方面也更加成熟（徐佳利，2020）。相比之下，全球气候治理体系诞生至今不过 30 年，发展中国家真正参与到气候治理之中更是不到 20 年，各主体间在利益诉求、话语表达以及建设性合作方面缺乏完善的机制建设，也导致了国际组织所开展的全球气候传播向原有的权力不均衡模式倾斜。

在对于国家"承诺"的引用上，全球北方国家明显高于全球南方国家。其原因有二：一方面，巴黎气候变化大会之后，"自下而上"的治理模式要求国家自主提出贡献承诺，UNFCCC 也减少了对于国家主体的关注；另一方面，受不同国家基本国情影响，全球北方国家一般都较早提出减排承诺，尤其是在 2015 年《巴黎协定》之前，因此这类国家在一开始就受到较多关注。而发展中国家提出减排承诺主要在 2018 年之后的第三阶段，例如中国在 2020 年 9 月提出碳中和的"双碳"目标，但在这一阶段，UNFCCC 在全球气候传播上的关注度早已转向企业主体，对国家主体的承诺关注度远不如前。中国的"双碳"目标在亚太地区以及全球南方国家群体中获得了广泛关注，但甚至没有在 UNFCCC 官方新闻稿中获得专门提及。而同一时间美国纽约市政府发起的"环保单车"活动却被报道多次，其报道偏向性不言而喻。

以上分析结果说明，当前全球气候传播的发展阶段超前于发展中国家参与全球气候治理的参与阶段，这种阶段性差异加重了发展中国家在全球气候传播体系中的劣势地位。当前全球气候治理推进的一个重要前提是发达国家在资金技术上给予发展中国家一定的缓冲空间，保证发展中国家在维持自身发展与生存的基础上有序地参与到全球气候治理当中。考虑到"传播"代表着"治理"中的资源流动，全球气候传播是否应当延续这一模式，在发展中国家积极参与全球气候治理之时给予其更多的发声空间，从而调动其积极性，这需要 UNFCCC 进一步对其全球气候传播系统进行改革。

另外，全球南方国家的多元主体在全球气候传播中活跃度明显不足，尤其缺乏活跃媒体和企业的参与，在这方面明显逊于美国、英国等老牌国家。美国无论是退出《巴黎协定》还是重返《巴黎协定》都有多篇新闻稿进行报道，纽约市前市长、彭博集团创始人布隆伯格（Michael Bloomberg）等也善于利用各类气候变化"媒介事件"获得关注①，这类新闻价值恰好符合全球气候治理动员城市、企业以及个人等多元主体参与到气候治理中。相比之下，南方国家虽然在政策和案例方面获得关注，但这类案例实质上也是由全球北方国家的民间组织所推广的，全球南方国家之间并未建立起自身的气候治理合作网络，也很难在全球气候传播中获得更高可见性。即便是 UNFCCC 提高了对全球南方国家的关注度，企业等多元主体的"默不作声"也使得全球南方国家很难在气候传播中真正建立话语权。

三、国际组织框架下全球气候传播南北平衡困境

本章对全球气候传播中的一个重要领导类型——工具型领导进行考察，着重理解其在知识把关层面的结构型领导职能。作为工具型领导的 UNFCCC 在全球气候治理中的地位和功能是稳定的，特朗普在 2017 年和 2025 年两次就任美国总统，均签署法案要求美国退出《巴黎协定》，但其难以要求美国退出 UNFCCC。退出《巴黎协定》对美国而言在法律上很简单，退出 UNFCCC 则需要经过美国参议院审核，因为一旦退出就意味着美国在全球治理中的领导作用和威信将极大丧失，未来无论哪位总统上台，美国大概率一直是 UNFCCC 的缔约方，而 UNFCCC 也会一直保持其领导地位。

本章在气候传播框架下对 UNFCCC 的主体角色做进一步延伸，将

---

① 美国纽约市前市长迈克尔·布隆伯格多次被联合国任命为"气候变化特使"。特朗普第一任执政期间，布隆伯格曾自掏 450 万美元，替美国政府履行气候协定。

其视为 COP 等全球气候传播舞台的信息把关者。笔者认为，UNFCCC 除了在联合国框架下与其他国际组织和国家等政治主体保持合作外，其全球气候传播的"把关"职能受到全球气候治理的结构框架、既有全球传播权利体系等因素的影响，虽然近年来 UNFCCC 有意考量全球南方国家的利益诉求，并任命多位来自发展中国家的政府官员进入其核心领导圈层工作，但受到不同国家治理阶段的差异以及发达国家在气候传播专业性等方面的影响，在实际的全球气候传播工作中很难真正做到平等，在气候形象的建设上仍然存在向发达国家倾斜的情况。具体来看，本章主要有以下几个研究发现。

（一）全球气候传播的"去争议化"

国际组织在全球气候传播中到底扮演了何种传播角色，这是既往气候传播研究未曾回答的一个问题。对此，笔者检视了工具型领导类型在全球气候传播中的具体职能和话语倾向，首先分析了当前全球气候治理的基本结构，论述了当前气候治理体系下，工具型领导所主要面对的结构性矛盾。接下来对全球气候治理中的典型工具型领导——UNFCCC 进行案例分析，就其如何定义全球气候治理进行检验。

研究认为，首先，源于国际关系研究中的"工具型领导"概念在全球传播，尤其是全球气候传播中有重要的阐释价值，但需要对其进行延伸和适配。在当前的全球气候传播中，作为工具型领导的 UNFCCC 主要关注全球气候治理的政策和科学层面，将全球气候治理定义为一种治理过程以及科学实践，以此参与到全球气候治理的协商过程当中，其更多是"知识的放大者"以及"新政策和新治理术的鼓励者"，更注重显著知识，也就是科学知识的传播。

其次，作为工具型领导的 UNFCCC 很少实际参与到全球气候传播的政治协商中。就最近的格拉斯哥、沙姆沙伊赫气候变化大会来看，UNFCCC 在联合国气候变化大会之外的协调中越来越关注气候科学的推广，或是推进东南亚国家联盟、非洲南部国家等地区性国家联盟内部的合作。虽然南北关系是当前全球气候治理的主要矛盾，但反映在气候传播及议题建构上，UNFCCC 会刻意避免这种冲突性。既有研究显示，发展中国家在开展全球气候传播过程中经常强调气候治理的政治合作性与冲突性，例如将中美气候治理上的合作纳入中美政治关系的框架下（康晓，2016）。从本研究的实际检验来看，这一点在以工具型领导为主体的全球气候传播中恰好相反。在以国际组织为核心的传播框架下，未来我国应具体采用"冲突性"框架还是"建设性"框架开展全球气候传播，须根据具体语境进行进一步判断。

最后，UNFCCC 在全球气候传播中的"去争议化"倾向有其负面影响。去争议化的气候传播忽略了全球气候治理的历史语境，无论在气候治理的发展阶段还是话语权建设上，发展中国家都大幅落后于发达国家，将全球气候传播视为一种"科学事件"会自动提升发达国家的可见性、忽视发展中国家的正当诉求。参考 20 世纪 90 年代之后的全球贫困治理，中国等国家依靠国家发展模式对全球脱贫作出极大贡献，相比之下，世界银行不仅未能在全球脱贫进程中作出实际贡献，反而在其所专注的非洲地区遭遇惨败。这种失败一方面反映在非洲贫困率的持续飙升上，另一方面也体现在这些地区在接受世界银行的援助后却没有建立起相应的经济发展结构，经济增长动力几乎为零。其困境来源便是世界银行当时以西方国家为"科学模版"，忽视了相关贫困国家的政治能动性和协商地位，而全球气候治理必须规避这一缺陷。

（二）全球南方国家在气候传播中的"阶段性错位"

那么，在 UNFCCC 所主导的气候传播格局下，中国应当采取何种相匹配的传播策略？回答这一问题需理解当前全球气候传播话语格局的变迁与走向。作为全球气候治理的具体决策和行动机制，UNFCCC 在为多元治理主体提供协商平台的同时，也引导并平衡着全球气候传播的

话语分配。这两者的逻辑并非完全一致，在 UNFCCC 编排的全球气候
治理网络中，全球南方国家受到更多关注，但在全球气候传播中，这种
数量优势被全球北方国家的结构性优势所稀释。以往研究并未区分"气
候治理"与"气候传播"两者在资源协调中存在的差异，笔者认为，两
者看似均以"权威缺失"为主要逻辑，但在具体细节上，相比于更具公
开色彩的气候治理"外交"舞台，气候传播中的权力话语不平衡更加隐
蔽。在知识的选择与放大功能上，2009 年以来的 UNFCCC 呈现两个趋
势和困境：

一是意图协助全球南方国家发声，但仍戴着"有色眼镜"看待全
球南方国家的气候成就。相比于在气候治理中一直走在前列的全球北
方国家，UNFCCC 一直争取鼓励全球南方国家参与到气候治理当中，
从《巴黎协定》开始，全球南方国家政府引用比例逐渐赶超全球北方国
家政府。笔者对相关新闻文本的检索也发现，UNFCCC 在对不同类型
国家政府的引用方式上存在偏好，以 2020—2021 年的新闻重点为例，
UNFCCC 重点关注了美国拜登政府重回《巴黎协定》的新闻事件，却
选择性忽视中国提出的"双碳"目标战略对于广大发展中国家的重要影
响。总结来看便是：虽然引用了全球南方国家更多的案例，但这些案例
主要还是发达国家技术和模式的推广与复制；虽然引用了全球南方国家
的数据，但这些数据主要是发展中国家因气候变化所导致的受灾数据，
而非像全球北方国家一样，主要引用来自这些国家政府的行业和科学
数据。

二是增加对企业主体的引用反而固化了全球北方国家在气候话语
中的优势地位。在 UNFCCC 的气候文本中，企业主体超越 NGO 甚至
是国家政府，成为 2018 年以来最受关注的报道对象。巴黎会议召开
后，全球气候治理进入全面布局以及"自下而上"的气候治理阶段，
UNFCCC 越来越重视企业主体在碳减排中所推行的各类政策及其全球
商业领导力。但目前来看，获得关注的企业、科研院所以及 NGO 多来

自全球北方国家，中国企业和科研院所缺乏有效发声。既往研究将气候传播视为一种国家传播行为，但从美国在 UNFCCC 气候传播中的可见性来看，即便是美国自 2016 年以来在气候治理上的国家行为也受到诸多争议，但美国企业在气候传播中的可见性及活跃度却远超其他国家。值得注意的是，除美国企业以外，其他国家的企业在美国所设立的分公司或者分部门也非常积极地参与到美国商业界有关气候变化的行业协会当中，此类自发主动的商业合作模式恰恰是中国企业所缺乏的。

总而言之，以《巴黎协定》为界，气候治理经历了从关注"国家"到关注"私营主体"的转变，使得以"社会引领"为治理逻辑的全球北方国家在当前的全球气候传播中稳固了优势地位，这一结构偏向来源于全球气候治理的议程变迁，有其历史动因。相比之下，中国等南方国家在气候传播中并未紧跟这种议程变化，企业多元主体缺乏能动性，获得较少关注，存在"阶段性错位"。对此，中国须合理利用以 COP 为代表的气候治理结构，加大力度建构更广泛的媒体网络合作关系，优化国际气候传播话题选择和议程设置。

（三）气候话语的知识偏向

内容分析发现，在"权威缺失"的全球气候治理格局下，UNFCCC并没有如预想的那样建立起中立和权力真空的全球气候传播体系，在传播理念与模式上受到西方国家媒体话语影响更大。虽然 UNFCCC 一直试图平衡气候传播的权力格局，但其在默会理念层面更符合西方国家气候传播的惯例与模式，这与现有全球气候治理的结构性因素以及既有全球传播体系的权力偏向有关，这其中包含更为隐蔽的知识霸权。

本章也进一步说明了在全球气候传播中，"默会知识"对于"显著知识"的强大塑造能力。以 UNFCCC 为例，其全球气候传播理念整体上延续了西方国家 20 世纪 70 年代流行的发展传播话语模式，在这一话语模式下，西方国家在治理理念与模式上天然具有先进性，这也是发达国家希望在全球气候传播中被全球所看到的一面，其气候传播理念也就自然导向科学与政策等微观的"治理术"层面；而发展中国家对于气候治理的历史与政治诉求则往往被忽略。这也是为何当前气候治理新技术、新政策不断革新的当下，全球气候治理却难以推进的原因，发达国家借助其结构性的气候话语优势在全球树立起援助者的角色，发展中国家争取发展需求的声音被"妖魔化"为"不负责任"，两者的角色对比加深了发展中国家在气候谈判中的不利地位。

理论方面，本章在全球气候传播研究中引入"工具型领导"和"把关"等概念，对以国际组织为核心的全球气候传播进行探索性考察。以往研究将国际组织视为一种相对透明、权力均衡的治理场域，但本章发现，国际组织在以新闻"把关"为代表的气候传播环节上存在政策、经济的诸多考量，有其权力和知识偏好。不能仅关注国际组织传播工作的宏观结构，而是需要从细节之处对传播中的"气候政治"做深入理解。

总而言之，通过对 UNFCCC 这一工具型领导在全球气候传播中的表现，我们对全球气候传播核心舞台有了初步了解，对当前全球气候传播的总体发展趋势也有了初步判断。但因为 UNFCCC 在全球气候传播中无法对其他政治主体进行直接干预，本章并未对全球气候传播的多元主体差异和互动方式进行进一步考察，对此，还应对各减排主体进行进一步的分析。第四章将就此问题进行深入了解，理解作为碳排放主体的"结构型领导"在全球气候传播中的具体策略与互动表现。

第四章

全球气候传播中的
国家间协商

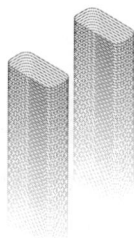

　　本章将主要关注全球气候传播的核心行动者——气候领导国家及其所属的气候治理国家集团，全球气候传播的核心重点就是这些治理主体之间所开展的协商过程，理解这些治理主体在气候传播中如何开展话语建构是建构全球气候传播图景的基础工作。本书第一章提到，既有研究主要从媒体和公众的微观视角切入，思考国家间的气候传播模式差异，这在吉登斯眼中被视为无法突破气候治理"事后思考"的局限，忽视了政治主体在全球气候治理中的框架作用。近年来兴起的"战略传播"研究将国际传播与战略传播从过去的"媒体中心"转向至政府、企业等组织主体的研究重点上，回应媒体以外的多元主体在全球治理中的知识生产差异与互动模式，以选择有针对性、分众化的传播策略（童桐，2024）。因循这一转型，本章视国家政府以及国际组织为传播主体，考察其在全球气候传播过程中在新闻、公共外交以及外交话语上的知识表现，并基于此建构出以国家和欧盟等国际组织一类"结构型领导"为主体的全球气候传播体系。

　　前文提到，全球气候治理的核心议程是敦促国家开展行之有效的减排政策，因为国家政府所实行的经济和社会政策直接影响着本国碳排放标准水平与参与全球气候协商的国家定位。因此，全球气候治理就是各国基于自身利益在国际舞台开展协商的过程，在这种协商过程中，各国根据自己的发展水平、利益诉求决定碳减排的责任分配。当前全球气候治理处于"权威缺失"的现状之下，反映在全球气候治理的格局上，国际社会正处于气候合作的"十字路口"，各治理集团缺乏基本共识，不管是减排责任分配，还是技术发展方面，都出现了越来越多"小院高墙"式的俱乐部机制和技术脱钩问题。"小院"就是指气候治理的群体集团化，具有相同利益的国家形成谈判统一阵营；"高墙"则是指不同阵营之间的利益差异越来越大，合作空间正在变小。

在此背景下，大国都试图在全球气候治理中建立自身影响力，首先在自身所处的国家集团之中成为领导者，代表所处阵营参与到全球气候谈判中，例如德国之于欧盟，中国之于"基础四国"和"中国 +G77 国集团"，然后借由国家集团的影响力来建立与维持和其他国家集团的互联，开展竞争和协商。

这一背景下，我们如何思考国家参与下的全球气候传播格局，第一章的梳理给出了初步线索，在全球治理领域，与 UNFCCC 等国际组织不同，国家扮演的主要是一种结构型的领导，这类领导者会基于自身利益与权力地位参与到全球治理协商当中，将自身在治理网络中所处的特殊位置及掌握的治理资源转化为谈判筹码，发挥在气候协商中的杠杆作用，推动谈判方向。例如欧盟在气候治理当中便是这种先驱者，基于技术和经济优势在气候治理网络中占据重要的关键节点位置。

结构型领导者的这种领导模式也体现在其全球气候传播的知识结构之中，如国家对气候问题的定义类型由其利益趋向所决定：小岛屿国家联盟倾向于将气候变化问题定义为一种"生存"议题；而欧佩克（Organization of the Petroleum Exporting Countries，OPEC）等依赖油气资源出口的国家集团则尽量缩小气候治理的外部压力。不同国家集团的这种定义如何影响当前全球气候治理的基本格局，全球气候治理中的几个重要国家和国家集团又分别在全球气候传播中起到何种领导作用？基于此，这一部分研究将以国家作为分析单位，理解几个重要的国家和国家集团如何在全球气候传播中建立自身的领导地位。

一、全球气候治理的国家谈判阵营

国家等政治主体的气候传播策略来源于其在实际全球气候治理中所处的位置。全球气候政治的治理结构在形成过程中出现了诸多以国家为组成单位的气候政治群体，如以全球气候政治领导者自居的欧盟、俄罗斯和其他转型经济体国家、"中国+G77国集团"、"伞形国家"（Umbrella Group）、"环境完整集团"（Environmental Integrity Group）等等。在这其中，欧盟、中国+G77、小岛屿国家联盟以及伞形国家是最需要重视的几个国家阵营，这些国家阵营依据自身利益需求和碳实力基础形成了相对应的领导模式。

（一）典型全球气候治理国家集团

具体而言，欧盟是全球气候治理和碳减排中发展最为成熟和先进的地区，建立了较为成熟的碳市场制度，也是全球气候治理的政治合作中心，其中尤其以法德作为代表，这两个核心国家无论是在全球气候合作还是在内部减排政策上都颇具雄心。但对于欧盟而言，气候治理中一个重要短板便是其能源政策，欧盟国家在能源上极度依赖俄罗斯等外部能源来源，一旦发生地区冲突，欧盟的气候和减排目标也将受到打击。这一点在2022年年初爆发的俄乌冲突中尽显，面对欧盟的经济制裁，俄罗斯立刻拿出其杀手锏——能源供应——来应对欧盟的政治和经济威胁，"断供"天然气在欧盟内部引发诸多矛盾，甚至致使部分国家不得不调整其碳中和目标的时间点。欧盟在气候公共外交方面一直奉行"一致行动"原则（张莉，2016），包括德法以及脱欧之前的英国都是全球传播中的老牌强国，在全球气候传播方面的发声力最强。

伞形国家包括美国、加拿大、澳大利亚、新西兰、哈萨克斯坦、挪威、俄罗斯、乌克兰及日本等非欧盟发达国家和一些发展中国家，由于在地图上的连线像一把伞状，因此被称为伞形国家。这些国家在总体碳排放或人均排放上都排名靠前，但在气候政策上却并不积极。例如美国的布什政府和特朗普政府都曾退出联合国框架下的气候合作公约。多数伞形国家受到气候变化的影响都不大，但是迫于全球舆论压力以及未来可能面临的气候风险，又不得不作出实际行动进行减排，因此这类国家的气候政策常常出现左右摇摆的尴尬局面。但就近10年的气候政策来看，即便是俄罗斯这样的高纬度国家，在气候政策上也逐渐走向积极。这些国家的一个重要特点是，基础实力雄厚，拥有大量全球性企业，这些主体时常会代替政府去开展全球气候传播，以塑造商业界的全球气候领导地位。值得注意的是，相比于欧盟与"中国+G77"等治理集团，伞形国家更多是一种类型概念，这些国家只是在某一阶段的气候政策和气候利益上存在相似之处，因此也更为松散。当前在提及伞形国家时，一般将美国、澳大利亚、新西兰、日本等在政治利益上"绑定"的国家视为一个整体。

"中国+G77"代表着气候治理谈判阵营中的两种国家类型：一是以中国、巴西、印度、南非为代表的四个大国，它们共同组成了气候治理的"基础四国"（BASIC）；[①]另外也包括G77国集团中数量众多的规模相对较小发展中国家，G77国集团在最初成立时只有77个国家，现在其成员数量早已超过100个。值得注意的是，"基础四国"（BASIC）和"金砖四国"（BRIC）两者在成员和含义上，是不同的两个概念。2009年11月，面对气候变化这个全球议题，中国、印度、巴西与南非四个最主要的发展中国家走到了一起，首度携手"崭新亮相"。在哥本哈根大会开幕前夕，印度、巴西、南非代表曾齐聚北京，共商这次气候大会上的基本立场，四国就开始被冠以"基础四国"。四国在发布会上一致认为，气候变化谈判应该在《联合国气候变化框架公约》《京都议定书》

---

① 关于基础四国的背景信息，详见附录2。

《巴厘路线图》的框架下进行。"中国 +G77"在当前全球气候治理中所
面临的主要问题有二：一是与发达国家就减排的历史责任进行协商，争
取自身更为平等的发展机会（巢清尘，张永香，高翔，王谋，2016）；
二是面对发达国家在未来可能基于低碳标准所制定的一系列经济规则，
发展中国家又不得不及时跟进，避免在未来的"低碳经济"竞争中处于
不利地位，因此这些国家不得不通过该机制与发达国家展开沟通（黄以
天，2021）。

小岛屿国家联盟（Alliance of Small Island States，AOSIS）是一个
低海岸国家与小岛屿国家的政府间组织，成立于 1990 年，其宗旨是加
强小岛屿发展中国家（Small Island Developing States，SIDS）在应对
全球气候变化中的声音。AOSIS 早在 1994 年《京都议定书》谈判中推
出第一份草案之后便已相当活跃。截至 2025 年年初，AOSIS 共有来自
全世界的 39 个成员及 4 个观察员，其中有 37 个联合国会员。该联盟
代表了 28% 的发展中国家，以及 20% 的联合国会员总数。这些国家的
一个重要特点便是占据全球气候治理的道德高位，斐济便是其中一个
典型代表。这些国家虽然没有全球性媒体，但其领导人在全球气候治
理舞台中却十分活跃，是典型的个人"工具型领导"角色，他们会基
于 UNFCCC 等国际组织所建立的全球气候传播网络拓展自身的影响力，
这一点在 UNFCCC 官方网站频繁发布的有关这些国家的新闻报道中便
可看出。可以说，小岛屿国家联盟虽然在国际关系中话语权力较弱，却
是全球气候传播中不可小觑的重要领导力。

总而言之，欧盟作为一个整体，一直积极参与气候谈判并采取气
候行动。伞形国家中的两个重要大国为美国和俄罗斯，美国的气候行动
与政策易受国家执政党的影响，国家层面的政策存在波动和不连续性，
地方政府、城市和企业一直积极采取气候行动；俄罗斯认为气候变暖可
能有利于其经济发展，对于全球气候治理的态度不是很积极，但在近年
有所转变。小岛屿国家联盟易受全球气候变暖导致海平面上升所带来的

生存危险，特别关注气候变化，希望获得资金支持。而以中国为代表的发展中国家则希望全球气候治理能够坚持"共同但有区别的责任"的原则。

（二）全球气候传播中的结构型领导模式

在全球气候治理中，参与协商的国家主要扮演的是结构型领导的角色，与无强迫性执行权力的国际组织不同，国家主体的减排政策对全球气候治理的推进有着实际影响。且由于国家之间存在着复杂的利益关系，在气候合作之外，国家之间可能同时存在能源交易、经济上的往来（黄以天，2021），这加剧了全球气候治理网络的复杂程度。例如，即便国家间在气候政策上存在相似之处，且经济结构匹配，但出于地缘政治冲突考量，两国可能还是难以在气候议题上达成合作，例如俄罗斯和日本便是这种关系类型。

结构型领导者会将物质资源转化为讨价还价的筹码，这里的物质资源既包括政治施压、经济援助，也包括技术转让、政治承诺等（季玲，陈士平，2007）。结构型领导者会拥护那些似乎很适合他们所代表的国家利益的制度安排（Young，1991），通过结盟等方式建立统一的协商阵营，这便是气候治理中国家集团形成的原因。在领导所属阵营共同体开展气候治理时，结构型领导下模式还存在两种具体的领导策略，一种是权力型领导，另一种是定向型领导。

权力型领导建立在国家实力之上，当一个国家有能力对其他国家部署政治、军事威胁或提出援助承诺，方可成为权力型领导。虽然这种领导模式的目标主要在于维护行为者的自身利益，但在执行过程中必须与一些共同利益的概念相结合才能最终形成领导力（Andresen & Agrawala，2002）。因为常常以自身利益为出发点，且具有一定的威权主义特征，权力型领导与外部的合作关系常常是不稳定的。换言之，权力型领导并不是真正通过模范效应所树立起来的，更多的是一种利益交换。

定向型领导主要指在气候治理中树立榜样的政治主体,他们需要提出能够解决全球问题的实际方案,廉价的象征性的行动不具备领导能力,定向型领导必须作出一些实际牺牲才能够使这种领导力更加可信。定向型领导一般实力基础较为雄厚,在相应的治理领域走在前列,如欧盟;或者是在某一类型国家中处于领导地位,并希望通过全球治理扩大自身影响力,2009年之后的中国对于广大发展中国家而言也具备这种特质。相比之下,定向型领导所需的实力基础意味着小岛屿国家联盟不会成为全球层面的定向型领导,因为这些国家虽然具有道义上的优势,但其经济体量、政治影响力有限,难以对国际社会产生广泛的示范效应。

不同国家所践行的领导策略影响其在全球气候治理格局下所能够获得的资源和信任。在碳实力的基础上,这种领导策略主要体现在其对于知识的分享和把握中,包括其是否在科学政策上起到带头作用,是否在制度示范上获得全球认可。值得注意的是,不同领导模式之间并不是完全互斥的,在不同的政策阶段,国家所扮演的领导角色会产生摇摆。全球气候治理最终的目的是达成"共意",这一点已经成为权力型领导和定向型领导的共有认知。从知识协商的视野来看,这种共意的基础便是"共同知识",包括默会知识、显著知识和共识,而不同国家具体在哪类知识中产生共识或者差异,这是本章所要关注的问题。

二、以国家为核心的气候传播关系网络

气候传播是由国家、国际组织、企业、科研院所等多元主体所组成的"关系网络"(余文全,2022)。基于各治理主体在国际社会的受关注程度,这种治理关系经由传播者的把关、筛选,形成一个存在于全球气候传播中的合作网络(Yang,Wang & Wang,2016)。这个网络的形成要有两个条件:第一,治理主体真正开展了与其他主体之间的气候合

作，这是网络形成的基础；第二，其所开展的这种气候合作在国际治理
舞台获得了可见性。

在考察全球气候传播中的结构型领导时，不仅要从传播策略层面
去理解这些国家的领导力角色和作用，更要对其在实际气候治理格局下
所处的政治位置进行考察，理解其所属气候治理国家阵营所扮演的实际
角色。当前的全球气候传播网络是否能够反映全球气候治理的真正格
局，在全球气候治理的传播网络中，不同国家集团处于何种领导位置，
其对其他多元参与主体产生哪些影响，回答这些问题能够更为深入地理
解这些政治主体在全球气候传播中的结构型领导作用。对此，本节将以
上研究困惑转化为一系列学术问题：不同国家谈判阵营及政治和多元主
体在全球气候传播网络中处于何种位置？全球气候传播网络中的领导关
系如何呈现？

考察气候传播网络中的领导关系对我国开展气候传播工作具有战
略意义，有助于我们理解当前全球气候治理中多元主体的互动情况，即
哪些国家集团、企业在气候治理舞台中获得关注，他们之间形成了何种
关系结构，哪些主体之间合作紧密，哪些主体之间缺乏联系。思考以上
问题，能为我国在未来开展气候战略传播提供更有针对性的意见。例如
有研究对中美新闻媒体所建构的中美气候公共外交网络进行考察，发现
随着两国在气候议题上合作的不断深入，即便受到中美政治关系存在不
稳定性因素的影响，中美气候公共外交网络中的企业主体合作密度一直
在不断增加（Yang，Wang & Wang，2017），这体现了气候合作在全球
治理中的"破圈"价值。

笔者选取 UNFCCC 框架下的全球气候传播网络作为考察对象，理
解全球气候传播中各结构型领导之间的传播关系。在第三章中笔者已论
述，UNFCCC 作为工具型领导，在全球气候传播中具有权威把关作用，
也决定了其所映射的全球气候传播网络更能够反映全球气候传播的真实
现状。相比于新闻媒体，UNFCCC 在对全球气候治理网络的呈现上更

具有代表性。与具有国家立场的媒体在信息把关上有所取舍不同，以 UNFCCC 为代表的国际组织在呈现这种合作网络时往往具有更少的主观偏见，能够更为清晰地呈现这种合作网络的原貌。COP 等重要会议作为全球气候治理的核心舞台，可以检验各政治主体开展全球气候传播的效果，是鉴定各政治主体气候影响力的重要标准，能够说明这些国家气候传播工作是否在国际舞台获得可见性。国家与其他主体相连越多，说明政治主体在全球气候传播中地位越高，在全球气候治理中的网络位置越重要。

但需要强调的是，这种网络仍无法完全反映全球气候治理各个国家、NGO 等多元主体之间的实际合作关系，因为很多合作关系可能没有以新闻报道的形式进入 UNFCCC 的统计范围内，这里包括但不限于众多处于"灰色地带"的气候谈判行为。虽然 UNFCCC 在气候谈判期间发挥着重要的中介和平台作用，但其无法参与到所有国家的双边或多边外交活动中，并非气候谈判的实际推动者。气候谈判之所以能够获得推进，更多是因为国家在气候谈判之前便达成了妥协（赵斌，2018）。

（一）案例研究设计

与第三章案例部分所使用的研究材料相同，本节的分析数据来自 UNFCCC 官方网站的新闻，研究摘取的数据范围为从哥本哈根气候变化大会到埃及沙姆沙伊赫气候变化大会，即 COP15 召开前至 COP27 召开后，时间跨度为 14 年，通过分层抽样抽取 720 篇新闻稿为研究样本。[①] 本研究将新闻稿中所有参与主体进行分类编码，更加清晰地呈现不同类型主体之间的互动方式。研究对新闻稿中所出现的新闻事件进行编码，将新闻中的事件双方转换为"主体—主体"二元关系，最终组合形成全局网络。值得注意的是，同一新闻稿中不一定仅有一对事件关系主体，

---

① 抽样方式参见第三章第二节研究方法部分。

在少部分新闻稿中，出现了两对或者三对主体间关系。

在具体分类上，参考国际关系研究中对于气候治理集团的分类（赵斌，2018），以及前人对气候传播中多元主体类型的划分方式（Yang, Wang & Wang，2017），对新闻文本进行测试编码。在分析过程中，为增强网络的清晰程度，本研究在对引用来源的划分上将"基础四国"从"中国 +G77"中独立出来；接下来，结合不同主体在新闻稿中的出现频率最终确定编码类目，将所有新闻稿中所出现的主体划分为国际政府组织、国家及国家集团、企业、科研单位、国际非营利组织（NGO）以及个人六大类，共 19 个主体类型（见表 4-1）。

表 4-1　UNFCCC 治理框架下所出现的全球气候治理多元主体

分类	主体	说明
国家	基础四国（BASIC）	包括巴西、南非、印度、中国。将基础四国与 G77 单独拿出更能考察这几个国家在这一阵营中的领导力，更具分析价值
	G77	与实际的 G77 不同，在本研究中主要指除了"基础四国"以及"小岛屿国家联盟"以外的发展中国家。排除小岛屿国家的原因在于，G77 在成立之初内部就出现了一些分化，小岛屿国家与 G77 其他成员的异质性更大，且占比较小
	小岛屿国家联盟（AOSIS）	该联盟有 39 个国际成员，由于受到气候变暖的影响最大，在全球气候治理舞台中较为活跃
	欧盟	规模最大的发达经济体，最早试水气候治理的国家集团，在此领域走在全球前列
	伞形国家	包括美国、澳大利亚、日本等发达国家，以及俄罗斯等发展中国家
	全球北方国家	除欧盟、伞形国家之外的全球北方国家
	全球国家	主要指文本中出现的 UNFCCC 等组织在气候大会上对"全球国家"的呼吁、要求，泛指国际社会

分类	主体	说明
国际政府组织	综合性政府组织	主要指联合国总部一类的综合类国际组织
	UNFCCC	联合国气候变化框架公约
	政府间经济合作组织	包括欧佩克、北美自由贸易协定等合作机制
	政府间环境合作组织	包括各类政府组织的地区性气候合作协议以及国际政治机构
企业	欧盟企业	来自欧盟国家的企业
	伞形国家企业	伞形国家企业，编码中发现主要为美国企业
	南方国家企业	基础四国、G77以及小岛屿国家联盟企业，统计后发现在网络中的数量极少
	全球商业界	全球性行业组织以及以文本中出现的"全球企业"
科研单位	欧盟科研单位	欧盟国家科研单位，编码中仅出现了来自欧盟国家的科研单位
	全球科学界	主要为跨国科研单位
非政府组织（NGO）		以绿色和平为代表的非政府组织
个人		既包括女性、土著等特定人群，又包括以个人身份出现的环境活动者，如瑞典女孩格蕾塔·通贝里

（二）各主体间的全球气候传播互动网络

基于前文提出的对全球气候传播主体的识别，笔者通过编码共识别出 671 条国家、企业、国际组织等主体间的合作关系，并使用软件 Gephi 进行可视化，生成全球气候传播的全局网络（见图 4-1）。如前所述，COP 会议从框架与平台二元维度出发，引导多元治理主体就气候治理进行互动、协作（张丽华，刘瀚阳，2023），其所映射的气候传播网络更具全球气候治理意义上的参考价值。

基于此，本研究对全球气候传播中的气候治理行动者关系网络进行绘制，回顾气候传播网络的整体分布情况。同时对各主体在网络中的

度中心性和中介中心性进行测算：前者关注主体在网络中的活跃程度；
后者则关注主体在网络中的结构位置重要性，对应值越高，意味着该主
体越能够在网络中起到"桥梁"作用。相关研究结果如表 4-2 所示。

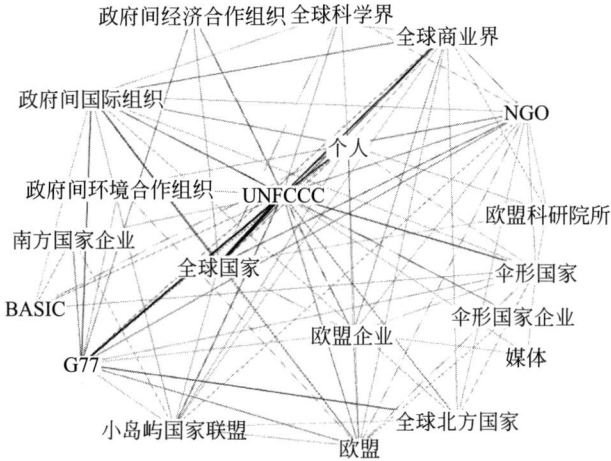

图 4-1　2009 年以来全球主要气候行动主体合作网络

表 4-2　全球气候传播中的多元主体网络结构重要性排名

排名	度中心性	中介中心性
1	G77	个人
2	政府间国际组织	NGO
3	全球商业界	政府间国际组织
4	个人	G77
5	NGO	欧盟
6	欧盟	全球商业界
7	伞形国家	伞形国家
8	全球北方国家	欧盟企业
9	小岛屿国家联盟	小岛屿国家联盟
10	欧盟企业	全球北方国家

分析发现，代表"全球南方"国家利益的 G77 国家集团受到的关注最多，与其他治理主体联系紧密。对此的解释是，一方面由于 G77 国家数量巨大，另一方面也呼应了 G77 在全球气候治理中始终受到广泛关注的客观现实。值得注意的是，包括中国在内的基础四国作为碳排放大国，天然拥有气候治理的优势性结构权力，即其碳排放量总和位居世界前列，人口总量占全球三分之一，在气候谈判中享有主动权，但在本研究所涉及的两项网络评价指标上，基础四国均未进入前十。此外，在气候治理实践中，基础四国虽然与 G77 国家呈现更相近的利益诉求与行动需要，但从图 4-1 所示的合作网络来看，基础四国并未与 G77 国家产生直接联结，虽然中国、印度在新闻文本中受到颇多关注，但多以单一新闻报道对象出现，缺乏与 G77、小岛屿国家联盟等其他国家集团的互动与共现，网络位置因此相对边缘。此外，结合现实博弈格局，尽管基础四国与 G77 在气候议题上有着天然的共同利益，但美国、澳大利亚、欧盟等发达国家或地区同样意图与 G77 等国家集团增加联系，以减少中国等全球南方大国的影响力，这股对抗性力量也在一定程度上弱化了基础四国在合作网络中的影响力。

进一步来看，在发达经济体中，欧盟的影响力高于以美国为代表的伞形国家，且对企业、NGO 以及科研院所均有重要影响，是全球气候治理的重要领导者。相比之下，伞形国家主要着力与其他国家主体建立关系网络，与 NGO、企业、科研院所的联系较少。但与此同时，以美国为代表的伞形国家中存在着大量活跃的、在全球范围内影响广泛的 NGO、企业与科研院所，其往往以美国政府"代理人"的身份与外国政府合作。可以说，伞形国家政府与其民间主体分别从两条实践战线出发，在全球范围内开拓、积累其气候传播与治理的效力。

此外，"个人"和 NGO 主体在中介中心性这一项指标中位居前二，足以说明其在全球气候传播网络结构中的独特重要性。这两类气候行动主体能够在全球气候传播中发挥重要的斡旋与中介作用，原因在于近年来 COP 大会日渐重视在气候传播与治理结构中纳入宏观主体之外的微观个体,个人意见领袖和部分影响广泛的 NGO 便成为组织动员普通人的关键桥梁。

整体而言,依托 COP 会议形成的主流气候传播场域中,在气候谈判中处于同一阵线的基础四国和 G77 并未在气候传播网络中形成议题上的紧密联结,缺乏共同发声,这一研究结果也揭示出中国等基础四国与 G77 在 COP 等全球性气候治理舞台上的气候传播合作仍有极大的探索空间。

除此之外,从本研究所总结的全球气候传播合作网络来看,欧盟仍占据绝对优势地位,其与企业、NGO 等多元主体的密切合作是其主导地位稳定的核心原因,这与其长期以来对气候技术和国际治理的大力投资密切相关。结合议题倾向来看,欧盟有意利用其在气候传播与治理领域的引导力、影响力缩小全球南北方国家的责任争议,将气候治理塑造为一种全球南北方国家的无差别"共同责任",这一话语导向在其近年来面临"能源危机"之后更加显著。

另须注意的是,小岛屿国家联盟在气候治理中的高度活跃,正使其从全球气候治理"明星国家"逐渐发展为全球气候传播的重要"中间地带",并因此被视作全球气候传播合作网络中的大国必争之地——近年来欧美国家与小岛屿国家联盟在气候媒体报道上的频繁合作也进一步佐证此点。中国等基础四国与小岛屿国家联盟的有限对话、合作也因此急需被正视与突破,从而确保未来气候传播与治理工作处于合理的权力结构与秩序之中。

笔者同样注意到,中国虽与广大的 G77 国家一直保持友好往来,但在媒体传播方面相对欠缺、自主发声未获广泛传播的局面下,相关合作互动在当前传播场中的解读与定义往往会带有消极与批判色彩。例如来自欧美国家的气候援助在 COP 搭建的气候传播空间中始终享有高可见性与正面性,但中国在"一带一路"倡议下对全球南方国家所开展的以基础设施建设为核心的气候援助却被形容为"经济入侵"。两方对话的受限也使得广大全球南方国家在全球气候传播中一直未能形成"合意"与"合力"，因而阵营难以有效提出共同、合理的利益诉求，在气候传播的"议程框架"方面较之全球北方发达国家自然缺乏显著优势。

接下来，本节以哥本哈根、巴黎、卡托维兹三次气候变化大会为阶段性节点，对 2009 年以来三个阶段 UNFCCC 气候传播所反映的全球气候传播合作网络进行分析，理解全球气候传播中的关系网络在不同阶段的侧重变化。

1. 以联合国为核心的气候斡旋网络（2009—2013）

哥本哈根世界气候大会，全称为《联合国气候变化框架公约》第 15 次缔约方会议暨《京都议定书》第 5 次缔约方会议，于 2009 年 12 月 7—18 日在丹麦首都哥本哈根召开，此次会议标志着人类社会正式进入"碳减排"时代。来自 192 个国家和地区的谈判代表召开峰会，商讨《京都议定书》一期承诺到期后的后续方案，即 2012—2020 年的全球减排协议。网络分析（图 4-2）可见，在这一阶段，虽然各类参与主体基本

图 4-2　2009—2013 年全球主要气候行动主体合作网络

出现在网络中，但各节点之间联系不紧密。其中，欧盟作为最早建立气候治理体系的国家，是唯一与多个治理主体相联系的国家。另外，第一阶段网络稀疏的原因也来自这一阶段 UNFCCC 和各发展中国家并未开展专业化的气候传播。这一阶段的新闻文本主要为秘书长的演讲稿，并未对气候治理中的具体案例进行关注，但这类演讲稿也更具分析价值，因为其均为联合国相关组织领导人在世界各地发展的演讲，是联合国在全球范围内进行气候斡旋的产物，更能直接体现当时气候合作的真实面貌。

2. 多元主体参与的能动网络（2014—2017）

从 2014 年起，全球气候治理进入"后巴黎时代"。《巴黎协定》是由全世界 178 个缔约方共同签署的气候变化协定，是对 2020 年后全球应对气候变化的行动作出的统一安排。《巴黎协定》的长期目标是将全球平均气温较前工业化时期上升幅度控制在 2℃以内，并努力将温度上升幅度限制在 1.5℃以内。这场气候会议参与主体众多，从国家到企业主体，全球气候治理的参与主体类型达到峰值。并且在这一时期，全球气候治理正式从"自上而下"转变为"自下而上"的治理阶段，各国开始自主制定减排目标。

《巴黎协定》后，全球气候治理进入全面布局阶段。巴黎气候变化大会的召开使得全球气候治理进入活跃期，多元主体之间的合作也更加明显（见图 4-3）。UNFCCC 开始向全球国家和公民发出关注全球气候变暖的呼吁，并发起了对 G77 国家的动员。这一阶段，全球气候治理的主体更加多元化，引入媒体、科研院所等主体。尤其是在 UNFCCC 等国际组织的鼓励下，全球商业界开始成为活跃主体，发达国家企业开始将气候治理视为全球企业所必需履行的责任类型。这说明"自下而上"的气候治理目标激活了多元主体参与气候治理的热情，这也是这一会议最初想要达成的结果。

另外，小岛屿国家联盟在这一时期开始活跃起来，与企业、个人等主体产生联系，成为气候传播中的重要协调者。同时，"媒体"作为一个主体类型首次出现在这一时期的气候合作网络中，这里的媒体并非指在新闻稿中的引用来源，而是真实参与到气候治理体系转型中的媒体，包括 BBC 等媒体在全球范围内开展的气候传播的专业培训项目，帮助发展中国家建设气候传播专业性等，这些活跃行动也奠定了 BBC 在气候传播媒体领域的领导地位。值得注意的是，在研究分析的整个气候传播网络中，来自英国的媒体在气候治理舞台活跃最频繁，美国、法国次之。相比之下，来自发展中国家的媒体近乎"绝迹"。

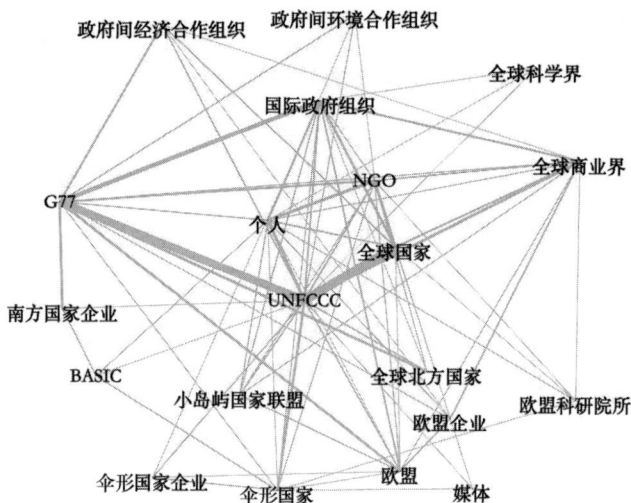

图 4-3　2014—2017 年全球主要气候行动主体合作网络

3. 发展中国家登场治理网络（2018—2024）

2018 年在波兰卡托维兹召开的第 24 届气候变化大会是继巴黎气候大会后最重要的一次会议，是决定《巴黎协定》目标能否实现的关键契机。本次大会围绕《巴黎协定》规则、提升全球气候行动力度，以及气候资金等问题展开磋商，为各国在 2020 年前更新国家自主贡献奠定基础。以此为起点，在第三阶段，美国退出《巴黎协定》，伞形国家影响力缩小，全球商业界行动者占比逐渐提高。但 2020 年新冠疫情开始，全球气候治理工作因人员流动的暂停而走向停滞的一年。因此这一时期，国家间气候治理活跃度降低，气候合作网络密度较低。但这种合作网络低密度也存在另一种解释，近年来，随着金砖机制、G7、G20 等国际合作机制的崛起，此类合作机制越来越成为气候传播的重要战场，在一定程度上"分流"了 UNFCCC 的协商空间（见图 4-4）。

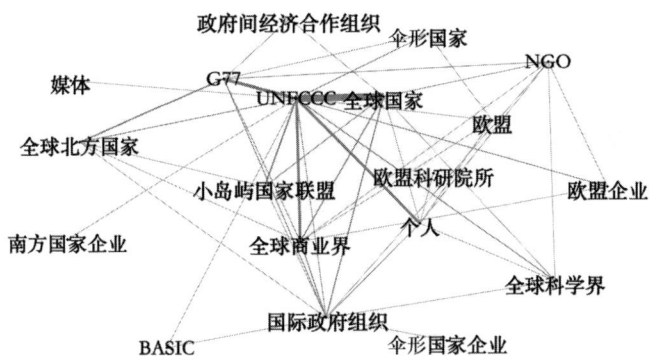

图 4-4　2018—2023 年全球主要气候行动主体合作网络

2024 年 11 月 11 日，阿塞拜疆巴库气候变化大会（COP29）召开，被誉为落实《巴黎协定》的"关键时刻"，中国在会前提出应切实加强国际团结合作等基本立场和主张，并解决全球如何"落实"气候治理的雄心等问题。这要求各国摒弃单边措施，并将企业、NGO 等多元主体纳入全球气候治理框架下。值得注意的是，这一时期以中国为代表的广大发展中国家积极提出气候治理的减排承诺。但由于这一时期以"自下而上"的治理模式为主，UNFCCC 以及西方国家已经开始进入气候治理的具体动员阶段，主要关注企业等多元排放主体的减排政策，对国家主体的关注呈下降趋势，因此以基础四国为代表的政治主体在这一时期实际上仍未获得更多关注，这呼应了本书第三章所提出的发展中国家在全球气候传播中存在的"阶段性错位"问题。

总体而言，UNFCCC 所映射的全球气候传播网络总体上能够反映当前全球气候传播的基本格局，体现后哥本哈根三个阶段的全球气候传播变迁。但从 UNFCCC 框架下的全球气候传播网络结构中我们也能发现部分问题所在，即本应在同一阵线的基础四国和 G77 并没有在气候传播网络中形成更为紧密的联结，这一方面可能由于 UNFCCC 更多地关注来自西方国家的气候合作新闻，忽视了广大发展中国家之间的气候合作；另一方面也在于基础四国与 G77 国家在气候合作过程中并没有开展卓有成效的气候传播工作，导致发展中国家之间给人一种"缺乏合作"的印象。

从更深层次的国际关系动因来解释的话，虽然哥本哈根气候大会上发展中国家群体形成了较为紧密的发声共同体，并且小岛屿国家联盟也支持与众多发展中国家一个阵营，但在谈判后期，G77 内部也产生了一些争论，例如小岛屿国家联盟希望中国、印度等发展中大国承担更多的气候责任（Plagemann & Prys-Hansen，2020）。因此即便是同一阵营内部，其利益诉求也可能存在差别，这些微小的立场差异可能在部分国家摇摆立场中引发蝴蝶效应。而检视这些国家在气候传播中的细微差异能够更好地把握全球气候传播的走向。

相比于伞形国家以及欧盟，全球南方国家之间的多样性更强，如何构建共同叙事以强化共同体认知，始终是全球南方国家间对话的一大挑战，其内部网络的松散与疏远也成为不可回避的现实难题。现存挑战之下，当前我国在"双碳"议题传播工作中主要强调气候传播宏观政策度的战略导向或也将面临其局限性：广大全球南方国家在制度层面千差万别，制度话语并不如科学话语那样通约性更强。因此，未来是否继续以现有气候传播模式开展合作，仍需进一步考虑。为了进一步分析这些微小的差异，第三节将分别对全球气候传播中的重要政治主体进行单独分析。

三、全球气候传播中的领导型国家类型学

在把握以国家为主体的全球气候传播网络结构基础上，本节继续考察不同领导类型在气候传播中的知识结构差异。以此回答，各气候治理阵营中的领导国家分别以何种定位开展全球气候传播？各气候治理阵营中的领导国家在全球气候传播中如何定义全球气候变暖治理，存在哪些知识层面的差异？

本节的主要分析材料为各个国家的外交部或政府官方新闻部门对外发布的新闻文本。外交部作为一国对外交往的官方渠道，所召开的新闻发布会以及官方发布的新闻稿毫无疑问具有官方层面的代表性意义。笔者通过考察发现，全球气候治理中的多数领导型国家都有外交部或类似职能部门的官方新闻网址。美国的外交工作主要由国务卿负责，其对外发布的新闻内容主要上载至白宫网站，在既有研究中被当作考察该国全球传播与国际传播策略的重要新闻来源（Lee & Lin，2017）。欧盟并未建立面向公众与国际社会的新闻板块，其有关全球气候治理的文本多存在于政策文本中，因本研究主要关注各政治主体开展的气候传播行动，不将此部分文本纳入分析当中来。

话语是处于特定情景下的文本，强调语言与规则、关系以及结构之间的关联（陈阳，2012：253-254）。笔者选择语义网络分析为研究路径，对各政治主体的气候话语进行分析。迈克吉（Michael C. McGee）提出的"意指概念"（ideographs）理论认为，一些被特定发明或者挑选的概念或者符号，具有建构事物的功能，并且能够建立特定的意识形态（McGee，1980）。例如中国环境治理中的"$PM_{2.5}$""全民义务植树""垃圾分类"等环保行动或事件便存在着这种知识赋权过程（刘涛，2017）。当特定的符号出现在文本中，我们可以借由文本概念背后的话语所指来理解不同国家在面对气候议题时所惯用的权力解读模式，碳中和、净零

等概念的"出场"预示着新话语权力的生成，也为传播主体带来了知识赋权。

语义网络通过考察词语与词语之间的共现关系，确定文本生产者对新概念的定义、建构方式以及背后的话语构成。而外交文本作为国家主体塑造其外部形象的重要出口，具有表述国家政策方针、对外关系声明等重要作用。笔者选取各国外交部官方网站对外公布的新闻文本，将其作为分析材料，通过语义网络和高频词的呈现，回溯文本内容进行话语分析等方式，理解气候治理中几个重要国家在气候传播中的领导策略。

在关注议题方面，为更清晰、具体地理解不同国家的知识解读差异，笔者选择关注后根本哈根时代全球气候治理的一个具体的核心议题——"碳减排"。在第一章的论述中本书已经提到，后哥本哈根时代全球气候治理的一个核心特征便是"责任政治"下各国就"碳减排"议题所产生的治理争议。"碳减排"是全球气候治理的一条准绳，"自下而上"各国自主制定减排计划后，政治主体在何种议题下、以何种角度解读"碳减排"，对于理解其全球气候传播领导模式具有参考意义。

在分析步骤上，本研究引入类型学（typology）的分析路径，遵循"具体—抽象—具体"的分析步骤，首先对各国的已有气候传播实践进行概括，接下来与气候治理等学科进行类型学对话，最后回归全球气候治理场域中的国际传播实践，连接各国家气候外交文本与现实领导模式，初步探索全球气候治理语境下国际传播的实践类型。

（一）案例研究设计

笔者选取中国、美国、德国、法国、澳大利亚、斐济、新加坡、AOSIS、UNFCCC 共九个国家或国际组织的官方"新闻补贴"作为分析样本。所谓"新闻补贴"是战略传播和政府公关用语，指政府部门对外发布的官方新闻稿，供全球媒体报道所使用。因为是政府部门制定产出的新闻文本，是不经过媒体二次解读的初始官方文本，因此相比于媒体文本，其权威性更高，适合本研究所关注的政府主体的气候传播研究。

笔者选取不同气候治理谈判阵营中的代表性国家进行分析。首先，选取中国作为"中国+G77"的代表性国家，原因在于，多数G77国家都是领土面积较小的发展中国家，在全球气候传播中难以争取自身权益，而中国自哥本哈根会议开始就代表发展中国家在国际舞台发声，是公认的发展中国家气候领导。

其次，选取美国和澳大利亚为伞形国家的代表性国家。美国是公认的世界第一强国，与中国、欧盟共同被视为全球气候治理的三大决定性政治主体，重要性不言而喻；澳大利亚也有其代表价值，相比美国在碳市场建设方面更加超前，在碳交易等气候治理的机制建设上处于前列，大堡礁的生态破坏以及澳洲丛林火灾等自然灾害也使得澳大利亚国内对于气候变化的讨论一直是热点。

最后，对于欧盟国家的考察则转化为对德法两个代表性国家的考察，由于欧盟官方网站没有建设全球传播的专门发布渠道，因此无法单独将"欧盟"作为研究对象。德国和法国是欧盟的核心二国，其政策偏好影响着整个欧盟的发展方向（陈扬，2019）。两国在2019年签订《亚琛条约》后，其战略合作也更加稳定（王志强，戴启秀，2019）。且欧盟在全球气候政策上保持"一致行动"原则，而德法两个欧盟主要国家的气候传播最具代表性。笔者对比两国的全球气候传播文本后，发现两国气候政策与气候合作模式类似，因此放置在同一语义网络中进行分析。

同理，本研究将斐济、新加坡和AOSIS三者外交部网站的气候传播文本放在同一语义网进行分析，斐济作为AOSIS中最具影响力的国家之一，代表小岛屿国家联盟参与全球治理核心舞台。新加坡是小岛屿国家联盟中的发达国家，也是小岛屿国家联盟的代表性成员之一，其气候政策向小岛屿国家联盟进行倾斜，同时作为发达国家，其气候传播工作表现出更强的规范性，因此一同纳入分析；最后本研究同时加入 UNFCCC 这一"中立"的工具型领导，作为对比组分析，理解国家主体与国际组织在气候传播中的关注点差异，以此更为清晰地界定不同政治主体的领导模式。

研究材料均来自各个国家或国际组织的官方网站。在对比各种检索词的检索结果后，研究选取最佳检索方案，以"climate change+carbon"为检索关键词，搜索数据不设置初始时间，数据收集截至埃及沙姆沙伊赫（COP27）召开后。通过 Python 进行数据抓取，并对数据进行人工清理，最后搜索结果为：中国 718 篇文章（https://www.fmprc.gov.cn/）；美国 976 篇文章（https://findit.state.gov）；澳大利亚 1094 篇文章（https://www.foreignminister.gov.au/）；UNFCCC 共发布 1643 篇文章（https://unfccc.int/）；AOSIS、新加坡、斐济共 178 篇文章（https://www.aosis.org/；https://www.mfa.gov.sg/；https://www.foreignaffairs.gov.fj/）；德国、法国共 159 篇文章（https://www.auswaertiges-amt.de/de/；https://www.diplomatie.gouv.fr/en/）。

在所有的分析文本中，仅中国的新闻文本为中文，其他均为英文，由于外交部官网在 2022 年 10 月网站进行改版，2019 年以前的英文新闻文本均无法检索，研究人员通过对比现有文本发现，中英文文本在内容及发布时间上一致，为直译版本，因此选择中文文本进行分析。

本研究通过 Python 对分析文本进行词语矩阵呈现。在算法选择方面，研究采用"以核心词汇为网络中心"的矩阵算法对文本进行分词，而非直接计算词语间的网络，这种分词方法可以避免因为文本内容过多可能造成的分析结果不理想等问题。在具体分词步骤上，由于气候治理存在诸多专有名词，笔者进行了两轮分词：第一次分词后筛选出部分没有被识别出的专有词汇，将其纳入分词词典，并进行第二次计算，最终得出研究结果。为清晰呈现各国对于"碳减排"这一责任政治理念的建构，研究者在数据呈现中适当提高"碳减排"等核心词汇的可见性。最后将文本矩阵导入可视化软件 Gephi 进行可视化，并计算高频词汇。

在具体分析步骤上，本研究沿用话语分析的基本步骤，首先结合语义网络与具体所指向的新闻文本，对研究结果进行描述；接下来，结合不同语境下的政策背景对这些气候传播文本进行进一步阐释，理解这种话语实践的来源；最后分析全球气候传播话语与各个领导者领导实践之间的关联。

笔者在分析过程中发现，参考气候治理水平与国家立场，各政治主体的全球气候传播实践具有典型性，各谈判阵营的气候传播知识结构与权力和定向两类领导模式具有一致性，进一步说明了领导模式概念在全球气候传播中的参考价值。因此，研究以领导模式为分类标准，对本研究关注的几个国家和政治主体的全球气候传播分别进行阐释。

（二）美国与澳大利亚：典型的全球气候传播"权力型领导"

在全球气候治理中，作为伞形国家的美国和澳大利亚是典型的"权力型领导"（赵斌，2018），这一特质也体现在其在碳减排议题下的全球气候传播中。美澳两国官方气候报道鲜明地向内部经济、政治利益进行偏向，但在各类气候灾害发生或是大选时期，又会偶尔偏向激进的气候政策，在国内利益与全球共同利益之间摇摆。从语义网络呈现的结果来看，美国和澳大利亚在全球气候传播的领导策略上存在些许不同，虽然都有将"碳减排"与国内经济政治议题相联系的倾向，但根据国内政治议程走向与气候治理具体立场的不同，两者的全球气候传播话语在议题丰富性与开放性上各有侧重（见图 4-5 与图 4-6）。

在美国的全球气候传播语义网络中，"碳减排""气候变化"与美国国内各类社会议题关联性较高。例如"总统大选"这一国民事件常常与"碳减排"共同呈现，这是因为美国历次总统大选中，气候政策都是选民所关注的一个重要话题，从奥巴马政府开始，气候变化与堕胎、大麻合法化、控枪等问题共同成为美国大选最为关注的政治议题（史安斌，童桐，2022），这一点在我们所分析的语义网络中也有体现。同时，美国是唯一一个在政府气候传播文本中多次提及 NGO 的国家，NGO 在美国社会中参与环境行动的活跃度较高，而政府也将其视为参与气候治理的有效手段。在美国社会的环境治理系统中，政府、NGO、公民社会被视为环境治理的"三角主体"。这对本章的结论而言是一个补充，在全球气候传播合作网络中，美国虽并没有与 NGO 等多元主体相连，在其国内的气候传播中却显示出对 NGO 主体的重视，这些 NGO 主体也主要被放置于"政府—公民社会—公众"的社会三元风险沟通框架下（考克斯，2016：28-36），而非面向国际社会的全球气候传播框架下。

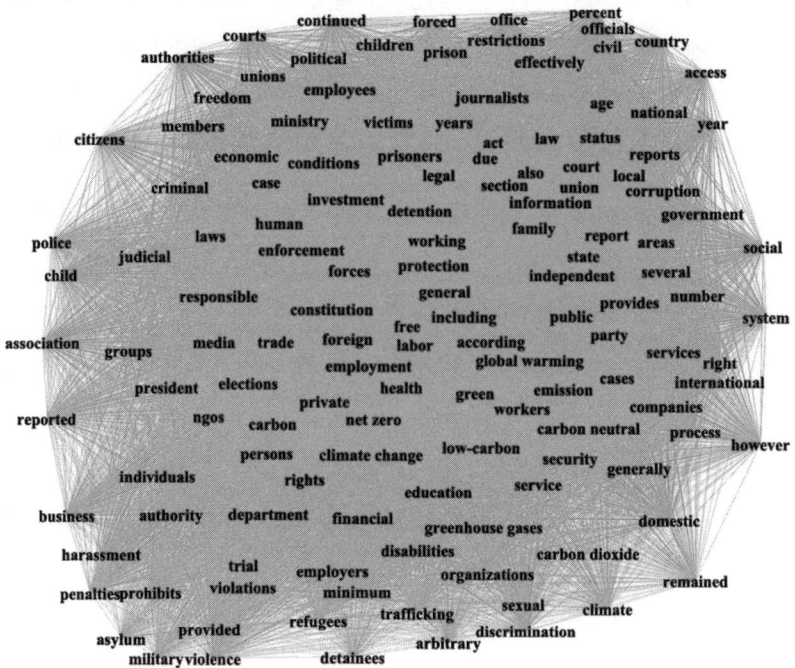

图 4-5　美国白宫有关"碳减排"的新闻文本

在美国官方气候传播的语义网中，并没有其他国家作为高频词出现，这说明对于美国而言，气候议题的全球属性被淡化，其更倾向将气候变化作为一种国内议题。面对国内舆论，美国政府虽将气候变化建构为一个"共同问题"，但这种"共同问题"是在美国作为全球领导者的背景下所建立起来的，即美国就等于"全世界"。2020年拜登政府上台后，虽然实行了较为积极的气候政策，但其气候政策的最大特点是将气候政策与产业、就业等经济议题联系起来（王波，翟大宇，2022）。因此从特朗普到拜登，再到特朗普重返白宫，虽然美国的执政党更迭对气候立场影响较大，但其关注国内经济的气候传播的基本底色却一直延续。

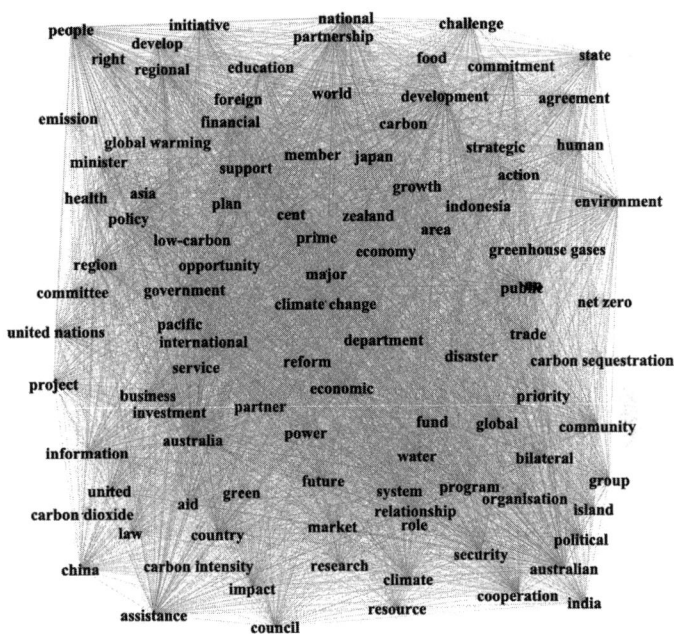

图 4-6　澳大利亚外交部有关"碳减排"的新闻文本

最后一个不能忽视的原因在于美国政府的外交话语惯例，美国的全球政策实际执行方针往往与其外交话语存在差别，这一点在美国政策研究中已经成为一种共识（尤泽顺，卓丽，2020）。美国虽然在气候传播中偏向国内利益，但并不意味其在外交场合不够积极。实际上依托其国内政策立场，民主党及共和党的部分建制派领导非常积极地参与全球气候治理，并将这种积极参与作为重要的国内政治筹码，以争取民众支持。但就目前可见的官方气候话语而言，美国政府层面的气候传播偏向也揭示了"权力型领导"的本质，即全球气候必须以服务本国利益为优先，气候治理的内部经济利益与外部全球利益相冲突是制约这类国家开展全球气候传播的重要因素。

澳大利亚在语义网络的呈现上与美国具有相似性，均将碳减排与国内"民生"议题和经济发展联系起来。但与美国不同的是，澳大利亚会强调与周边国家气候合作，尤其是澳大利亚"印太战略"部署下的重要国家，其气候传播文本的高频词中共出现了五个国家——中国、日本、印度、印度尼西亚和新西兰，与其在政治上合作更多的盟友国家如美国、英国并未出现在其气候外交文本中，所出现的几个国家均为与其在经济往来较为紧密且地理位置相邻的国家。中国和新西兰等国近年来出于碳减排压力减少对澳大利亚能源和矿产的进口，对澳大利亚经济带来了一定影响，并直接反映到了澳大利亚气候传播文本当中。这说明，与美国相同，澳大利亚在考虑气候治理议题时也倾向于从经济影响的角度思考气候议题下的对外合作。

2018—2022 年担任澳大利亚总理的莫里森（Scott Morrison）为维护澳大利亚国内经济发展，保持政府的稳定性，扶植了一系列传统能源企业，被国际社会认为"不负责任"（侯冠华，2020）。莫里森政府的气候政策在澳大利亚国内也引起了诸多争议，由于大堡礁受气候变暖影响严重，及近年来澳大利亚频繁遭遇森林火灾，民众对气候问题的关注度也显著提升；且澳大利亚早期建立起较为发达的碳交易市场，相比于美国，澳大利亚的全球气候传播呈现更强的"全球性"，摇摆色彩也更强烈。2022 年 9 月，澳大利亚通过了《2022 年气候变化法》，将气候目标定为：2030 年将温室气体排放量较 2005 年排放量减少至少 43%，并到2050 年实现净零排放。基于该法案，澳大利亚政府制定了净零战略的总体目标，其仍存在较为清晰的气候政策路线。

总体而言，在西方阵营中，美国和澳大利亚等代表性国家近年在气候议题上均存在"向内转"的趋势，这与自 2016 年以来相关国家民粹主义"抬头"的历史趋势一致，但全球各国频发的极端气候事件也对这种向内转话语走向起到一定冲击作用。对于此类国家而言，其气候策略多为螺旋式上升，领导模式的具体角色多不稳固，而理解相关国家的气候话语策略变迁需回到具体历史语境下，把握不同领导人、政治环境下的策略选择。

（三）中国与欧盟核心两国：定向领导的两种类型

与全球治理中的实际角色定位类似，中国和代表欧盟的德法两国在气候传播文本中呈现典型的"定向型领导"特质（见图 4-7 与图 4-8）。表现在于，两方均将"全球气候变暖"形容为一种需通过多边合作机制参与而解决的"共同问题"（common issue），并强调气候行动的重要性。在所属治理阵营上，两者分别为全球南方国家和全球北方国家的定向型领导，在发展水平以及谈判立场方面差异显著，因此在具体全球气候传播环节的领导策略实现上侧重点各有不同（曹慧，2015）。

分别来看，中国开展全球气候传播的特点主要有三：首先，在"人类命运共同体"概念范畴内，中国政府将气候治理与"一带一路""亚投行""亚太经合组织"等一系列经济倡议相联系，中国外交部的多数气候文本从经济发展的实际案例切入，探讨气候治理与可持续发展的执行性，显示出中国在参与气候治理中的务实风格；其次，中国在定义气候治理问题时倾向于将气候合作与"双边合作"挂钩，例如中美、中英、中非等双边关系在相关报道中频繁出现；最后，中国政府在气候传播中显示出较强的策略性，针对全球南方国家的气候传播中，气候议题常常与经济合作议题挂钩，被纳入"一带一路"在内的全球经济倡议的一部分，而针对全球北方国家的气候传播中，气候治理则是一种"政治合作基础"，例如在"佩洛西窜台"事件中，中国便暂停与美国政府的气候合作。

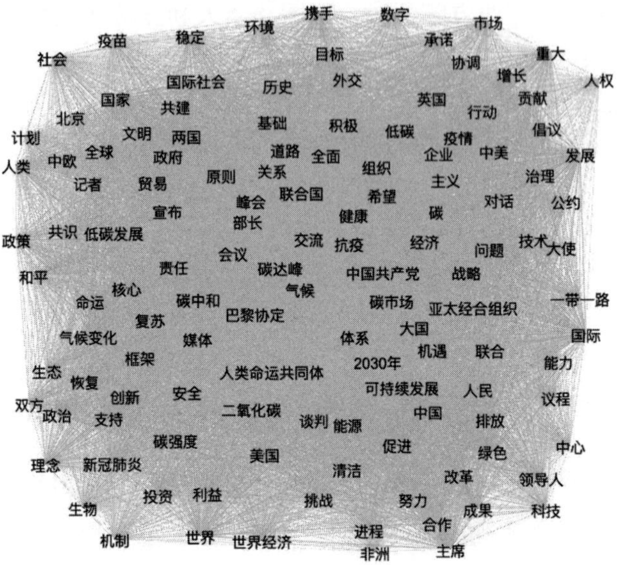

图 4-7　中国外交部有关"碳减排"的新闻文本

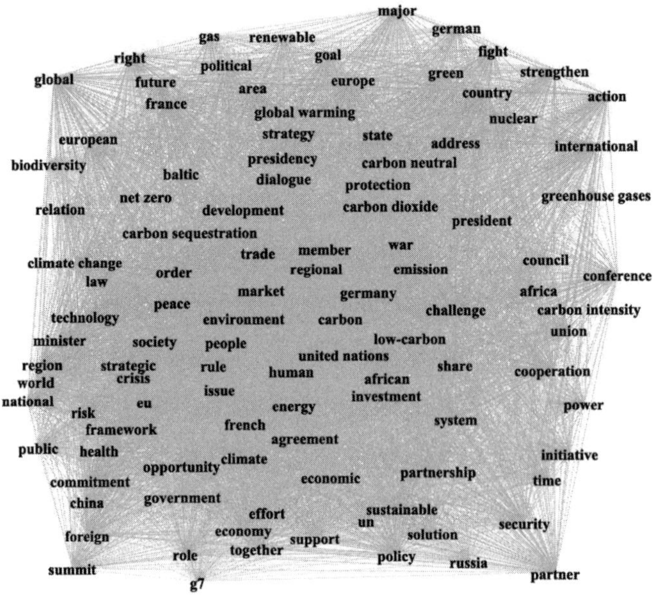

图 4-8　欧盟两国（法德）有关"碳减排"的新闻文本

中国在全球气候传播实践中的不足之处在于，在全球气候治理中缺乏对于"具体细节"的澄清，即多以国家主体身份对外发声，缺乏对于气候议题中多元主体合作细节的关注。这一定程度上是中国在全球气候传播上专业性的缺乏所造成的结果，有关碳减排和气候治理的文章多以宏观的外交话语形式呈现，很少触及专业性议题；相比之下，欧洲国家甚至是澳大利亚等国在外交部的官方新闻都会将各类专业词汇带入气候传播中。这使得在具体的气候传播表述中，中国重视政治性，西方国家重视政策性。另一个值得对比之处为，中国在开展气候传播中表现出"以政治合作带动气候合作"的特色，原因在于，当前气候合作中的南北责任协商，以及全球南方国家间的整体合作仍面对诸多政治壁垒，而中国是全球气候治理中的"决定性国家"，在 UNFCCC 等国际组织缺乏对"气候正义"的关注之时，中国必须在政治合作上作出表态，以引领其他发展中国家参与到气候治理当中。

与中国强调气候治理中的"双边"合作相比，德法两个欧洲大国更倾向于从"多边"援助的角度来定义自身的定向领导者地位，在气候传播中强调"知识共享"。在德法两个国家外交部的气候传播文本中，提及非洲和中国的次数较多，因为欧盟与这两个国家在气候援助上有诸多合作，存在"技术转让"等政策议程。与中国强调"一带一路"等国家战略框架下的气候合作不同的是，欧盟倾向于从具体的"技术"层面对气候治理合作进行探讨，其在气候传播过程中所关注的角度更为细致。

同时，俄乌冲突所带来的能源危机对欧盟的气候传播话语结构也影响明显，语义网中"安全""能源"等关键词出现较为频繁，其文本来源主要是俄乌冲突之后两国作出的政策调整，这说明"能源危机"是影响欧盟打造气候领导力的一个重要短板。俄乌冲突爆发的第一年内，德国经济因能源危机损失达 1000 亿美元，整个欧洲也在重新审视自身的能源政策[①]，试图减少对俄罗斯能源的依赖。这也是德法气候传播语义网强调合作的原因之一，意图通过广泛开展气候合作，寻找能源的替代来源，建立稳定的能源合作网络，并使碳减排政策存在更多缓冲空间。

结合前文对于 UNFCCC 气候传播网络的分析，为何在外交场合更强调多边主义的中国在气候传播中并没有呈现多边主义色彩（庄贵阳，薄凡，张靖，2018），一个可能的原因在于，当前多数发展中国家并未形成完善的气候治理体系，我国作为发展中国家定向型领导起到一种引导作用，在实际合作层面仍较为缺乏。而对于西方国家而言，出于地缘政治考量，其对中国与广大全球南方国家开展合作常常抱以警惕态度，很少在气候、科技等关键议题上与中国建立起多边合作。

（四）AOSIS 及 UNFCCC：中立的知识放大器

相比于权力型领导和定向型领导中的大国，小岛屿国家联盟（AOSIS）在领导角色上与 UNFCCC 更为相似（见图 4-9 与图 4-10）。国内研究对于小岛屿国家联盟在气候传播中的定位一直界定不清，很少关注这一"体量小"但在全球气候治理场域影响力巨大的国家类型。本书发现，在全球气候传播中，小岛屿国家联盟在气候传播的话语类型中并不属于结构型领导的任何一方，其角色定位与 UNFCCC 这一工具型领导更为相似，将科学议程视为传播重任，以中立者的身份参与到全球气候传播的话语构建当中。

在对"碳减排"议题进行呈现时，UNFCCC 和 AOSIS 的气候传播语义网络中都出现了大量科学专业词汇，试图放大这种科学议题的影响，建构全球气候治理的科学议程。在气候治理的政治、政策、科学三个面向中，科学话语往往是更为激进的话语类型（赵斌，2018），较多

① 新华社：《俄乌冲突及能源危机致德国损失逾千亿美元》，2023 年 2 月 20 日，https://baijiahao.baidu.com/s?id= 17584100006873050984&wfr=spider&for=pc。

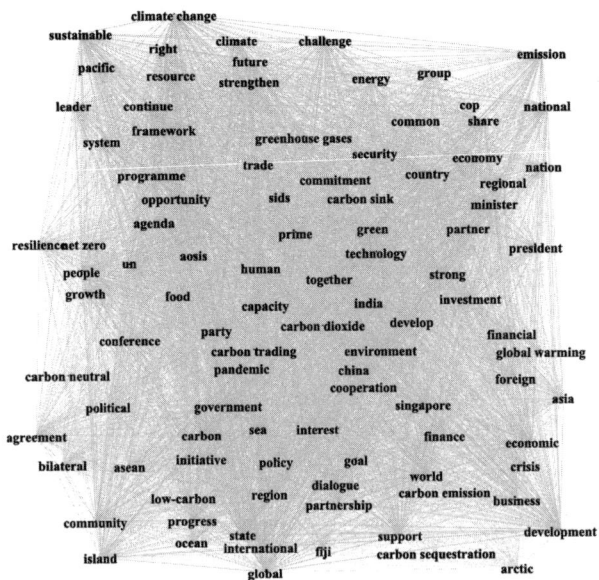

图 4-9　小岛屿国家联盟（包括斐济、新加坡以及 AOSIS）外交部门有
　　　关"碳减排"的新闻文本

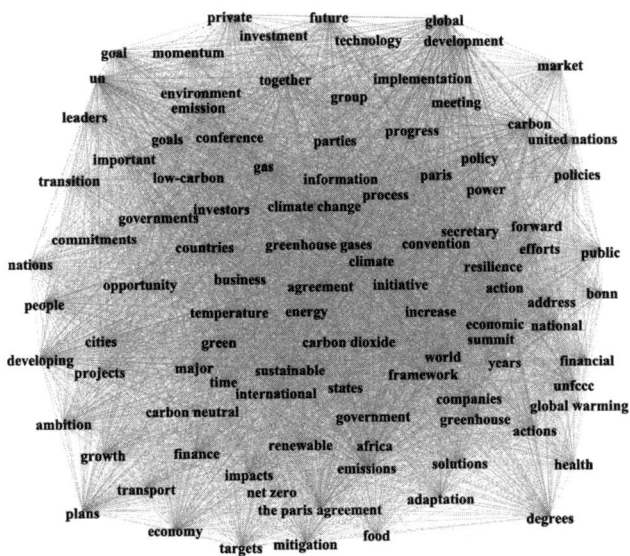

图 4-10　UNFCCCC 有关"碳减排"的新闻文本

使用科学框架开展全球气候传播也表明了小岛屿国家联盟对于气候治理紧迫性的考量。这为我们重新理解小岛屿国家联盟在全球气候传播网络中的位置提供了新的思路。近年来，中国、美国等碳排放大国都在积极争取与小岛屿国家联盟的联系，原因在于小岛屿国家联盟是全球气候灾害的最直接受影响者，与小岛屿国家联盟合作能够占据气候治理的道德高点。对于小岛屿国家联盟而言，气候治理的执行细节是其最为感兴趣的信息。

另一方面，小岛屿国家联盟与 UNFCCC 的相似性使得其成为国家主体中最有可能代理 UNFCCC 工具型领导的国家类型，这一点在当前的全球气候治理中也有体现。除了欧美老牌国家外，智利、斐济等国家也常常作为"斡旋者"出现在气候治理舞台中，并且 UNFCCC 的历任秘书长及其他任职领导人中来自这些小型发展中国家的比例也很高。UNFCCC 作为国际组织在气候治理中不能具有明显的政治倾向，但小岛屿国家联盟却能根据政治合作倾向，与其他结构型领导力进行合作，这使其成为国家建立全球领导力的一个重要中介，对于各方势力均有重要价值。

因此，小岛屿国家联盟已然成为全球气候议题上话语权争夺的关键领域。自 2020 年起，澳大利亚、美国等国家不断声称，小岛屿国家联盟的政府与媒体正遭受来自中国的所谓威胁，以此对中国进行施压。这些无端指责实际上反映了中国媒体在国际传播中的"有理难辨"处境。作为联合国常任理事国，中国在近年来小岛屿国家联盟所遭遇的多次自然灾害中，始终扮演着慷慨援助者的角色。小岛屿国家媒体对中国相关政治经济新闻的报道兴趣，并非源自中国媒体的影响，而是基于事件的新闻价值和对中国援助行动的认可。然而，正是由于中国未能充分向世界展示其在"气候援助"方面的贡献与故事，导致外界媒体误解为中国试图通过此类援助在地区施加影响力以谋取政治利益。

从 UNFCCC 的全球气候传播语义网络来看，自巴黎气候变化大会以来，UNFCCC 的碳减排气候传播语义网络中没有过多出现国家主体，高频词中仅有"非洲"出现。语义网中出现大量"政策"与"科学"词语，而"巴黎协定"一词的出现频率相当高，时至今日都是 UNFCCC 开展气候传播最常提及的治理框架。"自下而上"治理模式形成后，UNFCCC 对国家主体与政治话语的提及很难看到，再次说明其关注度早已下移至企业、城市等更为多元的气候治理主体层面。

（五）不同领导模式的知识分布差异

为更加清晰地分析各政治体开展气候传播的侧重，笔者对不同国家及政治主体在对"碳减排"进行探讨时的"高频治理理念词汇"和"高频科学词汇"进行分析。据此，首先分析各国家和国际组织全球气候传播文本中出现的全部高频词汇，考察传播主体在建构全球气候治理议题时所关注的核心议题，即气候治理与哪些外交内政问题相联，延伸思考不同主体在"默会"传播理念上的区别；其次，分析各国气候传播文本中的科学词汇，通过计算不同传播主体对这些核心科学词汇的使用频率，总结出各传播者在显著科学知识上的结构差异。

1. 全球气候传播中的制度理念差异

在全部高频词汇的使用上（见表 4-3），分析结果说明，对于气候治理具体词汇的使用方式主要与不同国家的领导角色模式相关。对于美国和澳大利亚两个伞形国家而言，国家利益、经济因素是气候传播的主要内容因素。尤其以美国为代表，其在气候传播中强调公众（public）的重要性，将气候变化与美国国内议题相并列。美国全球气候传播的巧妙之处在于，其经常能将对国内有益的各项气候政策建构为对全人类贡献巨大的"气候牺牲"，并以此维护其"全球领导"形象，如 2020 年拜登上任后推行的"清洁能源革命"等。

表 4-3　六个主要国家和组织有关"碳减排"的高频词呈现

国家 / 组织	排名前十高频词
UNFCCC	climate change, action, global, countries, emissions, energy, development, sustainable, support, the Paris agreement
中国	中国, 发展, 合作, 全球, 国家, 经济, 双方, 联合国, 疫情, 人民
美国	government, law, labor, rights, persons, public, authorities, country, children, human
AOSIS	country, Aosis, party, sids（小岛屿发展中国家）, island, emission, global, action, small, development
德国和法国	country, europea, energy, international, Europe, support, cooperation, security, policy, development
澳大利亚	Australia, development, government, country, support, trade, economic, security, policy, pacific

　　相比于美国对国内议题的关注，澳大利亚将碳外交的关注范围扩展到地区层面，即亚太地区。但在具体文本中不难发现，对亚太地区的关注也更多服务于澳大利亚国内的能源利益。以美国、澳大利亚为典型的伞形国家在全球气候传播中呈现鲜明的"内部性"或"地区性"。美国因为在外交事务上一直存在"孤立主义"的传统，虽然"二战"后逐渐走向"国际主义"，但自 2016 年特朗普上台，民粹主义抬头以来，其外交政策也出现了"向内看"，也就是"新孤立主义"的趋势（王宏波，2020）。澳大利亚在地理位置上孤悬于欧美国家和亚洲之外，"二战"后受到外部威胁的可能性减少，在外交上也一直存在着"地缘孤立主义"的传统，一直秉持着在维护地缘政治地位的基础上，与亚洲国家开展经济合作，保持相对独立的治理政策，并寻求维护美国的"庇护"及与欧洲的良好关系。

对于中国和欧盟两个定向型领导而言，在其全球气候传播的话语建构中，气候治理被归类于政府外交行为范畴，强调全球合作的重要性。这也说明了领导模式在气候传播中的解释力，即意识形态及制度差异并不是气候传播模式的决定性因素，中国与德、法两国虽然在政治经济制度上差异明显，但在领导模式上呈现一致性。经济发展程度相近的美国和德法两国在话语建构上却存在差异。

中国和德、法两国的另外一个区别在于，中国在全球气候传播中对联合国气候变化公约这一更宏观的治理框架提及更加频繁，倾向于在现有的全球气候治理框架下开展合作。相比之下，欧盟则更加独立，在气候传播中表现出"以我为主"的话语倾向。原因在于，欧盟当下仍然是所有治理主体中最具先进性的领导主体，在全球气候传播中显示出更强的引导性，有实力搭建属于自身的气候合作框架。

总而言之，不同主体对"碳减排"议题的解读存在着天然的利益倾向。与此同时，"孤立主义"等制度、治理理念差异也会内嵌到各政治主体的气候表达当中，两者可能具有一致性，也可能存在差异，并在特殊时期带来气候政策传播偏向的摇摆。

2. 全球气候传播中的科学用语差异

全球气候治理中的专业词汇众多，同一个概念在不同国家和不同时期都存在着不同的表述方式。对此，本书首先对气候治理中的专业词汇进行预先调研、初步分词、建立专业词汇词典，经过以上三个步骤确认这些文本中所出现的气候治理专业词汇，然后对其进行分析。

研究结果发现（见表4-4），在实际气候传播工作中，除了领导模式与立场等政治因素外，科学用语与专业化的气候治理模式差异也是各国全球气候传播的一个重要差别所在。不同国家在科学词汇上的差别成为各国气候传播寻求共同话语空间的一大壁垒。

表4-4　六个主要国家和组织有关"碳减排"的高频专业词汇

国家 / 组织	排名靠前的专业词汇
中国	碳中和，低碳，碳达峰，二氧化碳，碳排放，低碳发展
美国	carbon，emission，net zero，carbon dioxide，low-carbon
UNFCCC	carbon，net zero，greenhouse gases，carbon neutral，emission，global warming，carbon dioxide
AOSIS	emission，carbon，greenhouse gases，global warming，carbon dioxide，net zero
德国和法国	emission，carbon，low-carbon，greenhouse gases，carbon dioxide
澳大利亚	emission，carbon，global warming，greenhouse gases，low-carbon，net zero

　　在本章所关注的所有气候传播主体中，中国是唯一使用"碳中和"（carbon neutral）进行科学表述的主要领导国家，全球范围内，其他使用"碳中和"作为气候承诺的国家也是少数，主要是一些发展中国家。更多国家使用的是"净零"（net zero），两者虽然在基本原理上差别细微，但经由气候传播放大后，其传播壁垒凸显。在气候治理中，科学用语的差异在科学家社群中虽然可以得到消解，但在面向非专业公众的气候传播中，这种用词差异可能会使得相关国家的气候承诺难以获得理解，产生更为广泛的社会关注。

　　此外，欧美国家在气候传播中更多的使用"温室气体"（greenhouse gas）这一概念，而我国则主要使用"二氧化碳"一词，这与我国提出"碳中和"目标有关。温室气体的内涵外延更大，包含二氧化碳、甲烷、一氧化碳、氟氯烃及臭氧等三十余种气体。另外，在实际治理中，欧美国家很关注甲烷在气候治理中的问题所在，但在中国的气候传播领域却很少涉及，这也是全球气候传播中各国在解读科学知识中的一个科学议程差异。

　　在国内层面，我国以政府为主体开展"自上而下"气候传播工作，

"2060 碳中和"目标成为开展气候传播的主要议程，但这种以政策为核心的气候传播忽视了气候治理中所存在的诸多科学因素。全球气候传播中，科学家、科学媒体以及科学 NGO 往往占据了传播节点的关键位置，不同国家之间在气候传播的科学用语和具体表达上存在差异，而科学家、企业等正是弥补这一鸿沟的重要主体。关于这一问题，本书将在第六章进行具体讨论。

四、构建全球气候传播的国家坐标

本章从全球气候传播的网络结构、知识差异等视角对全球气候传播中的结构型领导进行考察，重点关注权力型领导和定向型领导两类结构型领导的传播差异，思考在全球气候传播的知识扩散过程中，不同领导模式如何基于自身的知识偏好对全球气候传播产生影响，结构型领导之间又形成了怎样的传播网络结构。

研究说明，"领导模式"中的"结构型领导"概念在理解以国家为主体的全球气候传播模式方面有其参考价值，各结构型领导在回应自身利益诉求的基础上，基于其治理理念、社会传统和气候紧迫性开展全球气候传播。理论贡献方面，"领导模式"可作为理解以国家为核心的全球气候传播差异的一个重要理论视角，不同领导者在气候传播中对于知识的选择与把握与其领导模式基本一致，但在具体气候传播环节可能会受到政治生态转型、气候灾难等突发事件的影响。具体来看，本章主要有以下发现。

（一）全球气候传播中的国家类型维度

在全球治理中，能否掌握议程设置权、发挥科学优势是国家获得领导力的基础（朱杰进，张伟，2020），但以往研究未回应不同领导类

187

型是如何在全球气候传播中发挥这种领导功能的。本书认为，在全球气候传播中，不同领导类型下的政治主体会基于多种因素选择适合自己的协商路径，这进一步决定了其气候话语的表达。反之，通过理解这一过程中的话语表达，我们能够从气候传播角度进一步丰富全球治理研究中的领导力理论，并根据不同国家在气候传播中的领导模式差异开展策略性传播。据此，本章进一步思考结构型领导的话语策略与传播偏向，并对其在全球气候传播中的表现进行分类。

本章总结出不同国家集团的领导模式以及知识选择偏好，对此，笔者用一个无向坐标轴对其进行呈现（见图 4-11）。横坐标代表着不同类型的结构型领导模式分布，包括定向型领导以及权力型领导，中间为工具型领导模式，因为研究认为工具型领导不具有两种结构型领导力的特征；纵坐标代表不同传播主体的知识偏向，即这些国家在开展气候传播中更偏向于使用那种知识类型，上方强调全球气候治理的科学层面，即在气候传播中使用更多的科学词汇；下方国家在默会知识上的差异则更为明显，即将全球气候传播嵌入到国家治理理念与立场需要之中。几个主体的全球传播偏向分别为：

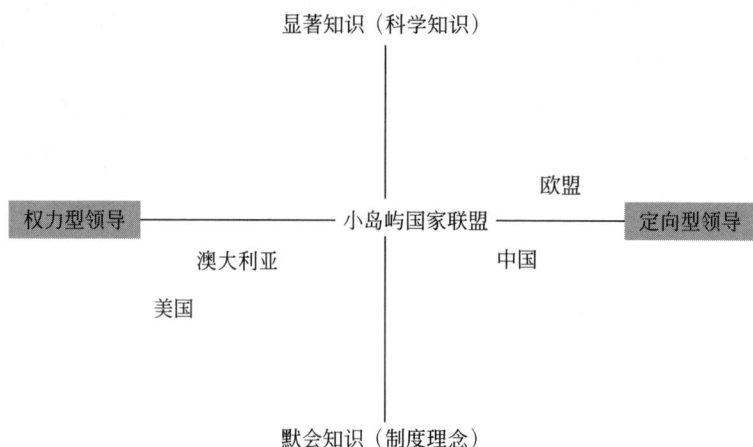

图 4-11　几个主体在全球气候传播中的领导力模式分类（无向坐标）

欧盟是以科学话语为主导的定向型领导，中国是以制度话语为主的定向型领导；美国和澳大利亚则是以制度话语为主的权力型领导；小岛屿国家联盟在知识偏向上则与 UNFCCC 等国际组织更为相似，在全球气候传播的领导力建设上并不具有明确的权力偏向，同样是以中立的领导者身份出现在全球气候传播的舞台之中。

既往，全球气候治理中的结构型领导模式概念仅对不同国家参与气候治理的政治理念偏向进行分类，本章将这一概念引入全球气候传播框架下，分析其在传播学领域的适用性，通过补充"知识"这一分类维度重新理解不同类型的领导国家在全球气候传播中的差异。通过本章的几个案例分析也可发现，即便是同一种领导类型，其在传播中的知识偏向可能有所不同，这丰富了气候传播领导类型的理论内涵。

在图 4-11 的坐标左侧，以美国和澳大利亚为代表的伞形国家呈现较为典型的权力型领导模式，关注碳减排的国内影响以及其全球霸权的生成。在坐标右侧，欧盟和中国则发挥更多的定向领导模式，但两者之间仍存在差异。欧盟作为老牌发达地区，更关注气候治理的微观层面，从对外援助的角度开展气候合作，而"对外援助"是欧盟一体化外交政策的基础理念之一，是欧洲一体化发展进程的产物，具有深刻的历史根源；而中国则主要关注全球气候治理与国家政策层面的联系，在国际双边关系框架下开展气候传播，在文本层面缺乏我国外交政策所一直倡导的"多边主义"理念。

以上发现再次扩展了领导模式在气候传播中的理论应用，原有的发达国家与发展中国家的分歧在气候传播中所呈现的差异并不明显，而不同领导类型却在气候传播中，依照自身的立场和利益显示出了明显的差别。这说明气候传播不仅受到国家既有的理念制度的影响，气候治理议题的科学复杂性以及主体多元性也在影响着全球气候传播的整体样貌。这启示我们在理解不同国家的气候传播时应当从知识的复杂性去思考个中差异，理解其中权力结构的形成。

（二）全球气候传播网络关系："基础四国"的领导力缺失

在本研究所发现的全球气候传播合作网络中，欧盟国家仍然占据绝对优势地位。其与企业、NGO 等多元主体的合作尤其突出，这一结果与其长期以来对气候技术和国际治理的大力投资相关。而在发展中国家阵营中，虽然中国等金砖五国与 G77 等广大发展中国家在气候治理的利益诉求中存在相似之处，但体现在合作网络中，中国等基础四国仍然主要与美国等伞形国家以及欧盟进行互动，基础四国之间以及与 G77 和小岛屿国家联盟之间的互动并不显著。

"一带一路"绿色发展国际联盟 2024 年 11 月发布了《应对气候变化南南合作中国行动》，该文件显示，2016 年以来，中国为其他发展中国家提供及动员的气候资金总额超过 1770 亿元 [①]，在资金合作上成果初显。但在传播层面，相比于伞形国家之间以及欧盟内部，发展中国家之间的气候话语多样性更强，虽然目前"中国 +G77"集团在气候诉求上具有一致性，但各国之间的制度理念差异成为各方形成话语合力的制约因素，考虑到制度话语并不如科学话语那样通约性更强，未来如何推进"一国一策"的气候传播合作应做进一步思考。

作为全球气候治理中的"明星国家"，小岛屿国家联盟在全球气候传播中的话语建构与 UNFCCC 越来越相似，成为全球气候传播中重要的"中间地带"，获得各大国的青睐。2023 年 2 月 1 日，美国为抗衡中国在小岛屿国家联盟中日益增长的影响力，宣布重开已关闭 30 年的所罗门群岛大使馆，这一大使馆在 20 世纪 90 年代曾被其列为"不重要国家"大使馆，此次重新设立大使馆足以说明小岛屿国家联盟在美国对外

---

① "一带一路"绿色发展国际联盟：1770 亿气候资金，应对气候变化南南合作的中国行动 . 2024 年 11 月 17 日，检索于：http://www.brigc.net/xwzx/dtzx/lmdt/202411/t20241120_133655.html.

战略中的重要性。[①] 对于澳大利亚而言也同样如此，2024 年以来，澳大利亚政府密切与所罗门群岛等太平洋岛国的联系，意图"规避"中国与这些国家的往来。

虽然中国与小岛屿国家联盟一直保持友好往来，但双方在气候传播上却缺乏深度合作，仅有的一些合作被部分西方政客污称为"对小岛屿国家联盟的政治威胁"。近年来在"一带一路"倡议的支持下，非洲等全球南方国家成为我国媒体国际传播的重要阵地，未来也应当将数量众多的太平洋及印度洋岛国纳入这一媒体合作框架下，在全球气候传播中加强南南合作。

最后，本章发现，虽然"科学"被称为气候治理中的最大公约数，但不同国家在气候科学表述中的差异在科学传播中造成了一定的壁垒，这种壁垒既来自不同国家在科学知识表述上的惯习，同时也被领导模式所放大。科学知识的"边界地带"正是共识形成之处，也是各国开展全球气候传播的黄金标准。在全球气候传播的科学知识层面，除了本章所探讨的结构型领导，还存在着一种"知识型领导"，其对于全球气候传播同样有着底层逻辑上的影响，接下来第五章将对其进行分析。

---

① 环球时报：30 年后重开驻所罗门群岛大使馆，美国在打什么算盘？. 2023 年 2 月 3 日，检索于：https://mp.weixin.qq.com/ s/wuhan8 wFdkAGXlHD9rGuQA.

第五章
全球气候传播中的知识型领导与科学话语

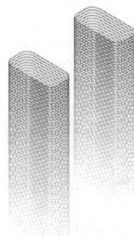

　　迈克尔·波兰尼（Michael Polanyi）在《个人知识》一书中提出，每个人对知识的掌握都是整体科学的一小部分，因此多数人没有资格对知识的"有效性和价值"直接进行评判，这种评判与理解有赖于他们所"间接接受的"对"被认可为科学家共同体的权威之见解"（authority of a community of people accredited as scientists）（波兰尼，2000：250）。波兰尼概括了科学共同体对于社会治理的价值所在，每个治理主体的知识构成都有其局限性，无法构成认识论的全景，因此有效的治理需要一种集体智慧，即"科学的共识"。

　　科学共同体不仅建构着特定议题的认知结构，对各政治主体之间能否达成合作也存在影响。在全球治理视野下，国家之间能否顺利进行知识协商，有赖于获得普遍信任的科学共同体所生产的"共同知识"，这种"共同知识"是否公平公正，能否在不同国家、地区之间产生广泛共鸣，取决于知识型领导的传播权威。前文提到，知识型领导一般指那些具有全球影响力的知识权威的科研型国际组织，例如 IPCC；又包括大学以及政府管理的科研部门，如 NASA。前者被认为是当今全球治理中获得普遍认可的知识型领导，后者则在气候治理的诸多历史节点中起到关键作用。

　　在本书所探讨的三种领导类型中，知识型领导在既往研究中所受到的关注最少，国际关系和全球治理研究多关注国家之间的理念差异与利益争夺，而知识型领导往往被视为一种单纯的知识生产主体，并不直接影响全球治理的实际执行与商讨过程。相比于工具型领导和结构型领导力量直接组织或参与到气候协商过程中，知识型领导的主要职责在于为全球治理提供客观公正的科学知识，其所生产的知识的选择与放大也有赖于工具型领导的政治职能。

事实上，科学知识在当今外交与国际传播等领域发挥着无可替代的重要作用，而知识型领导正是这一影响力的生动展现。早在 2010 年，英国皇家学会与美国科学促进会便联合发表了一份报告，明确指出科学知识已成为重塑外交关系的关键因素。[①] 以气候治理为例，科学共同体通过向公众传达气候科学的基本框架信息，不仅塑造了气候政治的话语体系，还深刻影响着公众在气候议题上的政治偏好，进而对国家在全球气候治理中的合作模式产生作用。这一合作过程奠定了气候外交与全球气候传播的实践逻辑（李昕蕾，2019）。因此，尽管知识型领导并未直接参与全球治理的协商进程，但它们通过影响科学认识论层面，间接地引导着全球气候传播的未来发展路径。

"知识型领导"通常是由来自各国科学界的不同群体所组成的"科学复合体"，类型包括科学组织、科学家联盟等，这种来源多元化的构成特点导致了在其内部的知识生成与传播过程中，不可避免地存在着权力的动态博弈。根据第一章对知识类型的细致梳理，我们可以发现，在气候传播领域里流动的知识，既涵盖了由科学共同体共同创造的、具有显著特征的"科学知识"，也包含了政治主体对外传递的、较为隐蔽的"治理理念"。换句话说，全球气候治理框架下的科学知识，是汇聚了多国科学家集体智慧的结晶，不仅涉及气候科学的核心内容，也包含了各主体针对气候科学中客观知识所采取的应对策略和思维模式。因此，在

---

① Koppelman, et al: New frontiers in science diplomacy: navigating the changing balance of power. The Royal Society, 2010-1-1, 检索于：http://sro.sussex.ac.uk/id/eprint/45416.

分析全球气候治理中的知识体系时，必须综合考虑不同国家的经济发展状况、政策实施特点等多种因素，而这些因素恰恰反映了在知识生产与传播过程中，政治因素的深刻介入与影响。

"联合国政府间气候变化专门委员会"（Intergovernmental Panel on Climate Change，IPCC）是全球气候治理领域公认的知识型领导，对全球气候治理的科学认识论有着决定性影响，在气候治理中具有"优先排序"的地位（董亮，张海滨，2014）。自 1988 年成立至今，经历过数次改革，知识生产、审查与发布过程愈发复杂，其对气候传播的态度也从模糊与排斥逐渐转变为接触甚至是合作，尤其是 2009 年"气候门"事件之后，以 IPCC 为代表的知识型领导逐渐意识到与媒体保持距离可能出现的负面影响，开始加强气候传播工作。在这一过程中，IPCC 在知识生产与选择性呈现过程中所存在的权力偏好也显露无遗，体现了当前全球气候治理中知识型领导的传播权力结构变迁。

作为公认的知识型领导，IPCC 也颇具争议性，一方面它被视为气候变化科学的"圣经"和"黄金标准"，另一方面其权威地位也颇受争议，法国社会学家布鲁诺·拉图尔称 IPCC 为气候科学的"认知怪物"（Latour，2004），认为其近乎统治了气候变化的科学认识，对于气候认识论而言创造性与破坏性共存。面对这样一个知识权威，理解 IPCC 这一知识型领导在气候传播工作中的理念变迁，考察知识型领导在气候传播中的执行细节，对于理解全球气候传播中的科学、政治以及媒体三者互动具有重要价值。

基于此，本章以 IPCC 为研究对象，在回顾全球气候传播中知识型领导诞生、发展与转型的基础上，通过梳理 IPCC 这一气候治理知识型领导的全球气候传播实践转型与细节，理解知识型领导在全球气候传播中的角色，思考知识型领导如何基于气候传播平衡多元主体的权力博弈。

一、从"回避"到"协作"：IPCC 的气候传播理念变迁

知识型领导自始至终都是全球气候传播的一条"科学准绳"，建构了国际社会对于全球气候变暖的认知，制定了全球气候传播的初始议程。因为全球气候传播的起点便是"气候科学"的传播，所以知识型领导对于全球气候传播而言具有构建底层逻辑的价值。本节将对全球气候变暖的科学共同体以及 IPCC 的全球气候传播理念历史，尤其是"后哥本哈根时代"气候知识领导全球气候传播现状的历史根源与转型过程进行简要梳理。

（一）IPCC 早期与媒体的"距离感"

20 世纪 80 年代后期，随着全球气候变暖被称为科学发现，气候科学共同体形成，IPCC 这一知识型领导初登舞台。但在成立一开始，IPCC 就秉持了与媒体保持距离、与国际组织和政府直接沟通的传播策略，这一策略直到 2009 年才出现变化。这说明全球气候治理的核心科学主体在最开始并不重视气候传播的重要影响，其向媒体开放科学的过程充满争议。

IPCC 的成立最早可以追溯到 1985 年召开的菲拉赫会议，这场会议由三个国际组织——国际科学理事会（ICSU）、联合国环境规划署（UNEP）和世界气象组织（WMO）——联合举办，该会议将气候变暖问题提上国际政策议程，试图将当时仅限于科学共同体内部的气候讨论带入全球政治领域，直接促成了 1988 年 IPCC 的诞生。[①]

在联合国环境规划署以及世界气象组织的共同支持下，IPCC 于

---

① International Science Council: The origins of the IPCC: How the world woke up to climate change. 检索于：https://council.science/current/blog/the-origins-of-the-ipcc-how-the-world-woke-up-to-climate-change/.

1988 年正式成立，开始建立起其在气候科学领域迄今长达近 40 年的统治地位（Agrawala，1998）。成立至今，IPCC 每隔 5~10 年会发布一份综合评估报告，截至 2025 年 1 月已经发布共 6 份综合评估报告，另预告了两份即将在 2027 年发布的综合报告。这 6 份综合评估报告对全球气候变暖的科学认知具有重大影响，毫不夸张地说，确定了各国家、国际组织及国家集团开展气候谈判的科学前提，而大众媒体对这一权威信息来源的传播与"权威塑造"也使得气候变暖在全球公众层面获得关注。在这 6 份报告中，2007 年发布的第 4 份评估报告影响最大，明确指出了人类活动是全球变暖的主要原因，直接推动了 2009 年哥本哈根世界气候大会的召开。相比之下，较为新近发布的第 6 次评估报告的突破性并不大。在各份报告中，IPCC 的评估报告分为 3 个工作组，分别为气候变化的"自然科学基础""影响、适应和脆弱性"以及"气候变化减缓"，每个工作组都有一份完整报告。

IPCC 之所以能够成为全球气候治理中科学话语领导权的代表，与其在科学领域的绝对权威密切相关。IPCC 自成立之初便设立了秘书处、咨询组、委员会、作者以及技术支持五个部门，这几个部门搭建起 IPCC 完整严谨的报告撰写流程（见图 5-1）。IPCC 据此最早树立了其在气候治理领域的科学权威（Hughes，2011）。1990 年至今，IPCC 的每次评估报告都会引起全球科学界及政界的广泛讨论，获得全球媒体关注。2022—2023 年发布的第六次评估报告共有来自 90 多个国家的 700 多名专家参与撰写。虽然建立在联合国框架及相关国际组织的基础上，其名字也是"政府间"气候变化组织，但 IPCC 的组织模式更类似于一个与国际政府组织联系紧密的非政府组织，尤其在科学报告的制定过程中，集纳了全球最顶尖的科学家群体，并以科学界同行评审的方式对科学报告把关，这种国家间组织与科学组织的双属性使其相比于其他国家政府管理下的科研组织更具权威性。

IPCC是如何撰写报告的?

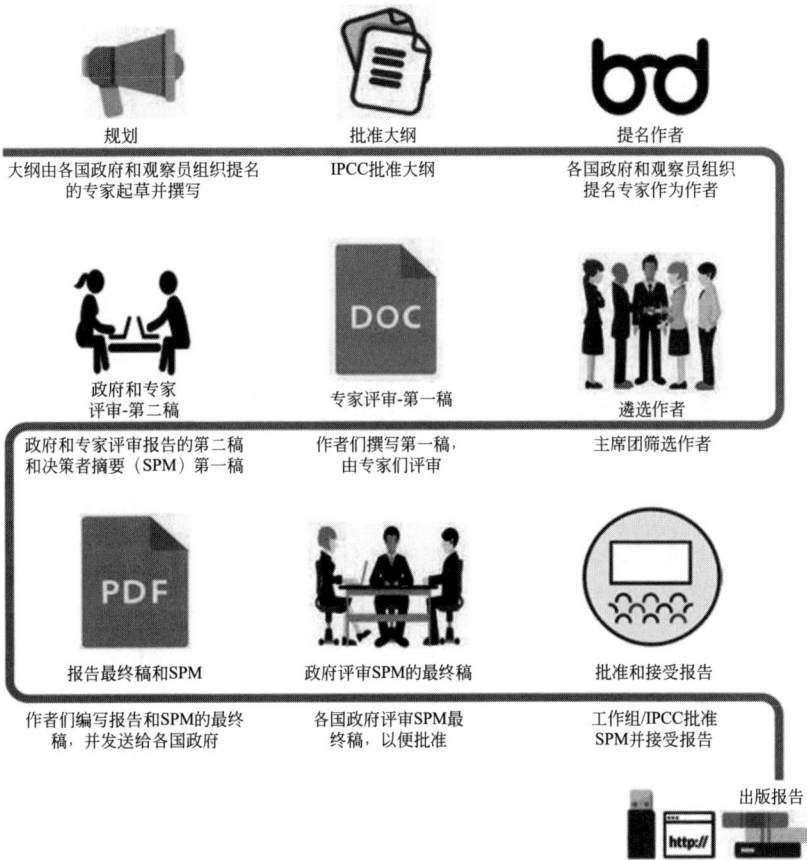

规划	批准大纲	提名作者
大纲由各国政府和观察员组织提名的专家起草并撰写	IPCC批准大纲	各国政府和观察员组织提名专家作为作者
政府和专家评审-第二稿	专家评审-第一稿	遴选作者
政府和专家评审报告的第二稿和决策者摘要（SPM）第一稿	作者们撰写第一稿，由专家们评审	主席团筛选作者
报告最终稿和SPM	政府评审SPM的最终稿	批准和接受报告
作者们编写报告和SPM的最终稿，并发送给各国政府	各国政府评审SPM最终稿，以便批准	工作组/IPCC批准SPM并接受报告

出版报告

图 5-1 IPCC 的评估报告撰写过程 [①]

对于媒体而言，IPCC 的价值在于，这一知识型领导简化了气候科学传播的科普难度，一改自 20 世纪 70 年代以来气候科学领域混乱的认识论。当来自不同背景的科学家形成科学共同体时，其权威性可以得到媒体的充分利用（Nabi，Gustafson & Jensen，2018）。可以说，IPCC 所发布的报告同样也为媒体开展气候传播提供了专业性保证，有利于协助

————————

[①] IPCC：关于 IPCC，检索于：https://www.ipcc.ch/about/.

气候科学的全面普及。

但在成立最初的 20 年间，IPCC 面对媒体的盛情邀请却显示出极大克制，在从科学知识生产到传播的一系列环节都保持了与媒体的距离（Lynn，2018）。这一方面来源于 IPCC 日常巨大的科研工作量，尤其是在气候变暖全球影响的科学评估上的压力。IPCC 的气候变化评估工作几乎是从不停歇的，虽然评估报告平均每 5~8 年发布一次，但实际上在一次报告发布之前，下一次报告的启动工作早已开始。这种高强度的工作使得 IPCC 无力支撑频繁地与媒体进行互动和沟通，因此在很长一段时间内 IPCC 根本就没有与媒体进行对接的部门。

另一方面，IPCC 在成立之初也刻意与媒体保持距离，因为当时 IPCC 认为与媒体保持过多联系有可能损害科学的公正性。这在当时的科学界是一种很流行的说法，即认为作为"科学代理人"的媒体虽然能提高科学发现的全球关注度，但媒体也有可能对科学发现"断章取义"，损害科学的公正性（金兼斌，2018：71-73）。IPCC 发布的报告名称均为"科学评估报告"，"评估"二字意味着其中的科学结论仍然是概率事件。例如第四次评估报告认为全球气候变暖"非常可能是"（90%）人类活动所导致的；第五次报告称人类活动"极有可能"（95%）导致了20 世纪 50 年代以来的"大部分"（50%）全球地表平均气温升高；第六次则称"毫无疑问"人类的活动使大气、海洋和陆地变暖。每一次评估报告的发布，IPCC 都会对科学的准确性进行披露，但此类科学准则很少出现在媒体报道中。[①]

此外，IPCC 在成立之初便没有规划可用来服务气候传播的部门，或者说根本没有意识到传播工作对知识领导的重要性，因此每次 IPCC 的最新成果发布几乎都是由 UNFCCC 等政府机构进行解读后向全球媒体进行传播，或是媒体直接就 IPCC 的报告内容进行解读，进而开展新

_____

① 关于 IPCC 相关报告的具体名录，详见附录 3。

闻报道。

因此，对于全球媒体而言，成立前 20 年的 IPCC 对于媒体而言完全是一个科学"黑箱"，两者处于相对独立的沟通框架内。气候科学界也没有形成与媒体进行紧密合作的风气，那些权威气候科学家并不懂得如何运用传播逻辑来扩大气候科学的全球影响力，加强人们对于气候变暖的关注程度。

尽管与媒体的联系并不紧密，但科学家们对于制造具有轰动性的科学事件却表现出浓厚的兴趣。尽管在 20 世纪 80 年代，全球气候变暖的证据已经逐渐累积并变得日益充分，但公众对于气候变暖的质疑声却从未停歇。在科学界内部，"气候变暖"究竟是人为因素还是自然现象，这一争论也一直持续不断。进入 20 世纪 90 年代至 21 世纪初，气候变暖的潜在灾难性影响逐渐显现，但在全球范围内，其直接后果并不显著，因此愿意积极参与全球气候治理的国家并不多。面对这一"温水煮青蛙"式问题，在气候灾难真正到来之前，民间舆论对于全球气候变暖的问题也缺乏足够的兴趣。

面对以上困境，部分气候科学家的首要反应并非与媒体合作，开展面向公众的科学传播活动，而是从科学共同体内部的知识生产流程入手寻求解决方案，甚至通过"夸张"科学数据来引起关注，这种做法带来了十分严重的负面后果：部分科学家为了追求全球气候变暖的轰动效应，不惜修改科学数据，违背科学伦理。这种个别科学家的不当行为引发了连锁反应，最终导致了气候科学的信任危机。

（二）知识"领导力"崩塌与 IPCC 的传播理念转型

2009 年，对 IPCC 乃至整个气候科学界影响重大的"气候门"（climate gate）事件发生，成为气候科学界目前为止最大的丑闻，也改写了知识型领导与媒体间的合作关系。2009 年哥本哈根气候大会召开前夕，一名电脑黑客窃取了东英吉利大学几名科学家的邮件，这些邮件中充斥着诸多篡改科学数据以夸大气候变化影响的记录，并且许多科学用词都存在不谨慎的情况。由于这一新闻事件爆发于哥本哈根大会召开前一周，并且东英吉利大学本身就是气候科学研究的重镇，其中有诸多学者是IPCC报告的撰写人，此次事件可谓影响恶劣（郑景云 等，2013）。虽然IPCC官方发布声明称这些专家的邮件内容与IPCC发布的报告并无直接关联，IPCC有单独的审稿流程，但这种说辞显然不能服众。加之IPCC在日常工作中就与媒体联系较少（Hughes，2011），所以此次"气候门"事件对IPCC的全球领导力也打击巨大，直接促成了IPCC在气候传播理念上的转型。

诚然，个别科学家篡改数据的行为并不能全面反映气候科学界的真实状况，但这仍然透露出科学家与媒体之间的相互误解和隔阂。首先，从动因来看，修改数据是某些科学家试图在传播层面上提高全球对气候变暖问题的警觉性，从而抬高气候科学的社会地位，这种尝试在气候科学界内一直有所存在。其次，与医学等媒体较为熟悉且报道经验成熟的领域相比，气候变化作为一门系统性科学，其对人类社会的影响更为复杂深远，在没有科学共同体积极参与的情况下，媒体往往难以全面把握和理解这种复杂性。科学家利用这种信息差，在传达气候变化信息时可能倾向于夸张事实，以期形成"轰动效应"，从而引发公众对气候变化的关注。

但在这一过程中，科学家往往忽视了媒体所具有的社会教育功能，实际上媒体无须刻意夸大科学的影响，通过准确、客观的报道来教育公众，仍然能够提高他们对气候变化问题的认识和理解。对媒体作用的轻视也体现出了科学家对于媒体组织及科学传播的不了解。

IPCC早期对媒体的排斥态度并非孤立现象，许多科学组织，尤其是有权威科学家坐镇的科学组织都会对媒体参与科学传播持有强烈的反感。现代科学诞生以来，科学家群体与媒体之间便一直存在着固有的矛盾。这种矛盾导致科学家对媒体产生了根深蒂固的偏见，认为媒体往往会曲解或简化科学信息。

一方面，向公众传播科学是科学共同体不可推卸的责任之一，科学家在发布科研成果时，基于科学发现的严谨性，通常会着重强调科学发现的前提假设，并指出科学结论在不同环境和时间点可能存在的"不确定性"。然而这里存在一个矛盾：新闻界追求"事实"的"真实性"，这种生产逻辑使得它们更倾向于发布"确定性"的信息，而科学数据中的"不确定性"则很容易被媒体转化为看似"确定"的内容。

另一方面，在科学传播的过程中，与媒体相比，科学家往往表现得更为冷静和客观（Nisbet & Scheufele，2007）。当科学家群体对气候异常表示担忧时，媒体往往会产生一种"应激反应"，采用确定性的语气夸大气候变化的破坏性，如本书第二章提及的"气候紧急状态"话语。一旦公众发现实际影响并不像媒体所描述得那样严重，他们便可能对整个科学传播链条产生不信任感。这种不信任不仅会导致气候科学家和科研组织的公信力下降，还会对全球气候治理产生负面影响。因为气候治理是一个涉及"双层博弈"的过程，公众对气候问题的不信任会直接影响到国家的决策，进而影响国家在全球气候治理中参与的积极性。例如，在美国，气候议题与堕胎、枪支管理、移民议题并列为总统选举的四大核心议题。由于保守派选民中不相信气候变化的人占多数，因此每当保守派领导人当选时，美国的气候政策往往会出现倒退。

科学与媒体之间的合作至关重要，因为那些与媒体保持距离的科学家群体，尤其是那些在气候科学领域占据主导地位的自然科学家，往往倾向于将气候治理问题过度简化，忽视了其中复杂的社会和政治因素（Brossard & Nisbet，2006）。理想的科学传播模式应当是一种综合性的考量，不仅要关注科学因素，同时也要将社会和政治的多样性纳入分析框架之中。这一过程中，媒体扮演着义不容辞的融合角色。近十年来，IPCC 所遭受的一大批评正是其缺乏社会科学工作者的参与，这导致其所发布的科学报告经常未能充分考虑到气候治理在不同经济发展水平地区所展现出的差异性。

知识型领导最初起源于发达国家，这些国家因此拥有更强大的科学话语权，长期在全球气候治理议程中占据主导地位。这导致发展中国家在科学话语领域中陷入了不利的境地。本书第二章已有所提及，自2019 年起，欧美国家积极推动全球各国进入"气候紧急状态"，这一举措背后，映射出西方国家在科学话语上的霸权逻辑。对于在碳减排及环保实践方面已相对成熟的西方国家而言，进入"气候紧急状态"并非难事。然而，对于广大发展中国家来说，"气候紧急状态"的宣告则意味着它们必须立即作出牺牲，放弃部分发展权力，从而使自身处于更加不利的地位。

也许是意识到与媒体隔绝可能造成的种种负面后果，吸取"气候门"的教训，2009 年之后，IPCC 对自身的知识生产过程与传播工作进行了大刀阔斧的改革，从组织架构与外部合作两个方面增加了与媒体的联系：

首先在组织架构层面，增加与媒体直接联系的部门——媒体合作部。这一部门的职责包括对媒体进行新科研成果的通风，对媒体报道IPCC 所发布的报告进行提前培训（Lynn，2018）。由于 IPCC 报告发布历程较为漫长，IPCC 通常会在报告正式发布之前对媒体透露报告可能强调的各类新科学发现，使媒体在报道相关科学发现时能够有所准备，对气候科学发现的解读更为精准。不过 IPCC 会要求这些媒体保证在正式报告发布之前不会公开这些新发现，事实证明，这些媒体也的确遵守了 IPCC 的要求。

其次，IPCC 会为每一份报告特别发布"决策者摘要"（Summary for Policymakers），该摘要主要面向各国政府和媒体发布，因在实践中成为媒体引用的重要材料，故以下简称"媒体摘要"。① 此举旨在便于

---

① 因为这份报告在实践中主要面向媒体进行传播，因此笔者在此将其称为"媒体摘要"，详细解释可见 Lynn, J.（2018）.

媒体对 IPCC 的科研成果进行准确且高效的报道。这份摘要犹如 IPCC 报告的精髓提炼，媒体可以直接将其作为新闻素材使用，相当于公共关系中的"新闻包"。值得注意的是，这份决策者摘要的制定过程与 IPCC 报告本身一样严谨，同样需要经过来自不同国家的科学家及政治领导的严格审查，因此其中也蕴含着利益的博弈。这种博弈过程，在一定程度上反映了 IPCC 在知识权力选择上的考量（Siebenhüner，2003）。

总体而言，这份摘要的核心原则仍然是尊重科学事实。对于摘要的任何修改，都必须经过所有主要参与者的审核同意。在报告细节发布时，IPCC 还会为每一条摘要提供科学可信度的评价指标。这个"可信度"是一个定性指标，主要由 IPCC 的工作团队进行评估制定。科学可信性是理解这份媒体摘要的关键因素之一，它确保了报告中所有科学信息的准确性都是可追溯的。这意味着媒体在报道时，不能仅凭自身理解而夸大科学事实的准确性，必须严格遵循 IPCC 提供的科学信息。

当科学踏入传播领域，尤其是在全球气候传播这一充斥着多元利益冲突的复杂环境中，其考量的维度便超越了科学自身的范畴，转而涉及科学共同体或知识型领导背后的价值观取向与判断依据。于是，本章所要回答的核心研究问题浮出水面：作为知识型领导者的 IPCC，在气候传播过程中如何巧妙地平衡科学考量与政治争议之间的关系？为了深入探究这一问题，接下来将通过对 IPCC 发布的决策者媒体摘要进行细致的文本分析，以此来洞悉全球气候传播中科学话语背后的权力分配机制。

二、气候传播的科学"不确定性"

在科学传播中，"不确定性"（uncertainty）一直是一个经典研究问题（陈刚，2014；陈刚，解晴晴，2022）。诸如转基因、核能、基因编辑等新兴科学在进入大众视野的过程中必然伴随着争议，而这种争议过程来自科学的"不确定性"。不确定性是科学的本质，也是科学共同体维护权威的底线。但这种不确定性也在多个方面为科学传播带来了一些问题。

前文提到，科学家与媒体之间存在着固有矛盾，即媒体通常会忽视科学事实中存在的诸多不确定性，倾向于扩大科学发现的实在影响，以形成轰动效应。而科学家则倾向于更为谨慎地对科学进行表达，对科学传播中的媒体逻辑持反对态度。这种矛盾在气候科学领域尤其明显，气候科学是一种系统性科学，其复杂性较高，对于媒体报道气候科学的专业能力要求也高。虽然科学家在"全球气候变暖"这一既定事实上统一持肯定态度，但在气候变暖的具体影响方面，来自不同领域的科学家却存在诸多争议，这种争议使得气候传播天然具有开放性和争议性。

在科学与公民社会的互动层面，公众对于科学不确定性一般会嗤之以鼻，因为核能、转基因、气候政策等争议的实际后果都需要由公众承担，例如转基因食品是否投入市场、污水排放的健康后果等，因此公众更倾向于寻求科学知识的"确定性"（陈刚，2014）。在这一争论过程中，政府和媒体的主要职责便是在政策执行与评估过程中平衡这种不确定性，确定政策的边界。可以说，这种不确定性构成了以科学为核心的公共争议的主题，也是公民社会之中不同主体力量的核心博弈焦点。

上述提及的"科学不确定性"在多元主体间的博弈中所担当的角色，构成了争议性事件中科学传播的根本逻辑框架。当这一逻辑框架被扩展至全球传播的广阔舞台时，相关议题的性质亦随之发生转变。在国际新闻报道，特别是聚焦于全球治理议题的报道中，科学的"不确定性"往往与政治利益错综复杂地交织在一起。举例来说，那些持"气候否认"立场的国家政府，往往会利用全球气候变暖科学研究中存在的不确定性，夸大相关争议，通过钻研科学不确定性中的逻辑空子，来质疑全球气候变暖的真实性。科学不确定性的最终倾向性是什么，其究竟服务于哪一方的利益，成为众多全球治理议题中争论的核心。

以 IPCC 为例，在其评估报告的编纂过程中，需要综合考虑不同国家政府部门的观点和立场，唯有在各方达成共识、形成妥协后，IPCC 的报告方能得以发布。这一审议流程，实质上就是各国围绕气候科学中的"不确定性"展开的一场博弈（董亮，张海滨，2014）。然而，这一过程过去常常以"黑箱"模式运行，外界难以窥见其全貌，因此对其进行深入考察颇具挑战。

自 2009 年"气候门"事件后，IPCC 开始向媒体提供报告的"媒体摘要"，这份摘要一定程度上将 IPCC 内部的博弈过程公开化。与正式报告相同，这份媒体摘要也会由来自不同国家的参与者对其进行审核，同时所发布的每条摘要也会被标注上科学可信度。值得注意的是，阅读这份报告便可以发现，这份决策摘要并不完全以科学可信度为标准对科学发现进行呈现。摘要中掺杂着诸多"低可信度"的科学摘要，这些摘要多为气候治理的人文和社会关切，虽并非传统气候科学所关照的学科领域，但对于"气候公正"而言却存在必要性，这些摘要的选择可被视为科学与政治、政策利益共同作用的结果。

以往的研究主要聚焦于公共协商领域内科学与政治的相互作用，将二者视为一种二元互动的关系，并探讨了它们之间的界限划分问题（陈玲，孔文豪，2022）。然而，在全球气候治理这一特定领域中，科学与政治的互动模式展现出了不同的特征。国际气候组织如 IPCC 之所以能够树立起知识型领导的地位，其中一个关键因素在于，它们的知识生产过程相对少地受到政治力量的直接干预，或者至少是在持续努力向科学的客观性靠拢。

在知识的呈现上，与公共协商过程中科学与政治紧密互动的模式不同，全球气候治理中的科学传播需应对国家间政治博弈。在这种情境

下，科学无法直接介入这些政治博弈，而是扮演了一种"旁观者"的角色，并在需要时通过引入多学科视角来协助调和各方利益。这一变化标志着科学角色的转换，从以往争议中的积极参与者转变为如今的"调和者"。

知识型领导不可忽视政治利益的博弈，完全以自然科学逻辑行事，会忽视全球气候治理中的政治与政策可持续性。同时，知识型领导参与这种政治博弈过程中，也有助于其采纳除自然科学以外的知识类型，如发展中国家发展权益、气候治理的政策、文化背景等多重默会知识。

（一）知识型领导如何平衡气候传播中的不确定性争议

通过以上梳理我们提出，以 IPCC 为代表的知识型领导并非简单地履行知识生产的职能，在气候传播视域下，知识型领导当前所面临的重要矛盾便是平衡结构性领导之间的政治博弈。这种政治博弈的前提正是科学不确定性所带来的多重解读空间，而所谓的多重解读空间则扩展了全球治理视野下知识型领导的概念范畴。在全球治理研究视角下，知识型领导的传播作用一直被忽视，但其角色恰好是科学传播所感兴趣的问题，从传播学视角考察这种领导力的功能性作用有其合理性。

本节聚焦于 IPCC 在全球范围内的气候信息传播活动。分析框架建立在 IPCC 的"媒体摘要"之上，该摘要作为研究的核心材料，其编制流程植根于 IPCC 发布的综合评估报告，这些报告历经各国政府的严格审查与修订后才可出版。值得注意的是，尽管各国政府对摘要内容拥有提出修改建议的权利，但 IPCC 的主席或联合主席保留着采用更为严谨科学表述的最终决定权。

具体而言，IPCC 主席的首要任务是审定决策者媒体摘要中各类科学结论的精确表述方式，这包括对摘要中结论性语言的细致雕琢，例如，是否以及如何在表述中凸显科学结论可能蕴含的政治敏锐性。随后，IPCC 进入一个关键环节，即对摘要中的每一项结论进行"不确定性"的量化及质化评估。此步骤被视为 IPCC 在整合气候传播过程中最具主观性的环节，它不仅反映了 IPCC 在行使其权威时的考量，也凸显了在对气候变化所带来的自然与社会科学影响进行赋值时 IPCC 可能持有的倾向性，这一点尤为值得深入探究。

IPCC 基于"科学不确定性"所开展的媒体沟通过程并非绝对科学公正，存在着传播权力的博弈。气候变化科学是复杂性科学，同时又涉及自然科学、社会科学等不同学科领域知识，IPCC 如何协调不同知识的呈现比重，是笔者关注的核心议题，例如，如果完全以自然科学为标准进行知识呈现将可能无限放大全球气候变暖的紧迫性（Budescu，Broomell & Por，2009），并忽视南北气候治理责任分配的复杂性，使传播权力偏向于发达国家。

由前文梳理，在评估报告进入气候传播的第一个环节，IPCC 基于已有评估报告进行媒体摘要的写作以及总结；在第二个环节，也就是外部审查环节中，来自不同国家的自荐科学家、科学组织会对报告进行审稿，基于审稿意见进行修改后，各国政府对 IPCC 所列出的媒体摘要进行审查；第三个环节是定稿环节，即由 IPCC 主席最终确定文本最终呈现；进入媒体扩散的则是第四个环节。本研究所感兴趣的主要是第二、三环节，包括各国科学家、政治主体意志如何影响整个文本的知识呈现，IPCC 在气候传播中如何对知识进行平衡与把关。

相比于报告"黑箱"生成过程的不可见，IPCC 的媒体摘要能够帮助我们理解知识型领导在传播工作中的利益平衡考量，这种平衡过程与气候科学的不确定性共同影响了媒体摘要的最终呈现。基于以上论述，以 IPCC 对媒体所发布的决策者摘要为研究材料，本节将试图回答：知识型领导在全球气候传播中选择所要发布的科学知识如何呈现科学不确定性？气候治理知识型领导如何在全球气候传播中平衡不同结构性领导的利益分配？

（二）案例研究设计

为回答以上问题，本节以 IPCC 自 2009 年以后发布的为媒体提供的"媒体摘要"为研究材料。通过文本分析的方式考察 IPCC 如何在气候传播文本中基于科学的不确定性，平衡国家主体在气候治理中的话语争夺。

分析层面，本节主要关注 IPCC 如何选择并呈现不同气候知识类型，在这一过程中，"科学不确定性"又如何起到调节不同国家间的利益的作用。考虑到 IPCC 的评估报告几乎主宰了全球气候治理的科学议程，其报告摘要又被全球媒体所关注，影响力较大，将其作为分析材料具有合理性。

从 2009 年 IPCC 改革气候传播工作以来，到 2025 年 1 月，IPCC 共发布了 14 份带有专门向媒体提供摘要材料的评估报告，其中包括 5 份特别报告，1 份方法论报告，2 份综合报告，6 份工作组报告。6 份工作组报告主要是两份综合报告的组成部分。5 份特别报告主要关注气候变化的具体影响方面，如土地、海洋、可再生能源等子话题，具有一定专业性，这其中最具影响力的一份报告是《全球气温上升 1.5℃》，其在全球媒体收获了最高关注度；2 份综合报告则是 IPCC 组织谈判最重要的科研成果，制定过程最为严谨，审查较为严格，也是受到媒体关注最多的报告类型。本研究以 IPCC 在 2015 年和 2023 年发布的 2 份综合评估报告为重点研究文本，其他 12 份报告为辅助分析材料（https://www.ipcc.ch/reports/），结合 IPCC 的报告制定背景以及重点，通过分析 2 份综合评估报告中 IPCC 的科学表述，理解典型知识型领导的全球气候传播侧重。

（三）知识偏向与南北博弈

对于第五、六两次规模较大的综合评估报告所发布的媒体摘要，IPCC 为方便媒体进行引用，提供了更适合传播的精华版摘要。在精华版本摘要中，2015 年的第五次评估报告中 IPCC 共为媒体列出 45 条科学结论，2023 年的第六次评估报告中则为 64 条，这与 2023 年发布的第六次评估报告的内容更具丰富性有关，同时第六次评估报告中 IPCC 也增加了除气候自然科学之外，对于更广泛的政策、文化、社会科学的涉入。

从具体的摘要内容来看，第六次报告的媒体摘要越来越关注气候变化的"区域性影响"和具体治理路径，包括提出亚洲区域气候变化的风险与机遇、粮食和水源"不安全"以及"气候韧性"等问题。其中亚洲地区尤其受到 IPCC 气候传播工作的关注，成为这次媒体摘要所报道的明星地区。亚洲包含了广大的发展中国家群体，以中国为代表，其相继在 2020 年前后宣布各自的"碳中和"或"净零"计划，因此成为国际组织的重点关注对象。

1. IPCC 评估报告的科学可信度分布

在可信度方面（见表 5-1 和表 5-2），2015 年发布的第五次评估报告将各科学结论的可信程度分为低可信度、中等可信度、高可信度、非常高信度四种类型，IPCC 在第六次报告中则删除了"低可信度"这一评估选项，简化了科学可信度的分类。原因可能在于之前报告中低可信度一项中所列出的各项科学结论均为复杂性科学结论，一般公众并不会接触此类信息，媒体在报道过程中也极少会引用此类科学信息，将其删除有利于简化面向公众的气候传播。同时部分低可信度的报告内容也可以和中等可信度科学结论进行结合，删繁就简。在多数情况下，媒体都不会选择转载被证实为可信度较低的信息，简化这种可信度分类有利于降低气候科学的复杂性，防止气候科学"阴谋论"的滋生。

2015 年发布的第五次评估报告媒体摘要共发布 102 条被标注可信度的科学结论（见表 5-1），其中 7 条被标注为非常高可信度，64 条被标注为高可信度，中等可信度为 29 条，低可信度为 2 条。2023 年发布

的第六次评估报告媒体摘要则有 263 条信息被标注可信度（见表 5-2），
5 条为非常高信度，176 条为高可信度，82 条为中等可信度。第六次评
估报告相比于第五次评估报告增加 16 页，从 32 页扩容到 48 页，内容
增加 1/3，但标注可信度的内容增加了 2.5 倍以上，说明了 IPCC 正在增
加科学表述的严谨程度。

表 5-1　第五次评估报告科学结论可信度分布

	低可信度	中等可信度	高可信度	非常高信度
数量	2	29	64	7
代表知识类型	复杂性科学	社会后果；环境后果	科学事实；社会后果	治理后果；社会后果
代表案例	格陵兰冰盖的消失以及海平面上升7米的阈值是全球比工业化前的温度大约升温1℃	在许多地区，降水量变化或冰雪融化正在改变水文系统，从而影响水资源的数量和质量	在21世纪及之后，大部分物种面临着气候变化造成的更大的灭绝风险，尤其是由于气候变化可与其他压力源发生相互作用	在环境无害技术和基础设施方面的创新和投资可减少温室气体排放并提高对气候变化的抵御能力

表 5-2　第六次评估报告中媒体摘要的科学结论可信度分布

	中等可信度	高可信度	非常高信度
数量	82	176	5
知识类型	责任平衡；科学事实；政策影响	科学事实；社会后果；治理后果；	治理后果；环境后果
代表案例	气候治理根据国情通过法律、战略和机构采取行动，通过提供不同参与者互动的框架以及政策制定和实施的基础来支持减缓	加速国际金融合作是实现低温室气体排放和公正转型的关键推动因素，可以解决融资渠道的不平等以及气候变化影响的成本和脆弱性	通过供应链减少其行政边界内外的排放，这将对其他部门产生有益的连带效应

2. IPCC 评估报告的知识类型分布

接下来对媒体摘要中出现的科学结论进行归类，参考 IPCC 对科学结论的基本分类方式，基于对 300 余条科学结论的阅读，笔者归纳出 IPCC 报告中出现的 7 种科学结论（见表 5-3）。7 种结论分别对应着两种知识类型，"科学与环境知识"（以下简称"环境知识"）是比较客观的自然科学知识、气候变化的相关科学结论和气候灾害信息，以及相关科学技术的测试结果等；政策与社会知识（以下简称"社会知识"）主要关注治理政策，是社会科学知识或科学技术在具体语境下的影响表现，包括国家主体所开展的气候治理工作的适应性、国家间差别以及后续影响等。值得注意的是，两种知识的分类方式并非完全对照本书第一章提出的默会知识与显著知识，而是针对 IPCC 的科学知识进行了调整。其中，环境知识与显著知识更为接近，社会知识则类似于对默会知识的二次编码表述，通过文字的方式将存在于不同语境下的政策模式进行具化。

表 5-3　IPCC 报告媒体摘要的科学知识类型

	解读方式	结论类型	知识内容
环境知识	主要是通过科学研究得出的较为客观的"显著知识"，主要关注自然环境数据以及相关减排技术	环境后果	全球气候变暖对自然界造成的灾难性后果
		社会后果	全球气候变暖对人类社会造成的灾难性后果
		科学事实	有关全球气候变暖的相关研究结论
		复杂性科学	有关全球气候变暖的相关复杂研究结论
社会知识	多为有关人类社会与气候变化互动的知识类型，主要关注治理政策、文化及社会层面	治理应对	人类为应对气候变暖所实施的各类政策成效
		责任平衡	不同类型国家、企业可根据国情制定相应的气候政策
		产业影响	人为政策对自然环境肯定带来的影响

接下来对两次报告的媒体摘要的变化进行分析，研究简要整理出两次媒体摘要的知识类型侧重（见表5-4）。第六次报告的媒体摘要与第五次的连续性在于，IPCC进一步提升了对全球气候变暖的警示程度，并对第五次媒体摘要中的科学细节进行了延伸。变化在于，相比于第五次报告的媒体摘要，第六次报告的媒体摘要中IPCC更加强调气候治理政策在实际执行过程中国家、地区间的差异。强调国家可以根据国情调整自身的气候政策，并且平衡"发展"与"气候治理"之间的关系。在表述上，相比于第五次报告更考虑到广大发展中国家的现实情况。

表5-4　IPCC第五次和第六次报告媒体摘要的知识侧重

文件名称	科学与环境知识	政策与社会知识
IPCC第五次报告媒体摘要	强调气候治理的紧迫性，全球升温可能造成的破坏性影响	从气候治理的纵向角度（如国家—城市—乡村）说明气候治理政策
IPCC第六次报告媒体摘要	进一步强调气候治理的紧迫性，对气候变化的区域性影响（如不同）作出进一步评估，强调差异性	从气候治理的横向角度（国家间对比）说明气候治理政策

具体来看，第五次报告的媒体摘要中IPCC主要强调气候政策执行的纵向延伸过程，例如从国家到城市的不同层级上，气候政策以何种形式落地；第六次报告的媒体摘要中，则更强调气候治理的国家间差异，例如：

符合国情的经济一揽子计划可以实现短期经济目标，同时减少排放并将发展路径转向可持续性（中等可信度）。①

一个显著的趋势是，IPCC在科学事实上正在增加对有关"经济""发展"等词汇的强调。通过对两次报告进行词频统计，并回溯报告理解相关词汇的使用场景，笔者发现，"经济"（economic）一词的变化从

---

① IPCC：AR6. 2022-4，检索于：https://www.ipcc.ch/report/ar6/wg3/resources/spm-headline-statements/.

第五次媒体摘要中的 30 次增加至 86 次。即使考虑到两次报告的体量差异，这一涨幅也非常明显。既有经验已经说明，仅仅关注气候治理的科学层面，忽视弱势群体利益，会造成气候政策难以"下沉"的问题出现，反而会降低气候治理政策的扩散程度（Weiler, Klöck & Dornan, 2018）。

另外一个较为显著的变化是第六次媒体摘要增加了对发展中国家政策现实的强调。考虑到第四、第五次评估报告受到的来自广大发展中国家的批评，IPCC 在第六次媒体摘要中增加了对南北国家气候责任承受能力差异的提及，尤其关注亚洲这一发展中国家更多、社会历史更为复杂的地区。例如以下表述：

可持续发展、脆弱性和气候风险之间存在密切联系。有限的经济、社会和体制资源往往导致高脆弱性和低适应能力，尤其是在发展中国家（中等可信度）。[1]

以上论述直接提到发展中国家主体的气候治理，考虑到发展中国家在全球气候治理舞台中的诉求，即"共同但有区别的责任"原则。IPCC 的前四次报告，尤其是第四次报告广受争议的一点便是对发展中国家的减排计划要求过高，缺乏对于全球南北方国家之间差异的考量。[2] 对于这一批评的回应在第五、第六次的评估报告中也有体现。

以上分析说明，面对国际社会的批评，IPCC 至少在其气候传播文本中增加了对发展中国家利益的考量，出现了试图平衡南北权益斗争的趋势。诚然，这种转变并不一定完全来自 IPCC 自身的努力，发展中国家科学家的增多以及多方审查的纠正也是促进这一转变的重要考虑因素。

---

① IPCC：AR6. 2022-4，检索于：https://www.ipcc.ch/report/ar6/wg3/resources/spm-headline-statements/.
② 科学网：《自然》文章：IPCC 最新报告引发的思考. 2014 年 4 月 9 日，检索于：https://news.sciencenet.cn/htmlnews/2014/4/291605.shtm.

3. IPCC 知识类型的可信度偏向

在论述两种知识类型的治理意义后，接下来对两种知识类型在气候传播中的科学偏向进行考察。笔者对两次评估报告媒体摘要中的科学结论进行可信度分类整理，并对第六次报告中两种知识类型及其可信度赋值进行交叉统计（见表 5-5）。

表 5-5　IPCC 第六次报告不同类型知识的可信度分布

可信度赋值	科学与环境知识	政策与社会知识
中等可信度	16	66
高可信度	102	74

由分析结果可见，以自然科学为代表的"环境知识"多被赋值为"高可信度"，有 102 条，被赋值为"中等可信度"的仅有 16 条。相比之下，"社会知识"的高可信度与中等可信度则基本持平，分别为 74 条和 66 条。

具体来看，在科学与环境知识之中，气候变化对于自然环境和人类社会的负面影响，多被归纳为高可信度、中等可信度；而细节性的科学事实，尤其是复杂性科学事实经常被归纳为中等可信度到低可信度标准，例如人类某项生产活动与二氧化碳浓度之间的关联，这说明 IPCC 在与媒体进行沟通过程中并不避讳气候科学的争议层面，而是尽可能完整呈现复杂性气候科学的真实面貌，防止媒体在传播过程中可能产生的信息失真。

IPCC 的可信度分类方式将气候变化的自然科学结论（环境知识）与社会科学结论（社会知识）放在同一评价标准下进行比较，为其进行中等可信度、高可信度等指标的赋值，这种赋值标准仍须商榷。虽然从第五次报告的媒体摘要到第六次评估报告的媒体摘要中，IPCC 扩大了有利于发展中国家的平衡表述，但在对其进行可信度赋值时，对发达国家有利的"社会后果"与"环境后果"，也就是鼓励政府作出牺牲的结论经常被赋予高可信度分值；而对发展中国家有利的平衡言论则全部被赋值为中等可信度。虽然我们难以从科学可信度角度对这类赋值标准进行评价，但就从目前以 IPCC 为代表的气候科学权威所开展的气候传播来看，现有的知识偏向仍然对发达国家更为有利。

这一现象实际上也引出有关"自然科学"知识与"社会科学"知识在科学传播中的差异。在本案例中"科学与环境知识"更多属于自然科学知识的范畴，而"政策与社会知识"更多属于社会科学知识的范畴。与以客观、实证为主，评价指标客观清晰的自然科学不同，人文社科知识在传播过程中缺乏通用的评价标准，且现象也更具复杂性。

自然科学知识与人文社科知识存在"本体论"差异，社会科学存在因人类支配而变化、活动的动因概念，社会结构只可能相对地持续，因此其并不存在稳定、普适的变量标准（李醒民，2012），并且具有很强的"地方性"。所谓的地方性知识，是指科学共同体在生产知识过程中存在一定的文化与历史语境，不能用普遍有效的方法去对其进行评价，而是应以"范例"的形式理解这种"地方性"知识（吉尔兹，2000：10-25）。地方性知识不一定是不可信的，而是应在具体情境下进行评价，将其与自然科学知识共同比较有损于这种地方性知识进一步被接受。IPCC 虽认识到了气候知识存在"地方性"，在第六次报告中增加了对区域性知识的论述，但在整合两种知识类型时却存在偏向性。

气候社会科学的重要性在于，它能够将自然科学中所内嵌的"意识形态"揭露出来，反之自然科学也能够揭示出权力的不平等，两者只有相互借鉴才能够形成对社会发展有利的"整体知识"，这也是以拉图尔（2022）为代表的科学社会学家在深入科学知识生产过程中所发现的问题。在本案例中，如果完全按照自然科学标准开展气候传播，忽视气候治理的地方性和历史性的话，那么这种传播背后的权力关系将会完全偏向于欧美发达国家，而像中国、印度等人口大国便会面临国际社会的巨大压力。

一个最直观的案例是 2007 年巴厘岛气候变化大会前夕，荷兰智库环境评估局忽然向全世界宣布中国已经成为世界第一大碳排放国，但并没有讨论中国人均排放仍然很低的事实，使得中国在当年气候谈判中面临巨大的国际压力，处于非常被动的地位。2011 年，该智库再次向中国施压，声称中国人均碳排放将在 2017 年超越美国，认为中国不应再自称为"发展中国家"，这一预测显然存在政治化倾向。

气候治理最终是要达到人类社会发展与自然环境保护的稳定性，在这一过程中，对于人类社会的理解必不可少。一个可行的思路是在传播过程中将两种知识"分而论之"，而非像现在一样呈现在同一份媒体摘要中，以此避免 IPCC 作为以自然科学为主的知识领导产生对于社会科学的"沙文主义"，进而导致科学传播出现权力偏向。

以往研究将 IPCC 接受各国政府审查视为牺牲科学以换取政治影响力的行为（董亮，张海滨，2014），但本研究认为这恰恰是 IPCC 接触地方性知识的一个重要渠道所在。科学知识在生产过程中也存在权力的倾向性，经由多元主体所纠正的科学知识在被重新"语境化"的过程中也更加向"全球知识"靠拢（Siebenhüner，2003）。对于广大发展中国家而言，应当在尊重全球性科学共识的基础上，建立属于自身的气候科学话语建设体系，增加对人文社会科学等"地方性"知识的重视。无论是从回顾气候科学传播的历史还是对当前 IPCC 的气候传播细节考察来看，气候科学都存在一定的政治倾向性，但科学与政治并不仅仅是二元分立或是针锋相对的关系，两者存在复杂的互构关系。

三、全球气候传播的科学失衡

本章主要关注 IPCC 这一全球气候治理中的知识型领导的气候传播实践。通过整理其成立 30 余年来气候传播简史，理解气候传播中知识型领导的气候传播理念转型。以 2009 年后 IPCC 开始与媒体接触后的气候传播实践为研究对象，理解其如何基于"科学不确定性"平衡气候传播中的权力博弈。此外，全球气候治理知识结构被普遍认为存在社会科学知识"缺席"的困境，本章也通过一个具体案例对其揭示。

当前气候科学在南北国家和社会科学与自然科学两对关系中，均尚未实现平衡状态，存在气候科学的"失衡"问题，这一方面来自气候治理的议程特殊性，另一方面也体现了社会科学学科在气候议题中的"不作为"。2021 年开始，人类社会进入大模型时代，在人工智能为气候自然科学无限"赋能"的背景下，社会科学必须发挥更积极的作用，在中和气候科学工具理性的同时，整合气候治理中不同主体、不同学科之间的利益和看法。

（一）IPCC 的全球气候传播理念变迁

与既有研究不同的是，本章认为 IPCC 这一知识型领导不仅履行知识生产的职能，而且早已深度参与到全球气候传播的南北协商之中，成为平衡南北国家知识可见性的重要行动者之一。同时，对知识型领导的考察也启示我们，在理解全球气候传播现象时，"知识"在传播过程中也存在偏向性，知识型领导所生产的知识不足以概括全球气候传播中所存在的所有知识类型，建设公平公正的全球气候传播体系需要有来自不同语境下的"地方性知识"的参与。具体来看，本章主要有以下研究发现。

本章进一步梳理了全球气候传播中的知识型领导的内涵与特征。以 IPCC 为代表的知识型领导是以科学共同体为核心组建的领导类型。在新闻报道中，IPCC 长久以来被认为不参与全球治理中的权力协商，是独立的科学共同体。但本研究认为，其所开展的知识生产工作以及气候传播工作始终受到来自国家，也就是结构型领导的影响，并非完全公正。

知识型领导是全球气候传播中传播策略相对灵活、组成来源最为多元的一个复合型领导主体。2009 年之前，IPCC 所发布的历次报告都被发达国家科学家所主导，受到广大发展中国家的批评。2009 年之后所发布的第五、六次报告则加大了来自发展中国家科学家的比重，并在报告中增加有关发展中国家的气候政策论述。这一方面说明 IPCC 逐渐考虑全球气候治理中的权力结构影响，另一方面也说明 IPCC 并不是完全封闭的科学组织，其科学文化也并非一成不变：不仅受到科学共同体的构成及科学话语权的影响，也随着全球气候治理参与主体结构性权力变迁而走向平衡。

从发展的视角来看，知识型领导的气候传播理念转型在全球治理中形成了"连锁反应"。IPCC 这一知识型领导在气候传播理念上经历了从"回避与保持距离"到"密切接触"两个阶段。2009 年以前，IPCC 出于科学中立的考量，刻意避免与媒体进行交流，这虽然有助于保证 IPCC 的权威性与公正性，但也使得气候科学共同体缺乏与媒体沟通的经验，进一步而言，缺乏对气候传播原理、逻辑及其负面性的认知，最终造成了"气候门"丑闻发生。IPCC 也因此在 2009 年开始改革自己的气候传播制度，而 IPCC 的改革对于各个领域气候传播主体而言均具有示范效应。在健康、能源及食品安全等关键领域，科学家及科研机构开启了历史性的自我反思，不得不重新审视其研究手段与数据公布流程。这一审视过程不仅促使部分科学研究项目暂时搁置并接受重新评估，还加速了更为严苛的科学伦理准则的确立。总而言之，"气候门"事件如同一记警钟，引发了社会各界对科学研究透明度和公开性的深度探讨。在此背景下，科学家们被激励以更加开放的姿态，主动分享其研究数据与方法论，同时加强与媒体的互动，确保公众及其他科研人员能够轻易地验证并复制研究成果，从而共同推动全球治理中科学的进步与可信度的提升。

通过此案例也可以看出，在全球气候传播领域，科学共同体与媒体的合作是科学共同体走向良性发展的重要过程，有利于知识型领导参与建设更为透明的全球传播体系。科学领导力的建设并不能单单依靠科学共同体，而是需要依靠与媒体和传播部门的充分合作，并且在组织建设上给予传播部门一定资源。在欧美的大学、科研院所、科学组织中，建设帮助科学家开展公共沟通的传播部门已经非常常见，在帮助科学共同体吸引社会资源、建设社会资本方面起到了很大作用（Morehouse & Saffer，2019），这种合作模式正是许多全球南方国家所缺失的。

（二）发展中国家知识型领导的缺乏

在全球传播中，知识型领导所开展的气候传播并非纯粹的科学传播，存在隐蔽的政治偏向。表现在于，相比于第五次评估报告，IPCC 在第六次评估报告的媒体摘要中加强了对发展中国家的关注，也承认气候治理中发展与责任平衡的重要性。但在具体的文字表述中，IPCC 将气候自然科学与气候社会科学放置在同样的主观的"可信度"评价标准下。其不足之处在于，纯粹的自然科学强调气候治理的紧迫性与即时性，多描述气候变化的自然和社会影响，总体上有利于在气候治理上较为先进的发达国家；社会科学视角则考虑不同国家社会发展情况，强调现实层面的气候治理政策，更能关注到发展中国家在气候治理中的权益。而 IPCC 对于后者较为吝啬，多将有利于发展中国家的科学结论赋值为"中等可信度"，这间接使得发展中国家的诉求在全球气候传播中处于不利位置，这其中的科学不确定性标准有待考察。

虽然 IPCC 对外声称增加社会科学在 IPCC 研究报告及对外传播中的比重，但其对地方化的社会科学的接触仍然是不足的，当前的气候治理知识型领导主要由自然科学家，尤其是来自发达国家的自然科学家所主导，偏向自然科学的科学"不确定性"逻辑使得气候传播南北不平衡的现象很难被打破。更为理想的路径是在气候传播中将自然科学与社会科学分而论之，在气候科学传播中提供更多背景性知识，追求科学层面的气候正义。

考虑到除 IPCC 以外，当前参与到气候传播中的知名气候科学科研组织主要来自欧美国家，这种现象更值得关注。虽然气候治理环节来自发展中国家的科学家参与越来越多，但在气候传播环节，发展中国家仍需建立自己的气候传播共同体，深层次理解全球气候治理中科学共同体框架下的气候传播。

知识型领导会受到参与各协商主体权力意志的影响。体现在传播过程中，这种知识型领导并非完全客观公正，不同知识类型也存在着一定权力偏向。对此，发展中国家也应当在全球气候传播领域建设自身的"科学话语权"。除了 IPCC，国际社会还存在着大量具有影响力的国际科研机构，这些科研机构也在全球气候治理领域承担着重要的传播角色，影响气候议题的认知。

对于我国而言，来自中国的科学家正活跃于 IPCC 评估报告撰写等多个国际科学舞台，以个体身份形成影响全球气候传播中科学话语的重要力量，但在组织层面，来自中国的科学组织仍缺乏有效的传播工作。从宾夕法尼亚大学"全球智库与公民社会项目"近年来所发布的《全球智库指数报告》来看[1]，相比于西方国家，中国在气候科学和气候政策两个领域的智库建设都处于相对弱势[2]，甚至逊色于同为发展中国家的印度。以 2020 年全球气候智库排名为例，全球气候科学智库前 50 名中有 36 家来自发达国家，多数来自美英两国，有 14 家来自发展中国家，仅有两所来自中国；环境政策领域智库中有 35 家来自发达国家，多数来自美德两国，15 家来自发展中国家，有 3 所来自中国，少于印度的 5 所，与我国在气候治理中的实际地位并不匹配。[3]

在以美国为代表的西方国家，智库与政府形成了"旋转门"，相关

---

① 关于此排名的详细说明，详见附录 5。

② MacGann. 2019 Global Go to Think Tank Index Report. 2020, 检索于：https://repository.upenn.edu/think_tanks/17/.

③ MacGann. 2020 Global Go to Think Tank Index Report. 2021, 检索于：https://repository.upenn.edu/think_tanks/17/.

科学意见可以很快进入政府的决策与传播环节，政府依靠科学机构提高自身治理形象，科学机构也由此获得国际社会可见性，两者形成了一种共赢的合作模式。中国的气候智库多以咨询服务为工作重点，在打造全球影响力、开展气候传播工作中缺乏积极性。如何打造品牌型气候智库，增强中国在气候科学中的影响力，是我国在开展全球气候传播，建设气候形象时须考虑的问题。

221

第六章
全球气候传播的多元主体参与

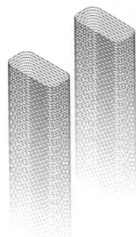

　　一般认为，全球气候治理是以国际组织为中介，国家为主要参与主体的治理体系，因为只有国家的结构性权力才能真正敦促碳排放主体采取行之有效的减排措施，并建立能够纳入多元主体的各层级治理体系。但随着近年来全球气候治理议程的不断深入，尤其是巴黎气候变化大会之后，气候治理进入"自下而上"的阶段，国家和国际组织之外，城市、企业、媒体、科研院校甚至是个人主体参与气候治理的能动性被激活，这类主体虽然不参与到全球气候治理的实际协商当中，但可以通过各类话语行动影响气候治理的走向，是全球气候传播的重要参与者和执行者。

　　企业等多元主体并不属于既往研究所认为的全球气候传播的任意一种领导类型，但它们却通过与结构型领导、工具型领导相配合促进全球气候传播的转型和推进。以媒体为例，本书第二章提到过，在英国、美国等发达国家，《卫报》、BBC 等媒体成为全球气候传播的积极参与者，将自身在气候议题的社会角色从"传播者"转型定义为"参与者"，提出用"全球气候变热""气候紧急状态"代替"全球气候变暖"，被联合国采纳；同时，这些媒体还在 UNFCCC 框架下对发展中国家的记者进行气候报道培训等。从这一系列举动来看，媒体似乎不再满足于以观察者的身份出现在全球气候治理舞台，而是发挥其在气候传播中的重要价值，通过构造专业化的气候传播体系推进气候协商。

不仅是媒体，近年来企业主体，尤其是大型跨国企业逐步迈向更为专业化的全球气候传播。气候变暖是现代工业生产排放的温室气体所引起的全球气候变暖，能源、重工业等行业对全球气候变暖有不可回避的责任，也是气候治理广泛关注的主体。为回应这一关注焦点，这些企业或将节能、环保纳入企业发展愿景开展实际减排工作，或是投入大量资金开展"绿色营销"，打造绿色品牌，创造绿色新消费趋势。在这一过程中，这些企业也成为帮助其所在国树立"绿色形象"的重要社会力量。

基于此，本章致力于深入探讨多元主体在参与全球气候传播活动中的具体实践细节，旨在勾勒出全球气候传播未来路径的清晰蓝图。核心议题包括这些多样化的参与主体基于何种动因投身于全球气候传播；他们采用了哪些策略与工具来实施气候传播；不同主体间在传播过程中形成了怎样的互动关系。解答这些问题，不仅对我们把握全球气候传播的未来动向至关重要，同时鉴于这些多元主体正是公众在日常生活中频繁接触的气候信息来源，深入考察此类传播主体还有助于帮助读者理解全球气候变化议题与个人日常生活之间的紧密联系，从而提升公众的参与意识和行动力。

一、全球气候传播中的多元主体类型

受气候议题专业化门槛的影响，普通人在日常生活中很少有机会关注到全球治理舞台中的气候协商，全球气候传播在以往也常常被视为面向精英群体的传播行动。而随着气候治理工作的推进和下沉，在国家、国际组织之外，企业、个人等主体成为普通人接触全球气候传播浪潮的重要中介。这类主体将"高大上"的气候治理协商转化到商业营销、社交媒体等普通人可接触的传播场域中，使普通人也能产生对于全球气候治理的个人想象,感受到气候变暖对人类社会带来的威胁。

这些多样化的主体在气候议题的社会推广中扮演着至关重要的角色,负责气候变化的"科学普及"工作。正如本书开篇第一章所阐释的,全球气候传播中的"知识"可分为两种类型:一类是以科学发现为典型代表的"显著知识",另一类则是在人际交往及人与物互动中隐含的"默会知识"。企业一方面通过绿色营销等方式传播有关环保的显著知识,另一方面在其生产的各种商品的设计、功能中融入"节能减排"的理念,也同时成为默会知识的积极实践者。消费者在购买和使用这些低碳、环保产品的过程中,不仅是在消费这些商品,同时也在不断地理解和吸收关于气候变化的知识,这一过程有助于促进社会整体形成低碳生活的趋势和风尚。总而言之,企业、个人主体、科研院所等正通过各种方式引导公众参与全球气候传播。对于科学家,本书在第五章已进行过专门论述,本节就全球气候传播中的企业、个人、传媒三个重要多元主体类型及其开展气候传播的方式进行介绍。

(一)企业及绿色消费浪潮

从全球范围内来看,企业主体大规模开展绿色传播的时间点恰好与科学界发现"全球气候变暖"这一科学事实同频。20 世纪 80 年代,西方社会新自由主义从政治扩展到商业领域,大型公司在推销产品以及进行跨国贸易的过程中普遍抱有对"自由市场"的信仰,认为自由市场存在着自我调节的机制,市场总会向更好的方向发展。从消费者一方来看,美国社会 20 世纪 60 年代出现的以《寂静的春天》的出版为标志的环境"斗争"思潮在 80 年代开始转向消费领域。80 年代末,美国主流杂志《商业》《商业周刊》等纷纷指出,消费者将准备改变他们的消费模式,把产品和服务转向更生态的选择。这一阶段的市场普遍认为在环境保护和提升方面保持最佳纪录的企业,更容易获得市场青睐,而企业应开展绿色营销以提升自身的环保形象。至此,企业开始与广告、公关公司达成"合谋",开始了营销活动的"绿色转向",大批企业通过宣称企业产品是"绿色""环保"的,来吸引消费者购买自己的产品,由此引发了持续几十年的全球性"绿色消费浪潮"。

20世纪90年代全球气候变暖开始受到关注之时,"整合营销传播"(Integrated Marketing Communication,IMC)是企业传播的主要范式,也因此,在IMC框架下开展绿色营销是这一时期企业开展商业传播的一个代表性范式。90年代之前,企业开展商业传播时对各类传播行动有着明确分野,如绿色广告、绿色公关等。随着电视、报纸、互联网等不同形态媒介的出现,媒体环境走向复杂,对企业开展整合传播提出了更高要求,整合营销传播由此诞生。唐·舒尔茨(Don E.Schultz)等提出,整合营销传播应当把广告、促销、公关、直销、新闻等一切传播活动都纳入营销活动的范围内,使得企业在开展营销活动中能够达成内容层面、渠道层面的统一性(Schultz,1992),即"用一个声音说话"(speak with one voice)。

绿色营销(green marketing)便是在这一框架下受到关注,绿色营销要求企业在传播活动中融入环保价值观,并将这种价值观植入产品、服务或者企业身份当中。这一整个过程包含了企业在不同媒介营销活动中的叙事配合,因为开展绿色营销要求企业在不同场合、不同媒介中做到"言行一致",即绿色形象必须配合真实、可信的商业行动,一旦这种平衡出现破裂,会引起消费者更多反感。

进入社交媒体时代,媒介内容的无限丰富使得消费者对企业开展绿色传播的真实性、有效性更加敏感,对企业开展绿色传播过程中的传播组织架构提出更高要求。21世纪兴起的"战略传播"(strategic communication)成为企业开展绿色传播的新范式,继承并进一步发展了整合营销传播。所谓战略传播,即有目的地开展传播,要求企业将传播计划上升至战略层面,由企业最高层领导者进行统一规划,调配各类传播资源。对于大企业而言,供应链、商品生产、社交媒体传播、传统媒体广告投放、销售等多个环节都存在着传播要素，任何一个环节出现"不环保"行为都有可能导致企业的绿色形象受损。因此，战略传播也被称为"整合传播"，要求各个传播环节有统一的行动指南，避免在传播过程中出现相互矛盾等问题，例如美国苹果公司曾因其供应链存在污染环节被指责为存在"漂绿"行为。战略传播的另一个有价值之处是"定制化传播"，要求企业明确自身的核心受众群体，理解该群体的价值取向、媒介接受习惯等，集中资源开展针对该群体的传播活动，如关注环境议题的Z世代普遍被认为是当下企业开展绿色传播的核心受众群体。

进入"碳减排"时代，企业开展绿色传播的过程越来越"去传播化"。原因在于，在气候变化成为人类社会面临的最大挑战之时，没有任何大型企业能够置身事外，忽视气候变化所带来的影响。于是，当所有企业都在开展绿色传播时，绿色传播反而成为一项常规工作。相比之下，环境、社会和公司治理（Environmental Social and Governance，ESG）近年来成为企业绿色传播的一个新趋势。ESG是从环境、社会以及公司治理这三个核心维度出发，综合评估企业经营活动的可持续性及其对社会价值观产生的深远影响的一种评价体系。在企业经营活动中，企业不仅需要开展清晰、独特的ESG实践，也需要向公众、股东等利益相关者更透明、有效地传播自身的ESG理念。这种传播行动主要是向利益相关方传达"非财务绩效"，即在盈利之外，企业在环保等领域作出哪些贡献，是否能够做到可持续发展，这关乎到消费者、投资者对于企业发展的信心，直接影响企业融资水平。

总而言之，随着人们对气候变化和环境等议题关注的加深，企业开展碳减排、环保越来越嵌入企业发展的制度设计之中，成为一种普遍现象。纵观当前在全球气候传播中表现优异的大型企业如苹果、雀巢等，这些企业在自身绿色传播表现优异的基础上，甚至参与到联合国气候治理框架下的气候传播之中，活跃于联合国气候变化大会等国际舞台，通过成立企业联盟等方式敦促行业进行低碳变革。我国目前处于低碳社会转型的快速发展阶段，多数企业参与全球气候传播仍处于探索阶段，但也有部分企业在本土语境下探索出备受全球关注的气候传播"中国方案"。对此，本章第三节将会对其中有代表性的中国企业气候传播案例及可能存在的伦理风险进行专门探讨。

（二）名人作为绿色生活实践者

"名人"（celebrity）或"明星"（star）群体是我们日常生活获取八卦信息、进行社会化、树立榜样的重要对象，架构起了公众对于社会生活的想象力。对全球气候传播而言，名人的价值在于，名人本质是"名人的生活方式"，他们可以通过"榜样效应"向社会传递一种全球气候变暖的紧迫情绪，也可以通过温和的方式向社会传递一种更为环保的生活方式。

名人一词在我们日常生活中出现频率非常之高，我们每天所关注的大众媒体、社交网络上都充满了各类名人的行踪轨迹和花边新闻。在一般人眼中，名人就是教导大众、为大众提供娱乐产品、能吸引众多人目光、自带流量的那些人。但从严谨的学术角度来看，至少在中国，似乎从未有人给名人下过一个权威且详细的定义。目前来看，国内外学者在阐释名人这个定义时，多以"明星学"奠基人理查德·戴尔的代表作《明星》一书中的定义，即名人是"无权势的精英"（the powerless elite）为权威标准进行阐释（戴尔，2010）。这个定义在现在看来缺乏严谨性。在娱乐产业较为发达的国家，许多名人群体已经纷纷走入政坛或是社会公共议题领域，将个体声誉资本转化为政治资本，表现出较为强大的号召力。因此，说名人是"无权势的精英"似乎无法服众。实际上，理查德·戴尔这个定义也是引用自前人的研究，加之戴尔这本书出版于1979年的英国，当今的社会文化、媒介环境已经发生巨大变化。戴尔所论述的"无权势的精英"专指娱乐明星，20世纪80年代，受制于当时的政策环境，电影明星一般无法直接参与政治。而随着越来越多的人在电视等媒体上抛头露面，名人早已不限于电影明星，运动员、商人、教师、化妆师……任何职业中的人在当今的语境下都有可能成为众人口中的"名人"。

但戴尔对于名人研究的重要贡献在于，他称"名人即名人的生活方式"，这个论述点出了偶像崇拜的本质：人们关注名人主要是关注他们的"生活方式"，通过学习名人群体的生活方式，社会得以进入现代化，得以接受新科技和各类新风尚。这也是很多名人乐于在大众媒体中展示自身低碳、环保方式的重要原因。但讽刺的是，对比来看，名人群体却往往是整个社会碳排放最高的一部分人，美国真人秀明星凯莉·詹娜、好莱坞知名导演斯皮尔伯格等就曾因其高调的生活方式在美国社会引起争议。这些明星出行乘坐私人飞机，生活方式极尽奢华，斯皮尔伯格一个月飞行排放的污染就相当于 55 户家庭一年的用电量，或 83 户家庭一年的排放量，因此这些明星也常被媒体形容为"气候罪犯"。

当下，部分名人群体已经不再满足于这种温和、渐进式的榜样式气候传播，而是以更为激进的"领导者"身份进入全球气候传播场域中。本书第二章提到的从美国前总统戈尔到瑞典"环保少女"格蕾塔·通贝里便是典型代表，她在近年来尤其受到联合国等国际组织的关注。2003年出生的通贝里利用 Z 世代群体对于气候变化议题的关注，参与到席卷全球的罢课运动当中，迅速获得西方国家关注，成为近年来全球气候治理舞台典型的"个人领导者"。虽然其在气候议题上的发言在全球范围内存在诸多争议，但这种气候领导者的年轻化和名人化趋势值得专门探究。

在影视明星中，一个有代表性且影响力较大的气候名人是影视演员莱昂纳多·迪卡普里奥（Leonardo DiCaprio）。迪卡普里奥被中国观众戏称为"小李子"，他因长期关注气候变化并在自己的社交媒体进行科学普及成为各环保名人榜单的常驻人士。他的贡献包括但不限于：在 1998年成立了莱昂纳多·迪卡普里奥基金会（Leonardo DiCaprio Foundation），该基金会致力于解决令人担忧的环境问题，恢复重要的生态系统和保护濒危物种；2014 年被联合国任命为和平大使，这一职位专注于气候变化问题；曾在联合国气候峰会上发表演讲，强调气候变化的紧迫性，呼吁各国政府采取紧急行动，包括为碳排放定价和消除对化石燃料行业的补贴；参与制作多部环保主题的电影，如《第十一个小时》(*The 11th Hour*)，这是一部展示人类活动对地球环境破坏的纪录片，旨在提高公众对气候变化问题的认识；在获得奥斯卡最佳男主角时，他在获奖感言中对于气候变化的提及成为当年奥斯卡的名场面。但无奈的是，相比于迪卡普里奥对气候变化的关注，全球观众对其关注更多的是他的个人绯闻，他的气候影响力也仅局限于欧美国家。

在中国，曾任国家发展和改革委员会气候变化事务特别代表的解振华也经常在多个气候变化名人榜单中上榜，他以在协调国际碳减排工作上的巨大成就获得国际广泛肯定。在任期间，他在一系列影响深远的气候变化谈判中发挥了重要作用：他协调了中美两国就减少碳排放达成的协议，并为《巴黎协定》的通过争取到了政治支持；在担任中国原环境保护部部长期间，他积极倡导清洁空气、节约资源和可持续发展；他在《联合国气候变化框架公约》中发挥的重要作用，提升了中国在国际气候变化协议中的影响力。

虽然在绿色浪潮下，很多名人都会塑造自身的环保形象，但这种环保形象能否取得社会影响力仍然取决于社会结构对环保话语的重视程度。正如前文所述，名人即名人的生活方式，这种生活方式需要有经济和政治文化基础作为支撑，即只有经济达到一定发展水平，社会才有资源建立起服务于低碳发展的生活方式。现代名人文化最常出现的公关危机类型之一便是脱离社会现实，以"教导者"的形象出现在公共议题甚至是全球治理场域，忽视地方气候思潮的多样性，这类名人文化反而会造成社会反感。

对于本土的名人文化而言，与西方强调个人主义不同的是，中国的集体主义文化并不推崇将气候和环境治理这类公共议题纳入私域话题中进行讨论。虽然中国在"全民义务植树"等治理活动中塑造了诸如"马家军"等社会主义式环保英雄人物，但也主要将其放置于集体主义语境下，关注环保作为一种集体行动对于社会的价值。2009年哥本哈根会议召开之前，中国尚未完全参与到全球气候治理议程的核心环节，中国的娱乐明星非常乐于宣扬自身的环保生活方式，但随着近年来中国将参与气候治理、开展节能减排工作提升至国家议程，这类娱乐化的环保倡议反而越来越少，在个人社交媒体展示自身环保生活方式的明星也越来越稀少。

总而言之，相比企业，名人文化是一种非常地方化的知识类型，名人在不同社会所扮演的角色不同，在全球气候传播的位置也有所差异。这给我们理解全球气候治理提供了重要启示，全球气候传播的一个重要任务是把握不同地区在治理水平、治理模式上的差异，以便针对各地方的治理需求提出相应的传播策略，名人文化作为理解地方文化差异的重要线索可以为这一过程提供启示。

（三）气候议题"建构者"之外的传媒组织

传媒包含新闻、电影、电视、出版、戏剧等行业，以往研究更多关注媒体对于气候变化的"建构"功能，却并未意识到，媒体作为"行动者"也是气候变化中的碳排放主体。在第二章，本书论述过《卫报》等新闻媒体在"气候紧急状态"和"全球气候变热"等话语框架下的角色转型，对于新闻媒体不再作详细论述。除新闻媒体以外，电影、电视行业在气候治理中的能动性和巨大影响力也逐步凸显。

从经济收益来看，多项研究证明全球气候变暖所带来的气温增高以及极端气候事件会对以电影院为代表的线下服务业带来负面影响，使其成为重要的利益相关者。从责任承担来看，电影与电视制作行业是重要的空气污染源，该行业所造成的空气污染程度与航空航天业相当。预算超过 7000 万美元的电影可产生 2840 吨二氧化碳，相当于从月球到地球的 11 次旅行（Meilani，2021），因此这一行业承担气候变化责任可谓义不容辞。

就传媒的立场而言，以美国为例，以好莱坞为代表的电影工业在政治上多具有自由主义倾向，因此娱乐行业也是绿色新政的支持者，积极参与到民间气候动员和全球气候传播当中。1995 年上映的《未来水世界》和 2004 年上映的电影《后天》便是好莱坞呼应全球气候变暖的最早代表作品之一，这些电影以"警示"为主题，将全球气候变暖相关话题融入电影作品当中，呼吁全球观众关注气候变化问题。《未来水世界》讲述了几个世纪后，由于人类对自然的无端破坏和大肆掠夺，地球臭氧层遭到破坏，造成全球变暖，地球两极冰川消融，地球成了一片汪洋后发生在"水世界"的故事。这部影片上映之时，因其主题并不被公众所知晓并没有获得亮眼成绩，但在 21 世纪却被誉为反映全球气候变暖的重要电影作品之一。相比之下，《后天》和之后上映的同题材电影《2012》在上映之初便广受好评，其高票房和对气候议程的有效带动充分说明了影视作品在气候传播中的重要价值。中国第一部关注气候与环境议题的电影《深呼吸》于 2010 年，也就是哥本哈根气候峰会的第二年上映，该片记录了中国人在不同地域、不同气候条件下的生活状态。

在行业标准上，自 2008 年以来，依据行业规范与发展需求，美国、英国、法国、德国、意大利、比利时等共计 28 个国家和地区，相继组建了专注于推动电影产业绿色化改革的专门机构与部门。这些机构通过一系列举措，包括发布绿色电影产业政策、设立专项绿色电影基金、制定并实施绿色电影制作指导原则及标准，以及推进绿色影院的建设等，积极鼓励、全力支持并有效引导电影产业向绿色低碳方向转型，旨在促进该行业的可持续发展目标的实现（刘汉文，2024）。

为了潜移默化地引导公众改变应对气候危机的方式，好莱坞一直以来都在思考如何巧妙地将气候问题融入其叙事艺术中，通过将有关气候变化的科学知识植入各类影视作品当中，激励每位观众在日常生活与工作的点滴中融入环保与可持续发展的价值观。从传播学的涵化理论（Cultivation Theory）来看，这些影视作品的影响往往是潜移默化的。电影工业是受到社会广泛关注的一个社会工种，华纳兄弟等大型电影公司和美国全国广播公司（National Broadcasting Company，NBC）等广播电视公司也将各类影视作品的拍摄场景进行低碳化处理，可以说传媒行业向低碳化进行转型成为其组织发展的必然趋势。

中国电影电视行业处于快速发展阶段，是全球第二大电影市场，也是全球增速最快的市场。但就气候表现而言，我国影视行业的低碳发展仍处于政府、行业协会的政策倡导阶段，还没有形成稳定的示范效应，在影视创作、制片、拍摄、宣发环节尚未实现"低碳"发展。对此，从电影公司到电影制作者，在影视技术、监管等方面开展绿色转型，与全球气候治理接轨，也是中国绿色影视行业走向全球的可行路径。

（四）城市作为气候公共外交参与者

城市是受全球气候变暖影响最大的行政层级之一，也是碳排放的最大来源之一，城市的能源消耗约占世界能耗的 75%，并贡献了超过 70% 的全球温室气体排放。[①] 以北京为例，在全球气候变暖影响下，北京市近年来极端气候事件频发，高温、大雪天气致使城市医疗、交通系统压力增大，城市管理系统面临极大威胁。在此背景下，北京市生态环境局等 17 个部门于 2024 年 3 月联合印发《北京市适应气候变化行动方案》，提出到 2035 年北京基本建成气候适应型城市的基本目标。

在全球气候传播框架下，城市作为重要的参与主体类型越来越受到联合国等国际组织的关注，城市通过开展多样化的公共传播活动吸引

---

① "一带一路"绿色发展城市国际联盟："一带一路"重点城市气候合作机遇研究——碳中和背景下发展中国家城市气候行动合作. 检索于：http://www.brigc.net/xwzx/dlgc.

市民、城市中的各类社会团体、企业等主体参与到气候活动当中。在此基础上，全球各城市之间通过开展"友好城市"合作等公共外交活动，可形成城市间的气候公共外交网络，带来显著的气候传播增益。

城市公共外交是近十年来兴起的新公共外交形式 [①]，以其参与主体精英化、目标受众分众化的特点闻名。城市外交现在已经成为全球大城市开展合作交流的一种惯用方式，非常适合北京、上海等大型城市或苏州等新兴知名城市以官方身份参与到全球城市合作网络中。我国的诸多城市早已通过中国国际友好城市联合会、世界城市和地方政府联合组织所举办的各类"城市外交"活动开展城市公共外交，在学习先进城市治理经验的同时通过全球城市合作网络打造影响力。

与城市公共外交相关的一个词语是"次国家级外交"（subnational diplomacy），这一概念主要指城市等次国家级政府所开展的跨国外交或国际关系活动。城市等主体直接开展外交活动更能促进普通人感知甚至是参与到外交活动中，这对于意图动员广泛社会民众参与的气候治理系统而言至关重要。

一个值得关注的案例是 C40 世界大城市气候领导联盟。2005 年 10 月，来自 18 个世界大城市的代表汇集在英国伦敦共同商讨成立这一联盟，思考城市主体如何参与气候治理。此联盟达成的共识在于，城市主体也需要采取联合行动并开展合作，减少温室气体排放，应对气候风险。当城市以整体的形式参与到全球气候治理发声当中，能够获得更大声量。除 C40 以外，G20 国家下属的 Urban 20 小组、宜可城—地方可持续发展协会（ICIEI-Local Goverments for Sustainability）等城市合作联盟也是开展城市气候外交的重要平台。

成就在于，2021 年，"城市"作为气候治理的参与主体正式被纳入

---

① 目前也有诸多研究使用"城市气候外交"代替"城市气候公共外交"一词，两者所包含的具体实践类似。在当今城市开展的气候交流活动中，官方层面的"外交"活动仅占小部分，因此更多使用的是"公共外交"这一概念。

G20 领导人峰会宣言当中，并首次在 2022 年 G7 峰会成果中得到认可。IPCC 在其第六次评估报告中呼吁明确关注"城市"，同时在 2023 年开始的评估周期中发布了一份关于城市和气候变化的特别报告。

相比于国家主体，城市主体在开展气候公共外交方面更具有灵活性，可以通过举办大型赛事、专题环保活动、社区动员等方式对市民进行气候理念的传递。近 20 年来的奥运会、世界杯等赛事均将"低碳"纳入赛事筹办考量指标当中，2022 年北京冬奥会中的"绿电"点亮冬奥场馆、低碳完成"水冰转换"、氢燃料车保障交通等绿色创新在当时形成了一种绿色风气，使得市民实际观察到节能减排新技术给人类生活带来的改变。2024 年巴黎奥运会更是直接将开幕式搬至塞纳河畔，避免了新建场馆带来的高额制造成本。以上代表性城市所开展的绿色减排实践也能够形成一种示范效应，通过城市间广泛的科学、文化、民间交流进行扩散。

二、多元主体间的气候传播关系网络

本书第三章论述了以国家、国际组织为主体的全球气候传播的治理合作网络，在国家主体之外，企业、科学家、媒体等多元主体之间也存在着基于传播和合作所构成的气候传播网络。依据卡斯特（Manuel Castells）的"网络社会"理论，国家、媒体、社会组织、个人等多元主体的博弈构建了议题网络，网络中的重要节点控制着网络的准入、规范以及建构（Castells，2008）。在全球气候传播网络中，处于不同位置的节点在网络中所扮演的"角色"也不同。社会网络分析视角的引入丰富了"两级传播"视角下的意见领袖研究及其影响路径，在社交网络中，处于网络重要位置的节点被认为是相关议题下的舆论影响者，这一部分节点在社会网络中具有较高的威望和中心地位，可以对相关议题给予正面或负面的宣传、背书和直接支持等。而位于结构洞（structural hole）中心位置的节点可以从网络结构中获得更多的信息和资源控制，并能带动不同主体参与对话。

既有研究基于微观视角，多关注国际主流媒体对于我国国内环境治理议题的建构与形塑，缺乏对于企业、媒体等多元主体在气候传播中的结构性评估。在现实中，全球气候传播正在超越意识形态竞争框架，成为一个囊括经济、科技等多重视角的议题框架，吸引着各类传播主体在其中搭建关系网络并产生互动。本章第一节已对全球气候传播中的企业、个人、传媒等多元主体的主体特质进行了简要介绍。下面继续以中国"双碳"议题在海外社交媒体的传播为研究对象，通过把握这一议题下多元主体间的传播关系，回答在海外社交媒体"双碳"目标的传播网络中，各主体的身份特征是什么？哪些主体在网络中扮演更重要的角色？不同类型、立场的主体形成了何种传播网络？

（一）"双碳"议题的社交媒体全球传播网络

作为全球最大的碳排放国及经济总量最大的发展中国家，中国对气候治理的积极参与一直是国际社会关注的焦点。2020 年 9 月 22 日，在第 75 届联合国大会的一般性辩论中，中国郑重宣布"将于 2060 年前实现碳中和"。这一承诺与其先前提出的"2030 年碳排放达到峰值"的目标相辅相成，共同构成了"30·60 目标"，即"双碳"目标，标志着中国正式步入绿色低碳发展的新纪元，向世界明确展示了其以"十四五"规划为起点，坚定开启生态文明建设新篇章的决心与愿景。

自中国宣布"双碳"目标以来，该议题迅速在国际新闻舆论界引发了广泛关注，成为自哥本哈根气候大会以来，中国主动设定并成功推动的、最具影响力的"全球议程"之一。国际媒体普遍将中国的"双碳"目标赞誉为"宏伟的气候行动目标"，激发了绿色政治的"连锁反应"，还促使日本、韩国等多个国家紧随其后，纷纷宣布各自的"碳中和"目标。

"碳中和"这一概念，超越了单纯的气候变化治理范畴，深度融合科学、经济与政治等多重维度。其中，"碳交易"机制作为推动全球温室气体减排的关键市场机制，其设计与实施对能源产业及相关科学领域的发展具有深远的辐射效应。"双碳"议程的提出，彰显了中国在全球气候治理中的大国责任与担当，不仅赢得了国际社会的广泛赞誉与共鸣，而且有效打破了西方媒体长期构建的"中国环境威胁论"刻板印象，特别是在"多元主体的复调传播"这一对外话语体系创新路径上，中国取得了显著突破。笔者将深入探讨在这一"多元主体的复调传播"框架下，不同主体所扮演的角色及其结构差异。

（二）案例研究设计

近年来，社会网络分析成为国际传播研究领域的重要研究方法，对推特等社交媒体中的传播网络进行分析可以更直观体现不同传播主体的互动过程及影响路径。但社会网络分析也存在其缺陷，单一的关系数据无法解释网络的立场结构。对此，笔者引入情绪、立场等变量，考察网络主体的结构化作用（Jia & Li，2020；庞云黠，2019）。由于网络主体影响着整个议题网络的结构特征，当具有同样立场的主体形成相互联结，议题网络会朝着特定议题演进。虽然社交平台在国际传播中的价值早已毋庸置疑，但在环境议题下如何利用社交平台国际传播，仍然缺乏有价值的研究（史安斌，童桐，2020）。

本研究选择全球代表性社交媒体推特（现 X 平台）中的社交文本为研究对象。数据方面，以"China 或 Beijing+carbon neutral 或 carbon neutrality 或 carbon-neutrwis"为检索词对推文数据进行检索。① 检索时

---

① 这三个英文表述均为海外媒体对于"碳中和"的翻译，因为"双碳"目标宣布后外媒最关注的时间点为"2060 碳中和"，因此本案例在数据选取中主要选择"碳中和"一词作为检索关键词。

间为 2020 年 9 月 21 日"双碳"议题提出后的一个多月内,即 2020 年
9 月 21 日至 10 月 30 日,这段时间囊括了中国宣布中国"碳中和"目
标以及日韩两国宣布实现"碳中和"的时间点。由于社交媒体数据庞大,
包括机器人虚假数据在内的大量无效文本及无关账号可能产生网络复杂
性及无用性,导致分析结果出现偏差,因此本研究对数据进行清洗、筛
选,仅选取与研究主题相关的推特文本进行分析,排除与相关主题无关
的推特文本,最后得到分析样本 8204 条推文。

在时间序列上,"双碳"在推特平台上出现过三波较为显著的"热
议"。第一波出现于 2020 年 9 月 23 日,即中国首次宣布"2060 年碳中
和"目标后,这是目前为止该话题关注度的峰值。第二波出现于 9 月 28
日前后,美国广播公司(ABC)发表了《中国到 2060 年实现碳中和的
目标是否会损害澳大利亚经济》的报道,将该议题政治化,引发了西方
媒体和网民的广泛讨论。第三波出现于 10 月 28 日,这期间日本、韩国
相继宣布了"碳中和"愿景和目标,获得了联合国等国际机构的肯定。
这显然是中国领导人引领的"绿色政治"潮流发挥议程建构效应的结果。

从推特发文国别上来看,北美与欧洲仍然是讨论该话题最多的两
个地区。从国别来看,发文数量排名位于前列的国家分别为美国、英国、
澳大利亚、加拿大、印度、德国,欧洲国家以及澳大利亚等具有较为先
进的"碳交易"体制,对于"碳中和"这一概念的接受度更高。而长期
将中国视为战略竞争对手的印度对于中国宣布"碳中和"目标的态度较
为矛盾,多数印度环保人士承认中国宣布"碳中和"对于全球气候变化
治理意义重大,但也有部分推文质疑中国是否能履行这一承诺。

(三)"双碳"议题中的多元行动者

在社会网络分析法框架下,笔者从影响范围、网络结构位置两个视
角考察"双碳"议题传播网络下的两种传播主体及其影响路径。社会网
络分析法是基于节点的关系模式来确定系统结构的一种研究方法,通过

确定节点的重要程度，社会网络分析法可以判断相关议题在网络中的传播结构（Wu，2016）。本研究提取全部推特文本中的 ID、转发及引用关系，利用 Gephi 生成有向社会网络分析图，得出 5766 个节点、6196 条边。

1. "双碳"议题下的两类影响者

在网络影响力的评估中，度中心性，即主体在推文中被其他节点提及和转发的频次，是衡量其首要影响力的关键指标。度中心性数值越高，表明该节点在网络中的影响力越大。在"双碳"议题下，度中心性较高的主体认证身份主要可分为三类：

首先是以政治家账号为代表，如欧盟主席冯德莱恩（Ursula von der Leyen，@vonderleyen）和澳大利亚前总理陆克文（Kevin Michael Rudd，@MrKRudd）。这些政治家凭借其个人影响力，获得了大量的转发。例如，冯德莱恩对中国"碳中和"愿景的积极表态，以及陆克文关于"碳中和"对澳大利亚经济影响的推文，都广受关注并被广泛转发。

其次，媒体账号也是度中心性较高的主体之一，尤其是像路透社（@Reuters）和天空新闻台（@SkyNews）这样的英国媒体，获得了更多的关注。这些媒体账号在报道"双碳"议题时，大多持中立态度，倾向于提供全面客观的信息。

最后，还有一类主体与媒体互动频繁，如企业主体克利马气候咨询公司 CEO 斯文·特维特（Svein Tveitdal，@tveitdal），以及近年来崛起的美国右翼政治网红本·夏皮诺（Ben Shapiro，@benshapiro），后者频繁接受美英主流媒体的采访。这类主体对"双碳"议题普遍持有强硬立场，他们的观点和态度通过媒体的传播，也在网络中产生了较大的影响力。

在评估主体影响力的框架中，节点的中介中心性是另一个重要指标。中介中心性高的节点，因其在网络中占据"结构洞"位置，能够连接原本缺乏交流的团体，从而拓宽不同人群间的对话空间（Hagen et al，

2019）。鉴于气候变化议题涉及众多主体，且各主体间的利益诉求各异，因此，那些能够跨越界限、沟通不同主体的意见领袖，在"双碳"议题的传播中显得尤为关键，他们有助于推动不同领域人士就"双碳"的科学认知达成共识。

研究揭示，中介中心性最高的节点往往属于环保领域的专业人士，如环保分析师、气候研究学者等。这些人士凭借其在"碳中和"领域的权威解释权，赢得了广泛支持，不仅限于环保界内，还跨越了多个领域。他们对"双碳"议题主要持正面态度，这进一步证明了专业化主体在促进不同群体间对话、推动"双碳"议题"破圈"方面的重要作用。

对比分析发现，度中心性和中介中心性两个指标下排名靠前的主体存在显著差异。度中心性高的主体身份多样，遍布商界、政界等多个领域，尽管他们在推特上获得了大量转发，但其影响力往往局限于特定的网络圈层，对其他领域人士的影响相对有限。相比之下，中介中心性高的科学专业人士，则通过其专业权威，实现了跨圈层的影响力渗透。既往研究多将度中心性作为衡量主体影响力的主要指标，但在本研究关注的环境议题背景下，中介中心性更高的跨界式主体，在"双碳"议题的社交网络中展现出了更大的传播潜力和影响力。为了更深入地阐述这一现象，本研究接下来将对各主体所处的网络结构进行更为细致的分析。

2. 多元主体的传播立场及网络结构

在识别这些关键主体之后，笔者继续绘制这些参与主体的定性网络。依据度中心性的排名，笔者选取了平均度排名前 40 位的节点进行深入分析。这 40 位主体广泛涵盖了先前分析中两类指标下多数排名靠前的主体。随后，笔者对这些主体发布的关于"双碳"议题的推文进行了编码与细致分析。在此过程中，对明确表达质疑、担忧及反对"双碳"的推文，笔者将其立场编码为"负面"；对带有积极情绪的推文，则编码为"正面"；而对于那些以科普为主或无明显情绪的推文，则归为"中立"立场。

研究结果显示，这些主体的推文在立场上呈现较高的一致性。基于此，笔者对各主体关于"双碳"议题的立场进行了分类，并进行了可视化处理（见图 6-1）。在这 40 名主体中，持正面、中立、负面立场的分别有 15 位、12 位和 13 位，三者数量基本保持平衡。

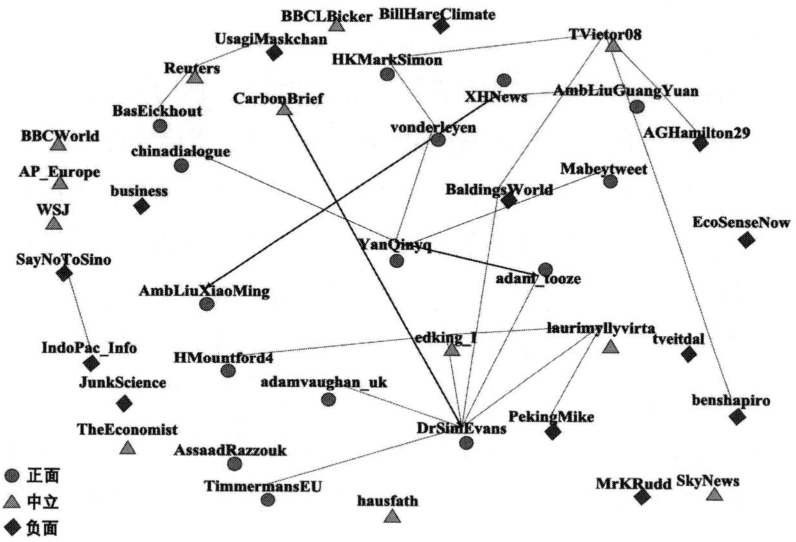

图 6-1 "双碳"目标社交媒体传播网络下主体及其立场结构

进一步观察发现，在"双碳"的社交议题网络中，以环保媒体人西姆·埃文斯等账号（@DrSimEvans）为核心，形成了一个紧密的核心网络社区。该社区内的主体大多对"双碳"议题持正面立场。已有研究表明，在网络结构中，同一网络内的个体会相互产生影响（Taylor，2000）。网络能够协调不同相关者的利益诉求，当这样的网络社区形成后，合作伙伴间的相互作用会产生增效效应，同时也有助于节点对其他网络相关者施加影响（Taylor & Doerfel，2005）。在这一核心网络中，专家账号在促进不同领域人士沟通方面展现出了更大的潜力。

　　相比之下，那些分散在核心网络之外、处于孤立状态的主体，则主要对"双碳"持负面立场。这些主体由于缺乏与其他主体的连接，其影响力仅限于自身较小的圈层内。值得注意的是，BBC 国际部（BBCWorld）、《经济学人》（*The Economist*）、《华尔街日报》（*The Wall Street Joural*）等西方主流媒体账号也并未融入这一传播网络，这表明在"碳中和"议题下，西方主流媒体账号并未扮演重要角色。

　　通过社会网络分析对"双碳"议题在海外社交媒体的社交网络进行概括，总体来看，以环境与科学为叙事主轴的"碳中和"议题在海外社交媒体获得了较为正面的反馈，作为专业术语的"碳中和"引发了专业群体的正面反响，引起了关于"人类命运共同体"的讨论，两者形成联动。具体来看，本研究有以下发现：

　　首先，在主体影响路径方面，媒体或者与媒体互动频繁的政客虽然获得了较高关注，但此类账号仅在较小圈层内产生影响，并未与更多重要账号相连。而科学家、环保专业人士组成了联系较为紧密的正面立场网络，处于网络中结构洞的位置，连接了不同领域的主体进行对话，显示出较大的"破圈"潜力。

　　其次，在"双碳"议题话语建构的主体网络中，媒体在沟通多元主体进行对话中的作用并不显著。相比之下，科学家群体所组成的网络社区则显示出持续影响力。另外，在气候变化的普遍议题之下，"双碳"议题引起了海外网民对气候变化危机下人类共同命运的反思。以上说明，平台媒体中的多元主体正在影响着环境议题下的国际传播逻辑，国际传播的主体边界正逐渐模糊，媒体之外的多元主体影响了环境议题的表达。

　　总而言之，随着气候变化的加剧以及全球性危机更加频繁的出现，全球气候议题下的国际传播越发成为国际传播转型工作的重点领域，而中国作为全球最大的发展中国家，在推动国际环境公平与正义方面扮演着重要角色。基于此，气候议题下的国际传播工作应从整合内容产制、分发等传播流程，充分利用平台媒体的渠道多样化优势，促使多元主体参与到全球传播当中来。具体到气候议题下，媒体应当增加与环保组织与专业化主体等多元主体的长期互动，基于"数字公共外交"理念达成多元主体的"复调传播"。

三、企业气候话语与"漂绿"伦理风险

全球气候变暖的解决有赖于国家、国际组织间的全球性合作以及社会各部门之间分工协调，即全球到地方层面的气候与环境治理，以此为起点衍生出新能源、碳交易、绿色金融等不同领域、层级的社会经济部门，这些经济部门为平台参与全球气候传播提供了入场券。企业是全球气候传播中最为重要的传播主体，企业一方面是碳排放主体，需要承担自身的减排责任，达成碳减排目标；另一方面也是绿色消费浪潮的引领者，其商业活动具有一定社会教育功能。对于"走出去"进程加快的中国企业而言，需要积极理解企业参与全球气候传播的话语策略经验，并规避可能遇到的伦理风险。

中国社会环境话语的演进历经多时。自20世纪80年代始，中国便通过"全民义务植树"等活动着手动员社会力量投身环境保护事业。随着2020年以来全球青年气候运动的升温及中国政府对全球气候治理的积极介入，中国社会内的环境思潮逐渐蓬勃兴起。毋庸置疑，气候议题当前已赫然成为中国社会一个举足轻重的公共讨论焦点。与此同时，在经济结构转型的宏大背景下，本土企业已崛起为气候治理中不可或缺的重要参与主体。回望历史，这一趋势与20世纪七八十年代欧美发达国家兴起的绿色浪潮有着异曲同工之妙。过去10年间，中国社会的环保话语与市场发展逻辑相融合，环保理念由此被深刻地融入社会经济发展的脉络之中。这一系列发展为企业有效实施气候传播奠定了坚实的

基础。

　　基于此，本节将首先对中国企业开展全球气候传播的一个重要案例——蚂蚁森林进行考察，分析其开展气候传播话语策略的有效性和策略方向；其次，以蚂蚁森林为案例，着重介绍"漂绿"这一企业开展全球气候传播可能面临的伦理风险及其规避方式。

（一）蚂蚁森林的气候话语策略

　　2017 年起，支付宝蚂蚁森林、淘宝芭芭农场、微信运动等互联网环保平台迅速兴起。这些平台凭借其庞大的用户基础，巧妙设计了一套游戏系统，旨在将广大普通用户纳入"碳交易"体系。例如，在支付宝平台上，用户通过线上交易等"环保行为"所累积的"减碳量"，会被计入用户的个人"碳账户"。在蚂蚁森林中，这些"减碳量"被形象地称为"能量"，用户可以通过添加好友等互动方式不断积累能量。随后，蚂蚁森林会以企业社会责任的名义认购这些"碳账户"中的能量，并将其转化为真实的树木种植。通过这一系列操作，蚂蚁森林成功地将复杂的"碳交易"机制简化为个人层面的"碳账户"管理，从而在全国范围内引发了一场轰轰烈烈的"线上植树"环保热潮。

　　"碳交易"作为一种市场化交易方案，起源于 1997 年的《京都议定书》，旨在通过法律与规则框架对碳排放量进行定价，将其转化为一种可交易的资产或"商品"，以此市场机制来促进温室气体减排，对抗气候变暖。支付宝的"蚂蚁森林"项目，便是这一机制下的杰出代表。凭借支付宝在中国社会中作为基础设施的广泛影响力，蚂蚁森林通过"游戏化"等创新平台机制，正在构建一个基于平台逻辑的环保话语体系。这一过程不仅使原本商业属性浓厚的"碳交易"变得更为"日常化"，还成功吸引了超过 5 亿人次的积极参与，成为一种新型的企业社会责任（Corporate Social Responsibility）实践，并因此赢得了联合国的关注。蚂蚁森林及其母公司所取得的这一国际认可，很大程度上归功于它们所采用的多层级气候话语策略。接下来，本案例将归纳蚂蚁森林在气候治理框架下开展企业传播的几种话语策略，理解蚂蚁森林如何巧妙地将气候知识融入自身的产品理念当中。

1. 平台作为"新兴经济体"的气候话语

在推广自身环保品牌过程中，蚂蚁森林的代表性传播策略之一是以"新兴经济体"的身份亮相，借此话语构建并推广一种全新的生活方式。作为无实体资产的新经济典范，腾讯、阿里巴巴、百度、京东等平台企业天然契合公众对于"绿色企业"的形象憧憬，并且精于运用广告公关等手段吸引关注，自诞生之初便备受公众期待。这些以"基础设施"角色出现的平台企业，凭借在社会治理中的显著作用，迅速崛起为中国绿色发展战略的领航者。在中国社会的环保浪潮中，蚂蚁金服（后更名为"蚂蚁集团"）、腾讯等互联网巨头均积极参与绿色金融的发展，并依托其市场垄断地位推动行业标准的制定。

尽管作为互联网金融机构的蚂蚁金服难以直接参与碳交易的具体操作，但它巧妙地将自身定位从碳交易实体转变为碳交易平台。依托支付宝这一移动支付的"基础设施"，蚂蚁金服通过开创"个人碳交易市场"深入碳交易领域，力求在该行业中扮演规则制定者的角色。在构建市场规则方面，与传统行业的"垄断者"相比，互联网平台作为新经济模式，拥有更雄厚的资本支持，能够在初期不计回报地进行大规模投入。此外，支付宝在移动支付、互联网金融领域凭借数据和算法的优势占据领先地位，代表了新兴商业模式的前沿趋势。这些独特优势为蚂蚁森林涉足碳交易行业奠定了坚实基础。对于平台企业而言，普遍做法是将环保理念融入企业战略愿景，同时提高环境绩效的透明度。

随着全球气候政策的转型及社会发展的迫切需求，中国正积极向"环境友好型"发展模式过渡，这一转变过程中，社会公众，特别是青年群体，对环境问题的关注程度不断攀升。蚂蚁金服在此背景下，将绿色金融的探索实践巧妙融入国家绿色战略之中，同时精准对接青年群体的期望，以此作为其企业社会责任行动的重要组成部分。具体而言，蚂蚁金服一方面通过入股北京环境交易所，为旗下蚂蚁森林的"碳账户"体系确立了符合政府采纳标准的科学依据；另一方面，利用阿里巴巴集团的广泛社会资源，积极参与环保、扶贫等社会公益活动，不仅提升了自身的社会声誉，更回应了社会对其的期待与质疑。此外，蚂蚁金服作为平台企业所具备的强大议程设置能力，也在无形中引导着公众对环境问题的认知与态度，进一步强化了其在绿色金融领域的引领地位。

2. 利用社会"环境治理遗产"再造气候话语

蚂蚁森林开展气候传播的策略之二是着眼于利用本土环境治理的历史遗产，并以此为桥梁，将公众意识与全球气候治理的宏大议题紧密相连。蚂蚁森林通过设计以"种树"为核心的游戏机制，巧妙利用了"种树"在中国社会中独特的文化价值和情感共鸣，从而在社会层面迅速吸引了初期关注。值得注意的是，在蚂蚁森林构建的碳账户体系中，"植树"虽非碳交易逻辑的直接环节，但成为平台初期吸引用户、积累用户基础的有效策略。这一设计反映了中国环境话语与政府治理逻辑的深刻联系，即环境治理往往蕴含着国家层面的政策导向和社会动员。

蚂蚁森林的"植树"行动，不仅是对中国传统环境治理方式的现代演绎，更是对中国自20世纪80年代以来大规模植树造林运动的积极响应。"全民义务植树"运动不仅规模空前，而且深刻影响了全球森林生态，使"植树"成为环境治理领域的一个标志性符号。进入21世纪，随着植树造林运动的常态化，其责任与职能逐渐下移至地方政府、各类环保组织，成为社会各界参与环境治理、展现责任担当的重要途径。蚂蚁森林通过"植树"这一具有中国特色的环境治理方式，不仅促进了公众环保意识的提升，也为中国在全球气候治理中的角色贡献了一个独特案例，甚至被联合国所肯定。

据蚂蚁森林的首任产品经理回忆，当支付宝在 2016 年年初涉足"绿色金融"领域时，蚂蚁森林团队独具匠心地选择了一个他们认为极具"互联网思维"的方式来推广碳账户——植树。这里的"互联网思维"，本质上是对既有公共话语的创新性转化。自 20 世纪 80 年代起，中国发起"全民义务植树"运动，这场治理运动成为中国社会影响最为深远的环境运动，在中国社会沉淀为一个重要的环保符号。

从蚂蚁森林在微博等社交媒体中的互动来看，很多用户都会提及蚂蚁森林的"游戏"机制与一代人心目中"全民义务植树"记忆的深刻关联。蚂蚁森林不仅巧妙地将传统的治理话语转换为更贴近年轻人兴趣的环境话语，还成功跨越代际，激发了不同年龄段人群对于"植树"这一环保行为的共同想象。因此，蚂蚁森林的流行，可以被视作"全民义务植树"这一传统环保行动在社交媒体时代的新生与延续。

在巧妙运用这一话语遗产的同时，蚂蚁森林紧抓《中华人民共和国森林法》提出的"发动全社会力量推进大规模国土绿化"的政治机遇。2018 年，蚂蚁森林与国家林业部门达成合作协议，正式被纳入全国义务植树尽责体系之中，这意味着"蚂蚁森林植树证书"能够等同于"全民义务植树尽责证书"，从而确立了蚂蚁森林作为政府认可的、动员社会力量参与环境治理的重要桥梁地位。

随后在 2020 年，蚂蚁森林进一步与中国绿化基金会携手合作，并在全国绿化委员会的评估中获得了认可。在此基础上，蚂蚁森林与各地政府合作开展的造林工程项目，被作为成功案例广泛推广，蚂蚁森林也因此以互联网平台的身份，全面融入"全民义务植树"这一国家层面的环境治理运动之中，成为推动绿化事业发展的新动力。

3. "游戏化"框架下的气候参与话语

在微观的平台化机制下，蚂蚁森林创造性地使用"游戏化"和"社交化"两项策略吸引年轻用户参与到这场平台时代的"全民义务植树"运动中。虽然在企业的宣传话语中，蚂蚁森林游戏仍然以"义务植树"的企业社会责任姿态出现，扮演着公益平台的角色，引导用户之间建立起碳账户的交易逻辑；但在蚂蚁森林的实际用户实践中，碳账户和植树不再是远离普通人生活的治理话语，而是深入用户个人生活当中的一种游戏行为。通过将碳交易这一枯燥的交易机制转化为一种游戏行为，蚂蚁森林将"碳账户"转化为私人化的"种树游戏"，这一转化过程体现了企业或平台在气候治理中的技术优势与话语灵活性。

蚂蚁森林充分利用游戏化中的"勋章"元素对枯燥的环保术语进行转化，每隔一段时间蚂蚁森林官方便会推出新的"树种"或"湿地"，通过群话题／主持人以及社交媒体广告进行推广，吸引用户积攒更多的能量，同时用户还可以参与"爱情树""好友树""明星林"等更受青年用户喜爱的合种树活动。植树被赋予了种种超越环保作用之外，诸如关系维护、粉丝打榜等一系列合法性功能。由此，"树木"不仅仅是一个环保符号，而且兼具道德意义以及社会关系价值。反之，"植树"也起到了使用户"游戏行为"合法化的作用，在中文互联网中，"游戏"是一个充满争议的事物，而蚂蚁森林的种树却被广泛描绘为一种"公益"绿色神话。蚂蚁森林之中的不同树种对应不同的能量，这些树种所需的能量水涨船高，用户每次线上支付可获得 5g 能量，而每日运动所获得的能量上限是 296g，获得足够的能量需要用户在平台上付出大量时间进行游戏参与。

总而言之，蚂蚁森林的游戏和社交价值强化了用户的社交性参与意愿。依靠蚂蚁金服及背靠阿里巴巴的广泛业务布局，蚂蚁森林的绿色神话也通过赞助音乐节、制作音乐作品等方式在青年群体中增加曝光。借用"植树"在中国社会的特殊性，将碳账户转化为更具优越感的"游戏化环保"。

（二）全球气候传播中的企业"漂绿"伦理风险

在绿色浪潮到来之际，企业等主体多会有意无意地陷入"漂绿"（greenwashing）的绿色传播伦理困境中，"漂绿"的隐蔽性和多面性使其成为现代社会绿色传播中最常出现的一种传播现象。企业等市场组织无疑是污染问题的主要源头之一，然而，由于盈利驱动，众多企业往往缺乏实际投入环保行动的动力。尽管"节能减排"近年来已广为社会所接受，但多数国家实际采取的仍是"先发展、后治理"的绿色发展"跑步机"模式。当绿色消费趋势兴起时，企业又倾向于将自身品牌塑造为绿色消费的象征，这种行为被称为"漂绿"。这种营销策略不仅掩盖了其消费行为背后可能存在的非环保逻辑，还可能给社会带来负面效应。例如，像蚂蚁森林中用户获取的"绿色能量"，就存在"漂绿"之嫌，它将本不环保的外卖和邮寄包裹包装成绿色外卖、绿色包裹，把原本产生碳排放的行为描述得仿佛具有环保属性，从而掩饰了消费过程中潜在的伪环保本质。

"漂绿"一词最早出现于1986年，由美国环境保护者杰·韦斯特韦德（Jay Westerveld）提出，来自其对美国酒店"回收毛巾"的思考。他认为，回收毛巾实际上是为了减少酒店营业成本，但酒店将这种行为粉饰为"绿色"行为，避而不谈自身在其他方面的非环保行为，这种"避重就轻"的营销行为可被称为"漂绿"。发展至今，公众对于"漂绿"的认知已经较为完善，例如环境营销公司 TerraChoice 在2007年提出的"漂绿行为六宗罪"，即隐瞒全面信息、举证不足、无关痛痒、避重就轻、撒谎欺诈、伪证。

在中国，《南方周末》2010年开始公布的"企业漂绿榜"将漂绿定义为"一家企业宣称保护环境，实际上却反其道而行，实质上是一种虚假的环保宣传"，并提出了《南方周末》版本的漂绿"十宗罪"，包括公然欺骗、故意隐瞒、双重标准等十项罪名。《南方周末》所发布的"企

业漂绿榜"是国内最为成熟且影响力最大的媒体漂绿监督案例，曾一度
暂停发布，不过在近年来又重新发布。2024 年，《南方周末》发布了第
十次"企业漂绿榜"。

从社会影响来看，"漂绿"的危害性在于其产生的影响不仅限于发
布绿色营销的企业，更在于可能对整个社会的绿色传播模式带来负面影
响。首先，企业对于绿色行为的模糊性声明会对消费者的绿色信任产生
负面影响，或为消费者带来困惑，无法让消费者作出客观的消费决策，
影响消费者的消费欲望。长远来看，大量含糊不清的环保声明可能会引
起消费者对企业诚信的质疑。"漂绿"不仅误导了消费者，还会使真正
忠于环保使命的企业失去竞争优势。而企业又是以利益为导向进行市场
活动的，久而久之，"漂绿"的负外部性会造成一种所有企业都不再去
发展环保事业的社会风气。

也因此，西方社会对于环保相关法规的关注与执行较为严格。相
比国内，西方国家对于"漂绿"的警惕性更高，其行业自律组织更为发
达。欧美国家对于"漂绿"的监管主体及范围较为广泛。欧洲国家对于
广告或是营销声明中的绿色信息呈现有着明确要求。美国联邦贸易委
员会最早于 1992 年发布《环境营销声明指南》，虽然这并非一项执行性
法规，但其在客观上促进了大型企业在进行绿色营销过程中的执行规
范。法律层面，美国联邦贸易委员会的执法权来自《联邦贸易委员会法》
（FTCAct）的第五条——禁止广告中的欺诈行为，其他如《消费者权益
保护法》也是认定"漂绿"行为的来源之一。除官方认证与法律机制之
外，非官方组织如塞拉俱乐部（Sierra Club）等环保组织也在其中起到
了许多作用，这类组织在调动舆论时影响巨大。

我国对"漂绿"进行规制的法律依据主要是《中华人民共和国广
告法》，而社会层面的绿色监督稍显不成熟，仅有《南方周末》曾经对
"漂绿"行为进行过持续关注。随着国际 ESG（环境、社会和公司治理）
体系发展逐步成熟，在欧洲、美国均呈现监管要求日趋严格、政策法规

数量持续增长、信息披露日趋强制性的发展趋势，成为不少企业开展国际性绿色营销的风险点。

近年来我国社会舆论对企业的绿色营销开始产生警惕，"科技向善"和"节能环保"等话语策略对于诸多企业而言不再是流于表面的营销策略，消费者也在倒逼企业在绿色营销中拿出实际有效的行动，促进行业绿色传播转型。

四、破解全球气候传播的"阶段性错位"

本章迈出全球气候治理的国际协商框架，将注意力移至面向公众全球气候传播的多元主体，即企业、名人群体、传媒等，这些多元主体自巴黎气候变化大会后收获了更多关注，对全球气候传播议程有着重要推动作用。本书第二章曾提出，当前全球气候传播已经进入关注多元主体的"自下而上"时代，而以中国为代表的发展中国家主要以国家名义开展气候传播，与当前更为主流的全球气候传播理念存在"阶段性错位"。本章所要回应的便是如何解决这一问题。通过考察这些多元主体参与全球气候传播存在哪些动因和基本传播策略和手段，思考随着企业等多元主体越来越深度参与到全球气候治理当中，其应当以何种思路开展气候传播，应当规避哪些传播风险。

首先，通过对企业、名人和传媒等多元主体的初步解析来看，抛开其在公共传播的主体价值不谈，在全球气候传播框架下，这些多元主体可以起到转译全球气候治理知识的作用。通过对气候科学知识的"二级传播"，这些主体将抽象、难以感知的全球气候变暖科学转化为以生活方式、消费产品为代表的"默会"地方知识，帮助社会公众对全球气候治理框架下的生活观念转型建立起实际认知。分别来看，无论是名人还是传媒公司，这些文化工业框架下的行动者在全球气候传播中的角色逐渐从气候变化的"传播者"转型为气候行动的"参与者"和"动员者",深度参与到全球气候变化的民间治理场域。对企业而言,在绿色传播成为大型企业的一种普遍实践的背景下,ESG 的到来使得企业开展气候传播越来越具有战略性,更多企业开始将绿色发展理念融入企业发展愿景当中,绿色营销也逐步转型为绿色议题的战略传播。

进一步以"双碳"议题在推特中的国际传播网络为例,探索这些多元主体在全球气候传播网络中的结构关系和角色,即"多元主体的复调传播"。基于社会网络分析,笔者发现,在"双碳"一类的全球气候传播议题中,欧盟主席等政治领导者、新华社等媒体获得了更多关注,这类群体受到关注的原因在于他们拥有较多的粉丝数量。虽然能使气候议题传播到更多受众,但由于政治领导很少与其他气候传播领域相关专业人士合作,所以气候议题仅在单一政治议题圈层内传播,很少与科学界、金融界人士产生联系。相比之下,关注并支持我国"双碳"目标的全球科学家群体则显示出强大的"破圈"潜力,推特中的气候科学家和气候治理专业人士之间形成了气候传播的协作网络,通过相互转发、引用,将气候议题传播至不同领域受众。

考虑到企业是当前全球气候传播最受关注的主体类型之一,本章以蚂蚁森林这一受到联合国关注的中国企业气候传播模式为例,理解其如何对中国社会的环境话语进行改造并参与到全球气候传播当中。笔者认为,蚂蚁森林在气候传播中的成功之处来源于企业主体的话语灵活性,其将中国社会的"全民义务植树"转化至互联网时代的"碳账户"推广,获得关注。同时,平台技术策略的灵活性将枯燥的碳账户实践改造为联系用户日常生活的"游戏化"种树,吸引了众多网民参与。中国互联网平台对碳账户的有机改造成为中国企业参与全球气候传播的优秀案例,成为中国企业开展全球气候传播的重要借鉴。

但值得注意的是,企业参与全球气候传播的过程有其创造性也有其破坏性,随着大量企业迎合气候议题开展绿色传播,"漂绿"这一隐藏在商业话语中的伦理悖论也愈发凸显，本章关注的蚂蚁森林在游戏化元素的设计当中也无意识地涉及了部分"漂绿"元素。对于大型企业而言，商品从设计到生产的整个供应链环节极其复杂，对于"漂绿"的内部监管困难程度加剧，企业管理层存在的"眨眼"行为也可能纵容营销、销售等环节"漂绿"问题的出现。对此，应当将绿色传播视为一种战略传播行为，即从组织的资源分配、战略把控等方面制定"漂绿"的行为红线，从根本上避免"漂绿"现象的出现。

第七章
全球气候传播"中国何为"

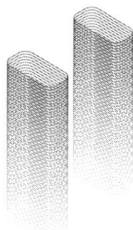

　　全球气候治理是以实现"全球气候安全"为目标的一套多元主体参与的资源协商系统，目的在于打造全球"气候安全"共同体，遏制全球气候变暖对人类社会造成的负面影响。本书认为，这种协商过程不仅存在于联合国气候变化大会等国际谈判舞台上，以新闻、公共外交等形式所开展的气候传播同样也在为国际组织、国家、NGO，甚至是企业等多元治理主体进行赋权，这种话语赋权超越了"以媒体为中心"的传播视角，在气候治理场域能够形成"长尾效应"，对全球气候治理产生更深远的影响（史安斌，童桐，2021）。

　　本书将气候传播的视野提升至全球气候治理层面，重点关注以国家、国际组织为主体，以全球气候治理为协商重点的"全球气候传播"。在气候传播研究"缺位"全球气候治理的背景下，以"领导力"概念为起点，因循全球气候治理的基本特点，本书将全球气候治理视为不同领导类型之间的互动过程，把握重要的国家和政府性国际组织如何定义和理解全球气候治理，不同气候治理领导类型存在于何种传播权力结构下，它们相互之间又如何通过全球气候传播进行协商和互动。

　　分析线索上，从全球气候治理的协商特质出发，笔者将全球气候传播视为一种知识的协商和分享过程，将全球气候传播分解为"显著"的科学知识和"默会"的理念型知识两个层面，理解不同类型领导力在全球气候传播中的内容编排与传播偏向。接下来，本章将分别阐释前几章的研究结论与发现。基于这些研究发现，结合中国的实际情况，理解在现有气候治理格局下，中国的全球气候传播应如何行动，以及中国能为全球气候治理贡献何种力量。

一、全球气候传播中的领导模式与知识协商

以学术线索分解"全球气候传播"这一概念，本书给出的答案是，全球气候传播是以国家和国际组织等"领导者"为主体，围绕科学、政策和政治等治理机制所展开的一种知识的分享与协商，其目标是建立现实的、可持续的协调机制，遏制全球气候变暖等气候异常现象，从而实现全球气候的"共同安全"。接下来，围绕全书，对全球气候传播过程视角下的几个关键概念分别进行论述，搭建全球气候传播的分析框架，这也是本书的理论贡献。

（一）领导力坐标下的全球气候传播结构

既有研究将全球气候传播视为几个重要国家之间的话语博弈（Qi & Dauvergne，2022），忽视了其中复杂的科学决策及知识生产过程。本书以领导力为坐标对全球气候传播进行探索，可以看到一幅与以往气候传播研究迥异的传播图景。以往气候传播研究虽然也关注到气候治理中的话语争夺，但缺乏对全球气候治理整体性和结构性的把握（Nerlich，Koteyko & Brown，2021）。差异在于，与健康、技术等议题不同的是，气候议题同时具有气候变化长期的"温水煮青蛙"和极端气候事件短期"突发性"的双重传播特质，在传播过程中与政治话语的联系更加隐蔽。全球气候传播建立在全球气候治理框架下，与以往以媒体文化、认同政治为核心的全球传播格局存在差异。

全球气候治理的结构性矛盾催生出全球气候传播的不同领导类型，各大国的"碳实力"和利益诉求决定了这些领导者的结构性地位。随着

全球气候治理格局的不断变动和向前探索，全球气候传播的基本图景
也在发生变化。当然，在全球气候治理的"初始设置"下，既有的全
球传播体系在气候传播权力结构中仍然扮演着重要角色，影响着全球
气候话语的权力配置。基于对全球气候治理中三种领导力类型，即以
UNFCCC 为代表的工具型领导、以 IPCC 为代表的知识型领导和以国家
为代表的结构型领导的考察，本研究首先对全球气候传播的基本领导结
构进行把握，进一步说明"领导力"或"领导模式"概念在全球气候传
播研究中的适用性。

在全球治理体系下，"旧治理理念"与"新治理实践"不断碰撞，
带来了全球治理体系的不稳定结构①，在气候治理领域，则形成了以
UNFCCC 为组织核心、以国家和国际组织为参与主体的"权威缺失"
治理结构。哥本哈根峰会之后十余年间，全球气候传播格局经历多次重
组：就参与主体来看，因经济发展需求、国内政治局限以及能源危机等
原因，目前没有一个国家或政治主体在全球气候治理中占据绝对优势，
这些治理主体力图通过国际协商以及全球气候传播、公共外交等手段提
升自身在科学与治理上的话语权（Willis，Curato & Smith，2022）。从
争议焦点来看，"后哥本哈根时代"全球气候传播的核心矛盾在于：一
方面继续关注"南北差异"，即发达国家和发展中国家阵营之间的话语
争夺；另一方面，随着气候谈判阵营的进一步分化，新的国家集团也逐
步登场，本研究所主要关注的便是不同领导类型在气候传播中的差异。

宏观来看，全球气候传播形成了一种组织化的关系结构，各主体
仍然围绕着 UNFCCC 搭建的联合国气候变化大会等框架开展传播行动。
在这一框架下，"领导力"概念在解释全球气候传播的历史维度与复杂
性方面有其价值。以领导力为坐标，我们更能够理解存在于治理结构中
的多元主体，同时领导力概念包含着对气候治理之中多元主体之间关系

---

① 郭树勇，舒伟超：西方治理全球导致结构失衡. 中国社会科学文库，2022 年 8
月 6 日，检索于：https://www.sklib.cn/c/2022-08-26/650109.shtml.

的理解，能够帮助我们更清楚地绘制出全球气候传播中的关系结构。在
当前全球气候治理格局下，国际组织、国家等多元主体就如何解决治理
问题展开协商，尝试建设一套平等、公正、有利于全球协商的"组织结
构"（薛澜，关婷，2021），部分领导者以"碳实力"为基础，参与建构
着这一组织结构的形成。本书在对全球气候治理的"组织结构"把握的
基础上进一步延伸出对全球气候传播中各主体间互动关系的思考，并丰
富领导力的传播理论内涵。结合全球气候治理的基本特点，总结出以下
全球气候传播的关系结构（见图 7-1）。

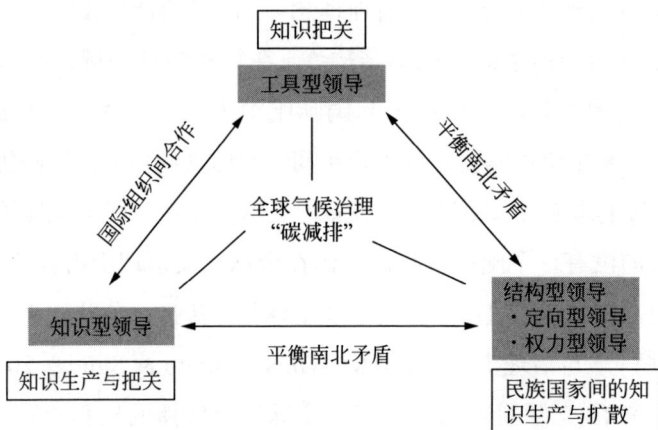

图 7-1　以领导力为核心的全球气候传播结构图

　　图 7-1 是研究者所概括的全球气候传播三类领导之间的结构关系。
经过第三、四、五章的探讨，本书认为，以 IPCC 为代表的知识型领导
不仅起到知识生产的作用，在特定语境下，其也开始承担全球气候传
播中知识把关与传播的职能；国家等结构型领导通过培养自身的科研机
构，在全球气候传播中的领导者角色也更加丰富多元（Howarth et al.,
2022）。

　　首先，国家和区域型国际组织以"结构型领导"的身份存在于全
球气候传播网络之中，这些政治主体所开展的全球气候传播可被视为全

球气候治理中的知识的分享与协商，通过开展全球气候传播，国家得以树立榜样效应，在全球气候治理中争夺话语权。第四章研究发现，全球气候传播中的主要矛盾并非存在于"定向型领导"和"权力型领导"两种结构型领导之间，而是主要存在于发展中国家与发达国家之间，两个阵营之中各自存在着自身的"权力型领导"和"定向型领导"，例如欧盟和美国分别为发达国家中的权力型领导和定向型领导，结构型领导类型的价值在于对这些国家的气候传播理念进行分类，突破以往气候传播研究视发达国家或发展中国家内部为"铁板一块"的弊端，针对不同类型国家制定相对应的传播策略。

其次，作为"工具型领导"和"知识型领导"的国际组织则为国家间的气候协商提供知识基础，起到建设协商平台的作用，两者在气候传播工作中的权力偏向影响着是否能够建设公平公正的气候传播体系。UNFCCC 和 IPCC 分别是最为典型的工具型领导和知识型领导。工具型领导的基本职能是放大知识型领导的知识议程，引导气候治理的科学议程，在治理主体之间进行斡旋，平衡各方利益。在全球气候传播中，通过为国家赋予可见性，影响全球气候治理中的话语分配，UNFCCC 也是结构型领导争夺话语权力的舞台。同时，工具型领导也为我们提供了一个窥视全球气候传播中话语权力分配的窗口，帮助我们理解在媒体之外，存在于全球气候治理过程中的全球气候传播网络。

回顾全球气候传播的历史可以发现，在当前全球气候传播实践中，知识型领导与工具型领导在气候传播中往往是绑定的，气候话语的争夺过程主要存在于国家之间。知识型领导一般为科研型的国际组织，在建制上就与工具型领导相近，两者之间的合作也较为紧密。以 IPCC 和 UNFCCC 的关系为例，在 2009 年之前，UNFCCC 几乎扮演了 IPCC 的传播代理人角色，"气候门"事件之后，IPCC 开始建设自身全球气候科学传播网络，影响着气候知识的选择与流动。因此其职能不仅仅是"知识生产"，更包括"知识把关"的职能。从科学报告的整合到面向媒体的气候传播，自哥本哈根气候变化大会以来，IPCC 已经成为结构型领导争夺科学话语权的重要场域。

最后，本书将企业、名人、传媒等既往研究并未关注到的气候传播主体纳入分析框架下，这一类型的气候传播主体当前不具备影响全球气候治理的结构性权力，因此不在图 7-1 中呈现，但通过制造舆论、培养公众绿色生活习惯等方式渐进式地影响着全球气候传播的话语格局。因为全球气候治理的最终推进有赖于公众环保意识的转型，这些多元主体则在其中扮演着二级传播转译气候理念、科学知识的重要角色。

总而言之，从几种领导模式的互动模式来看，当前全球气候传播以不同结构型领导之间的话语争夺为主，工具型领导和知识型领导一方面设置全球气候治理的科学议程，另一方面也在结构型领导之间起到平台和中介作用。这种平台与中介作用是否存在偏向，国家又如何在气候传播中行使这种结构性权力，本书也对其进行了进一步分析。

（二）全球气候传播中的领导类型角色差异与发展趋势

继续对三种领导类型在全球气候传播中的角色和要素进行探讨。从全球气候治理的基本理论与实践特点出发，结合新闻传播学研究中的经典概念对相关领导在全球气候传播中主要职能进行阐释。对此，本书进一步总结出全球气候传播中的三种领导类型的主体类型特征，并进行简要对比（见表 7-1）。

既有研究将国际组织视为绝对权威的气候话语生产"黑箱"（Yamin & Depledge，2004），忽视其中的信息生产过程。作为全球气候治理中负责"协调多元主体""放大知识影响力"及"设置议程"的工具型领导，UNFCCC 一方面承接 IPCC 的科学议程，另一方面协调结构型领导之间的话语争夺。本书从知识的"把关"视角出发，考察其在全球气候传播中如何定义全球气候治理，为多元主体赋权，把握和平衡多元主体在气候传播中的可见性。全球气候传播与全球气候治理在议程上并不完全一致，即与各国每年在联合国气候变化大会激烈交锋不同的是，UNFCCC 正在淡化这种政治争议，主要从科学与政策两个角度回应全球气候整理，强调全球气候传播的"建设性"方案，这导致了全球气候传播正在走向"去争议化"。

表 7-1　全球气候传播中的三种领导类型对比

领导类型	知识型领导	工具型领导	结构型领导	
			权力型领导	定向型领导
定义	产生智力资本或生成思想体系，塑造那些参与制度谈判的主体的观点	使用和放大知识领导者的想法，以便将科学议程提上政治议程	权力型领导建立在政治主体部署威胁和承诺的能力之上，以此影响他人接受自己条件	以"榜样"的姿态出现在国际社会之中，他们通过率先实行绿色新政来影响类型相同的政治主体也参与到气候治理当中
诞生时间	20 世纪 80 年代	20 世纪 90 年代	20 世纪 90 年代至 21 世纪初	20 世纪 90 年代至 21 世纪初
主体类型	主要为科研组织	主要为国际组织	主要为国家或地区性国际组织	主要为国家或地区性国际组织
代表性主体	IPCC	UNFCCC	美国、澳大利亚	中国、欧盟
传播角色	全球气候传播中的知识生产与把关	全球气候传播中的知识把关	全球气候传播知识扩散的重要行动者与把关者	全球气候传播知识扩散的重要行动者与把关者
传播诉求	生产被广泛接受的"全球知识"	设置科学议程	将全球气候共同利益纳入国家利益框架之下	将国家利益纳入全球气候共同利益框架之下

2024 年的联合国气候变化大会在阿塞拜疆巴库开幕（COP29）。此次会议迎来的初步成果在于，各国代表就推动全球碳信用交易的关键规则达成一致，但相关进展也伴随着诸多争议。气候专业人士普遍认为，

相关机制可能会让富裕国家通过资助海外的减排项目来实现目标，从而推迟发达国家实施代价更高的国内气候行动。此类争议并非个例，发达国家善于使用各类"专业知识"操纵全球气候治理向着更有利于其国内利益的方向进行转型。这种对知识霸权的掌握也反映在本书第三章的结论中，即 UNFCCC 在全球气候传播中将发展中国家形容为"被援助者"，西方国家则是"援助者"，没有跳出"现代性"框架下发展传播学的认知结构（李金铨，2015）。全球气候治理的一个新兴趋势在于，世界贸易组织（WTO）等外部国际组织正在参与到气候话语的权力分配当中，例如 2024 年 COP29 的一个重要争议在于对欧盟碳关税（CBAM）的讨论，中国代表基础四国（BASIC）反对以应对气候变化为名义，限制贸易和投资或建立新绿色贸易壁垒。这一争议涉及 WTO 的职能范畴，处于多治理领域交叉部分。

作为全球气候传播中的结构型领导，国家主体在全球气候治理中会自动形成利益集团和联盟，并以有利于自身利益的角度去定义气候议题。以往学者虽关注到这一点，但很少有研究进一步追问不同国家集团背后的气候话语细节差异。本书分别对中国、美国、德国、法国、澳大利亚等典型国家进行了领导模式的检验，区分定向型领导和权力型领导的差异。笔者发现，即便所属同一领导类型，不同国家基于利益、观念上的差异也会表现出差异性的传播模式。当然，这种领导模式是动态变化的，会随着地缘政治格局、经济实力的更迭而调整。2024 年 11 月特朗普当选美国总统，而在随即召开的 COP29 上，国际社会普遍猜测中国是否会接替美国可能留下的权力空间，随即中国公布已向发展中国家提供 1770 亿元的气候资金。传统上，中国很少会在此类场合公布有关其气候政策和计划的信息，这一举措在 COP 上被各界人士称为"史无前例"，表明中国计划在未来气候治理中发挥更核心的作用，标志着缔约方会议进程可能发生的重大转变。加之近年来中国新能源汽车在全球汽车市场份额中的火热增长，中国在该领域所起到的领导角色显然更值得期待。

当然，关于中国在全球治理中的领导角色，学界一直存在争议，部分气候领域专业人士将中国视为典型的权力型领导者。本书主要从气候传播角度对各政治主体的领导角色进行解读，虽然以全球气候治理框架为基础，但仍然是一个相对独立的话语系统。

在新闻媒体中，IPCC 一直被描述为中立、权威的科学组织（Lynn，2018）。但本研究认为，知识在生产过程中受到知识生产者的知识结构与具体历史语境的影响，存在一定的权力偏向（Biermann，Peters & Taddicken，2023）。IPCC 在诞生之初采取"回避媒体"的传播策略，这种策略在一定程度上维护了其科学中立性以及科学权威地位，但也造成了气候科学与媒体逻辑的分离，引发了"气候门"等脱离常规科学传播模式的负面事件。近年来国际社会对于 IPCC 缺乏对社会科学知识的介入一直抱有批评（Latour，2004），本书进一步说明了这其中的问题所在。事实上，IPCC 介入社会科学领域或已成必然，近几届联合国气候变化大会上，气候融资成为迟迟难以推进的全球议程，因为各国难以对气候融资形成统一的概念性共识。对此，《自然》（Nature）杂志建议 IPCC 参与气候融资的协商，其原因在于，IPCC 是唯一一个获得各国信赖的科学组织，它能够建立数据库，帮助回答那些难以达成共识的问题（Nature Comment，2024）。已经有部分国家向位于瑞士日内瓦的 IPCC 秘书处提出请求，要求其提供一份关于气候融资的特别报告。

不过，IPCC 在组织设计上仍然存在诸多不平等问题，有研究显示，IPCC 报告的写作成员虽然越发"多元"，但在"包容性"上面仍然缺乏。表现在于，在报告起草和写作期间，IPCC 内部一些自称"IPCC 恐龙"（IPCC dinosaurs）的老一代科学家经常表现出一种优越感，他们通常不会接受"新人"的意见，而这些新人主要为女性和来自发展中国家的科学家（Caretta & Maharaj，2024）。以上可见，即便将来自各国的科学家纳入写作团队，知识型领导在全球气候传播中也并非能做到完全公正。当前除 IPCC 以外，具有全球影响的科研组织主要来自西方国家，且均为自然科学领域研究机构，代表全球南方国家声音的、关注"地方性"和"包容性"的知识型领导亟须建立。

对于企业、名人等全球气候传播中的多元主体而言，巴黎气候变化大会后，这类主体越来越受到关注，扮演了全球气候治理与地方气候治理之间的议题"中介"角色，呼应全球气候治理的各项议程，通过绿色营销等方式扩散"绿色知识"。其重要性在于，企业等主体凭借在技术和话语策略上的灵活性，将以往被束之高阁的碳减排议题逐步转化为公众层面的"地方性"知识。随着全球气候治理的发展，这一主体类型参与全球气候传播的能动性将只增不减。

（三）全球气候传播中的知识线索

在全球治理实践中，"知识分享"与"知识协商"早已成为公认的治理手段，但国际传播与全球传播，尤其是全球气候传播研究对于这一线索关注较少。全球气候治理涉及政策、政治与科学等多个层面的国家间沟通与协调，存在着典型的知识分享与协商过程，全球气候传播则是一种常态化的知识分享与协商过程。基于以上判断，本书将"知识"概念纳入全球气候传播研究当中，在内容层面考察全球气候传播中各领导主体进行互动的具体细节。

对此，本书进一步将知识社会学、知识经济学等学科中的"默会知识"与"显著知识"概念引入全球气候传播中，前者指全球气候传播实践中内嵌的惯习与价值观，也包括各主体之间的社会结构和制度差异；后者则是以科学权威为核心，在不同类型领导之间无障碍流动的科学知识。两者的关系在于，默会知识是存在于经验与实践中的认知前提，是显著知识的表达框架。默会知识代表着一种权力结构，存在潜移默化的影响，使原本客观的科学知识产生权力偏向。

全球气候传播"中国何为"

作为知识型领导的 IPCC 所生产和传播的主要是显著知识；而 UNFCCC 虽然存在对于显著知识类型的放大与议程设置作用，但就目前而言，其主要功能还是调节结构型领导之间的默会知识差异；而结构型领导，也就是各国家之间则会基于默会知识的认知框架，就科学知识和治理理念产生话语竞争。

自第三章起，本书深入探讨了各类知识传播的倾向性差异。基于本书对全球范围内不同领导风格下气候传播实践的考察，笔者发现，各政治行为体在审视气候治理问题时，其视角深受其发展理念、利益诉求以及国内政治体制等多重因素的交织影响。尤为突出的是，气候治理"双层博弈"的特质愈发显著，即国际层面的气候治理"责任"与国内的经济结构转型紧密相连，这一过程蕴含着复杂的发展理念转变与政治策略博弈。举例来说，本书着重分析的典型权力型领导——美国，其气候政策显著受到民主党与共和党之间政治博弈的影响，国内深层次的社会结构问题往往成为其对外气候政策调整的重要变量。相比之下，中国的气候政策则紧密关联于其作为发展中国家的经济特征与政治定位。此外，值得注意的是，即便在相同的领导模式框架下，对于默会知识的重视程度及运用方式亦可能存在显著差异。以中国与欧盟为例，两者在全球气候传播的舞台上分别展现了迥异的两种定向型领导风格，这凸显了在气候治理领域内，领导模式与知识传播偏向之间的复杂互动关系。

对于以科学知识为代表的显著知识而言，过去在气候传播研究中，此种知识类型被假定为一种客观权威的事实，很少有研究追问科学在全球传播中的权力偏向性。本书认为，从哥本哈根气候变化大会开始，IPCC 等科学组织看似建构了一套平衡不同权力主体，且向发展中国家倾斜的科学知识传播体系，但在实际传播过程中，气候科学内含的争议过程以及知识类型差异使得其在传播过程中存在着明显的偏向性。这来源于发达国家科学共同体长久以来在全球传播中的权威地位，以及知识型领导对于全球南方更广泛的社会语境的忽视。对此，发展中国家增强自身的科学话语权力已经成为必然趋势。

基于以上讨论，本书拓展了全球气候传播中的"知识"概念与气候话语权之间的关联，说明了"知识"这一视角在全球气候传播甚至是全球传播研究中的价值所在。将过去仅关注于社会及公共交往领域的知识社会学再次扩展到全球传播层面，为理解全球传播中的差异、共识提供了一个新的视角，也为公共外交、战略传播等研究领域进行理论突破提供了可借鉴探讨的方向。

（四）气候传播的"全球性"

本书以案例研究的方式揭示了主体类型视角下气候传播的多样性，并结合全球传播的基本价值理念构建"全球气候传播"的学术地图。通过几个案例分析可见，在不同的社会语境下，不同治理主体在全球气候传播的默会理念与具体的知识配置策略上呈现很大差异，而全球气候传播的最终目的便在于建立一种知识的共同话语空间。在学界所流行的"战略传播"范式看来，战略传播的最终目的是达成主体间的相互承认，而这种相互承认则建立在彼此充分相互了解的基础上（史安斌，童桐，2021a）。在实现"人类命运共同体"的过程中如何弥补这些理念间的差异将是未来开展全球气候传播的一个要点。

从历史的眼光来看，全球气候治理体系的正式形成，离不开广大全球南方国家在 2009 年之后的正式参与。正是南北方国家在经济、政治利益上达成一定共识后，全球气候治理才得以推进。但始于欧美学界的气候传播研究很少关注到广大全球南方国家与国际组织的气候话语构成，将气候议题视为一种中立、客观的知识传播过程。我国现有的气候传播研究以"风险"话语为核心，建立在欧美国家，尤其是美国气候传播研究范式的基础上，缺乏对更为广泛的全球气候传播类型的关注。但实际上，西方气候传播研究有其特殊性，无法完全与我国的气候传播实际情况进行适配。从本书对不同国家气候传播话语重点的关注来看，美国等结构型领导的气候传播更关注国内议题，缺乏对全球气候治理的关注，以"事后思考"模式的气候传播为主，虽在科学方法论上创新繁盛，但对于地方性知识的关注仍显不足。

相比之下，小岛屿联盟国家及智利等发展中国家的气候传播自诞生以来就具有"全球传播"色彩，其国内人均碳排放量不高，但受到全球气候变暖的影响却最大，因此其在全球气候传播中主要起到在各国之间斡旋的作用。而对于广大实行"自上而下"治理模式的发展中国家而言，气候传播也与西方传播学所关注公共协商有很大差别，存在于不同的社会语境之下。当前我国的气候传播实践则缺乏对以上不同国家、不同语境下的多元气候传播实践的关注，难以在学术层面为我国开展气候领导力的建设提供有效见解。

在中国，城市与乡村在人均碳排放方面差异巨大，全球气候变暖对于不同地区、阶层的影响也存在差异，这种差异体现了我国气候传播研究的资源丰富性以及开展气候传播实践的叙事多元性（李玉洁，2020）。中国存在历史悠久的环境治理传统，气候传播如何回应这一历史资源是值得政府、企业等多元主体关注的，蚂蚁森林对于本土植树话语的转化正说明了这一点。学术研究有其使命性，本土气候传播研究应当在把握本土研究资源的基础上理解全球气候传播的差异性，寻找在气候治理领域建设"人类命运共同体"的可能性。这也有助于我国气候传播研究重新定位自身，回应社会问题，并为我国参与全球气候治理、开展全球气候传播提供叙事基础。

对于全球气候传播而言，气候传播的"全球性"所带来的启示能够帮助国际传播跳脱实践过程中所存在的意识形态化陷阱（包智明，陈占江，2011），这要求我们辩证看待从本土到全球层面的气候治理经验，理解各类传播模式在气候治理中的得与失。仅关注西方范式下的气候传播模式会将全球气候传播研究带入意识形态差异的既有循环之

中，也无法让中国真正承担起全球气候传播中全球南方国家领导者的
重任。

二、中国参与全球气候传播的可行路径

与"后哥本哈根时代"初期中国在全球气候领导力建设上处于探
索阶段不同的是，当前我国在碳政治的硬实力上已经处于大国前列，全
球气候治理的"中国方案"已基本成型（李波，刘昌明，2019）。但相
比于欧美国家，中国开展全球气候传播的时间点较晚，政府部门缺乏成
熟的全球气候传播经验，国内也缺乏像彭博社等深耕全球气候经济的重
要媒体，在全球气候传播体系的建设上任重道远。

值得肯定的是，近年来中国在全球气候治理舞台上积极承担治理
责任，2009 年，我国宣布到 2020 年单位国内生产总值二氧化碳排放下
降 40%~45%，2020 年中国碳排放强度比 2005 年下降了 48.4%，超过
了向国际社会承诺的 40%~45%。[①]2020 年 9 月，中国更是宣布了"双
碳"目标的两步走战略，为全球气候治理打了一针强心剂。在此背景下，
我国开展与所承担的气候责任相匹配的气候传播，首先要思考的是中国
在全球气候治理中有何种国际定位，这种定位是否与中国的全球气候形
象相匹配。

（一）中国的全球气候形象现状

中国的全球形象呈现多维度、立体化的特征，不同国家和地区对
于中国在各类治理领域中的看法可能迥异。以气候议题为例，该议题横

---

① 中国政府网：白皮书：中国基本扭转了二氧化碳排放快速增长的局面. 2021 年 10
月 27 日，检索于：https://www.gov.cn/xinwen/2021-10/27/content_5646822.htm.

全球气候传播"中国何为"

跨政策制定、科学研究、政治博弈等多个层面，当前世界各国对于气候议题尚未形成一致且全面的认知框架。因此，塑造国家的气候形象显得尤为复杂，必须依据不同国家的具体理解和认知，精准定位并调整对外传播的策略与重点，以确保传播工作的有效性和针对性。

其中，关注气候治理的欧洲将中国视为气候变化的必要合作伙伴之一，广大发展中国家同中国在气候问题上利益一致，而美国对中国气候形象的看法则受政治波动影响较大。涵盖700余名美国受访者的调查[①]显示，尽管中国在全球气候治理领域已被广泛认可为发展中国家的先驱，但美国公众对中国在此领域的形象认知却呈现负面倾向，这一认知深受诸多固有刻板印象的影响。

具体而言，美国受访者对中国在科技与经济领域所取得的成就给予了相对较高的评价；然而，在环境保护、社会治理以及开放程度等方面，他们的评价则趋于负面。如表7-2所示，在一系列描述中国国家形象的指标中，"全球发展的贡献者"这一形象获得了较高评分，紧随其后的是"重要的创新型国家"与"高科技产品生产国"。相比之下，对于中国作为负责任大国"积极参与全球治理的负责任大国""国家治理良好、社会和谐稳定的文明国家"以及"亲和、有活力的开放国家"，美国公众的评价则显得较为中庸，未给予特别高的认可。这说明改革开放以来中国经济快速发展的形象已深入人心，但与之而来的对"经济发展"与"环境保护"之间二元对立的刻板印象却恶化了中国的环境形象。从表7-2中可见，"环境污染严重的国家"和"全球发展的贡献者"恰好是评分最高的两个选项。另外，根据调查显示，美国公众最期待中国在科技与经济领域的国际合作，其次是文化与政治，最不被期待参与国际合作的领域恰恰是生态环境领域。

---

① 关于此调研的详细背景及过程，可参考：潘野蘅，童桐，贾鹤鹏，王挺（2023）。

表 7-2　美国受访者对中国国家形象评分均值

排名	中国国家形象维度	评分均值
1	环境污染严重的国家	4.1
2	全球发展的贡献者	3.84
3	重要的创新型国家	3.74
4	高科技产品生产国	3.74
5	积极参与全球治理的负责任大国	3.35
6	国家治理良好、社会和谐稳定的文明国家	3.34
7	亲和、有活力的开放国家	3.22

　　但就对中国气候行动评价来看（见表 7-3），虽然美国民众对中国在"气候道义"和"低碳技术"上的评价相对较低，但在"气候承诺"和"发展理念"两个题项上的评价却较为客观。这一现象的可能解释在于，美国民众对于中国在经济发展上的成就较为认可，也带来了对于中国政府在经济发展、环境治理等事项执行能力上的信任。但由于对中国近年来参与气候治理的各项举措缺乏了解，在"气候道义"和"低碳技术"的认知上较为缺乏，说明中国的"双碳"目标等国家层面的气候承诺缺乏面向全球公众的广泛传播，这一过程中，中国企业、科学家等"中介主体"的缺失可能是重要原因。

表 7-3　美国受访者对中国气候行动评价评分均值

排名	中国气候行动评价	评分均值
1	气候承诺	3.655
2	发展理念	3.613
3	责任分配	3.535
4	气候道义	3.487
5	低碳技术	3.435

　　进一步解读这一调查结果，美国公众对中国在气候领域的形象存在"误解"的一个核心因素，可归结为经济议题普遍存在的"共通性"

效应和气候议题的"差异性"解读。具体而言，美国民众倾向于通过"经济发展"这一宏观框架来构想中国，却对中国的全球治理角色及其在平衡经济发展与环境保护之间复杂关系的细腻策略知之甚少。鉴于气候议题的高度专业性和其特有的地域性知识特征，普通人在日常生活中很难建构起相关认知。尽管中国对全球经济的显著贡献已是不争的事实，但其在气候治理领域的承诺与实际举措却未能广泛为人知晓。由此，构建一个超越传统传播范式、专注于专业化沟通的新型传播体系显得尤为迫切。

（二）建设全球南方国家知识领导力

中国在全球气候治理中对广大发展中国家的引导作用已经毋庸置疑，在政治影响力和政策一致性方面已经建立起国家品牌。但全球气候传播不仅仅是有关政治和政策的全球性协商，科学知识的生产及其解读权的把握在全球气候传播中具有底层逻辑意义。以下有两个例子，2006年荷兰某咨询公司为对中国施压，向全球宣布中国已成为全球第一大碳排放国，却完全不提及中国人均碳排放现状，使得中国在随之而来的国际气候谈判中倍受舆论压力；再如2020年中国宣布"双碳"目标后，缺乏持续通过科学传播向全球说明"双碳"目标的全球战略意义和科学计划性，导致此声明发出后虽获得海外气候科学群体的肯定，但更为广泛的经济、政治领域人士却并不了解，甚至质疑中国"2060碳中和"目标的实际可行性，影响了"双碳"目标的正面传播。本书第四章对中国外交部所发布的新闻文本的分析也表明，当前中国缺乏专业化科学视角下的全球气候传播工作，亟须建设一套从政府到媒体、科学家等多元主体参与的气候科学传播体系，以战略传播为指导理念，整合科学话语与国际政治传播规律，向全球说明中国开展气候治理的真实努力。

本书认为，中国本土气候科学智库以及科学共同体在全球气候传播中的活跃度远低于欧美发达国家，也弱于部分发展中国家，以 UNFCCC 和世界银行为代表的国际组织在全球气候传播中所使用的科学来源几乎全部为来自欧美国家的科研组织，中国科学家在核心的全球气候传播舞台上占比较小。此外，虽然 IPCC 近年来提高了来自广大发展中国家在科学报告编纂中的科学家占比，中国在第六次 IPCC 报告发布前所提供的四份《气候变化国家评估报告》提供了重要的科学数据[①]，但在具体传播环节，IPCC 等国际组织在传播中仍然表现出对于发达国家气候利益的偏向性，这与西方国家在气候科学中的巨大优势与传播能力相关。我国科学家如何在其中扮演更为重要的角色，这需要中国有意识地基于发展中国家建设知识领导力，扩大与发展中国家的气候知识合作，以全球南方的整体知识姿态出现在全球气候传播舞台，这便是曼海姆所推崇的"总体知识"。

（三）开展多边外交下的全球气候传播

研究发现，全球气候传播并不是全球气候治理实际合作模式的如实反映。在全球气候治理中，以中国为代表的基础四国与广大的 G77 国家形成了利益共同体。但在全球气候传播舞台上，中国等基础四国并没有与 G77 国家形成显著关联，欧盟等发达经济体在气候传播中与小岛屿联盟国家、不发达国家却合作紧密。欧美国家目前已将这些国家视为与中国进行战略竞争的重要地带，同时这些国家在全球气候治理中也具有重要的道义地位。

中国在气候治理中奉行平等互利的"多边主义"合作（庄贵阳，薄凡，张靖，2018），在"一带一路"倡议和"上合组织"等合作机制背景下，中国与小岛屿联盟国家、最不发达经济体建立起长期的经济多边合作关系，以此为基础开展气候合作。但反映在气候传播中，我国政

---

① 澎湃：中国建研院四项研究成果纳入 IPCC 第六次评估报告《气候变化 2022：减缓气候变化》. 2022 年 4 月 7 日，检索于：https://m.thepaper.cn/baijiahao_17505490.

府官方层面的气候传播仍将"中美关系""中欧关系"等双边关系作为
气候传播的重点议题,这与我国媒体长期以来的报道惯性相关,同时也
来自2016年以来美国等国家对中国的"遏制"战略,在双方经济、政
治合作走向倒退甚至"切断"的背景下,气候治理成为中国与欧美国家
开展协商的筹码,成为中美交往为数不多的畅通议题。

随着全球南方国家在全球治理舞台的重要性提升,在双边关系之
外,中国在全球气候传播中更应发挥自身在发展中国家的领导力优势,
基于多边关系资源在全球气候传播中形成自身优势地位,这符合"人类
命运共同体"理念下的全球传播发展方向,也需要我国媒体及政府在
传播理念上进行转型,关注欧美国家以外,广大发展中国家的媒体间
合作。

(四)从"国家为主"到"多元主体共存"的理念变迁

巴黎气候变化大会后,全球气候治理进入"自下而上"治理模式,
在这种治理模式下,NGO、科研组织、企业等多元主体成为全球气候
传播中的重要行动者,但既有研究并没有说明这些主体在全球气候传播
中起到何种作用。本书认为,全球气候治理进入实际推进环节后,以
UNFCCC为代表的工具型领导非常重视全球商业领袖在气候治理中所
起到的减排模范作用,从互联网科技到石油、交通、快消等传统行业,
商业巨头在UNFCCC的全球气候传播核心舞台获得了较大可见性;除
此以外,"城市"维度的减排行动由于更贴近普通人生活,能够产生更
为直观的传播效果,也成为当前全球气候传播的一个重要报道方向,这
一方面纽约、伦敦等国际化都市通过改造城市"绿地"、建设标志性低
碳建筑等走在世界前列。

中国开展气候治理以国家为主导,通过确定重点行业与重点区域,
动员各个行业参与到碳中和战略当中。这一逻辑也带来了我国全球气
候传播的一个重要特点,以国家为主体进行对外发声(史安斌、童桐、

2021）。这一传播模式在巴黎气候变化大会之前是普遍流行的气候传播模式，但在进入"自下而上"的全球气候治理模式后，国家自主确定气候治理承诺，国家主体在全球气候传播中的可见性正逐渐减少，企业等多元主体的积极性往往受到更多关注，尤其是欧美企业，几乎成为联合国气候传播框架下的主要参与者。其借鉴在于，未来应当在气候传播中更加淡化这种国家参与色彩，为企业等多元主体赋能，寻求多元主体共同发声，讲好气候议题下的中国故事。

自 2020 年以来，腾讯、阿里巴巴等互联网企业纷纷提出了自身的"碳中和"战略，在产业布局和企业传播方面向国家的"碳中和"目标靠拢，但在具体行业实践以及公众监督模式上却有很大提升空间。对于已经深入发展的中国社会低碳转型而言，如何动员多元主体，尤其是企业主体在国际气候传播舞台发声，是我国开展全球气候传播实践值得思考的问题。

三、本书研究不足

本书不可避免地存在一些遗憾之处。为此，笔者从理论构建、案例分析以及研究方法等多个维度进行了深入探讨，旨在明确未来研究可能的改进与优化方向。

首先，本书并没有对相关领导类型在气候传播中的所有职能进行检验，在全球治理中，不同领导类型所承担的角色实际上复杂多样，但限于学科视角差异及研究资料的获取，本书无法对相关领导模式的所有职能进行考察。例如工具型领导如何放大了知识型领导所提供的科学议程，结构型领导的具体气候治理实践如何与全球气候传播进行互动。根据战略传播的"28 法则"（Paul，2011：28-40），国家主体的传播实践应当是 20% 的传播实践搭配 80% 的物理实践，两者并不能被分割开来，

而结构型领导中的两种领导类型，权力型领导和定向型领导的权力实践
依赖于其在全球气候治理中的各种物理行动，如经济合作、人员扩散等。
同时，从"知识"的传播角度来看，"默会知识"恰恰正是在这种"物
理行动"中进行"扩散"和"溢出"（spillover）的，这一命题之大，可
以撑起一部著作的体量。本书试图对此做一个开端，初步探讨了全球气
候治理中的传播要素，未来对领导力模式的研究应当进一步完善，深度
考察知识等概念在传播学当中的应用。

　　本书主要关注以国家为主体的全球气候传播，这虽然更符合全球
气候治理的实际现象，即政治主体仍然是其中的决定性力量，但考虑到
传播学，尤其是环境传播领域长期以来对 NGO 和媒体较为关注，此领
域的相关研究资源也不能够忽视。多元主体在西方国家气候治理内部所
产生的影响力通过"双层博弈"机制可以对国际社会的气候治理产生影
响，未来应当对其进行单独探讨。在管理学中，领导力一词不仅限于全
球治理中的领导角色，更包括企业、个人在行业及社会中所起到的引导
作用，相比于本研究关注的全球治理，该领域的文献和理论更为丰富。
对此，未来研究可以借鉴相关领域的研究资源部，持续关注领导力这一
概念框架，阐释在全球治理中，国家和国际组织之外的多元主体可能扮
演的"领导角色"。

　　在研究方法及研究材料的选择上，出于理论要求以及研究对象自
身特点的考虑，本书分析的文本主要为政府官方外交部、国际组织发布
的官方新闻文本，即政府部门所发布的新闻补贴。但除政府部门发布的
文本之外，广大媒体所发布的新闻文本具有更多值得挖掘的内容，并且
在不同语境下，媒体与政府之间的合作关系也能够体现出全球气候传播
的多元性。例如在第三章，本研究绘制了 UNFCCC 所反映的全球气候
传播网络，这是一个"折中"的研究材料选择，现有的多数媒体都会关
注与本国相关的气候传播事件，更适合关注气候传播中的双边关系特
质，相比之下关注 UNFCCC 这一"中立"国际组织所发布的新闻文本

中的气候传播网络似乎更具代表性。但如果选择的媒体类型与国别足够多，文本足够丰富，通过文本挖掘等研究方法能够绘制更完整的全球气候传播网络，对于现有全球气候传播权力格局也可能有更深层次的把握。

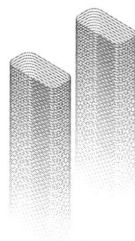

结语

　　笔者自 2017 年起开始关注气候传播，彼时气候变化对普通人而言仍存在一定距离，传播学界对气候变化的关注也处于初始阶段，仅有中国人民大学的几位前辈学者持续跟踪中国的气候传播实践。随着 2020 年中国宣布"双碳"目标，中国以更积极的角色参与到全球气候治理框架中，这一学科领域开始受到广泛关注。2021 年以来，中国的华北、华南几乎每年夏天都会遭遇极端高温天气和降水事件，影响比以往更加频繁和广泛。就在笔者修改本书之时，我国东南沿海接连遭受台风侵扰，江浙沪多地刷新季节性特大暴雨记录，自然灾害的接连不断使越来越多的人认识到气候变化对我们日常生活所产生的影响。近年来，清华大学、厦门大学、上海交通大学、苏州大学纷纷建立了气候传播相关的研究中心和学术团队，主要从公众视角切入，以"科普"为核心，把握中国社会气候变化意识的变迁。相比以上研究，本书提出了"全球气候传播"这一概念，试图跨越气候传播的科学框架，站在科学事实的基础之上，回应气候议题下更为广阔、前沿的全球传播结构性问题，引入政治学、国际关系等跨学科概念，回应在全球气候治理框架下，国家、国际组织和多元主体如何参与到全球气候传播协商中，如何影响全球气候治理的话语权走向。

　　贯穿本书始终的一个线索在于，全球气候传播结构并非如以往研究所认知的那样平等和公正，即便国际组织试图建立一套将发达国家、发展中国家甚至是极端贫困国家纳入其中的协商制度，并通过制度设计确保气候讨论的公正性，但在实践层面，受媒体话语、商业资本等复杂因素的影响，发达国家仍在气候话语中保持着相对于发展中国家的巨大优势。在主流气候传播研究的微观视角下，此类结构性不平等往往难以被揭示，却是中国等发展中国家参与全球气候治理的前提。对此，未来的气候传播研究必须引入国际关系、外交学等学科的"宏观知识"和"默会知识"，结合批判视角，揭示在科学议题之外，存在于气候政治之中的广泛不平等。

本书在论述过程中借鉴了"战略传播"思维，即本书站在中国视角下审视全球气候传播的问题所在，试图为我国开展气候传播工作提出策略性见解。所有的社会科学研究都具有立场性，只是部分研究的立场性被所谓的"科学主义"所掩饰，本书的立场性并非在于价值和利益层面，而是试图在气候议题下寻找"全球中国"的身份定位。笔者坚持"以中国（性）为方法"的分析路径，一方面，站在全球共同利益的角度思考全球气候传播"中国何为"，另一方面站在中国视角下，思考中国如何匹配、应对全球气候传播的需求与转型。价值在于，中国是全球最重要的经济体之一，在气候治理方面有其历史遗产和当代创新，是全球气候治理中重要的"地方知识"力量，发掘这些实践的启示价值也是作为本土学者的使命所在。

跨学科层面，笔者不局限于传播学的概念框架，在书中引入一系列专业术语，帮助读者扩展全球气候传播的议题空间。例如，笔者自2018年开始对蚂蚁森林案例进行调研时便发现了"碳账户"这一专业术语，发现这一平台通过社交媒体、企业绿色话语等一系列灵活手段将复杂的"碳交易"术语连接到用户的日常生活中。如果不了解碳交易这一专业化机制，传播学者对蚂蚁森林的探讨注定止步于一种"绿色生活方式"，缺乏想象力，忽视背后存在的更为广阔的气候问题解决机制。气候变化涉及领域复杂，需要自然科学、社会科学等多个学科的交叉研究，尤其后者被认为在当今气候治理中视角缺乏，而传播学作为与多个知识领域存在交叉的学科，理应成为串联起各个领域的知识线索。当前，在数字大模型等人工智能技术的影响下，气候自然科学正在以前所未有的速度发展，对此，社会科学必须发挥积极作用，中和自然科学的"工具理性"，以更为积极的角色参与到气候变化的社会认知建构当中。

对于人类生活品质和发展需求的关注是传播学的"底色"，而气候变化与自然灾害、贫困、高温疾病等民生关键词息息相关。气候传播学者多以"教导者"身份开展研究，缺乏对气候议题下普通人、社会团体诉求的理解，使得气候传播研究与现实存在一定剥离。表现在于，气候议题下，传播学、经济学、政治学往往高高在上地将气候变化视为专业话语，致使该领域经常出现一些自相矛盾的常识困境，专业科学家同样疲于解释气候变化到底产生何种负面影响，而不愿聆听来自社会多元主体的声音（夏普，2024：2-5）。本书认为，即便是关注全球气候治理的气候传播研究，也应时刻跟踪普通人的心态变化，把握如何建设人类社会"气候福祉"。"双碳"目标提出后，"气候金融"框架下的气候传播经济范式影响力剧增，但有关社会福祉的气候传播实践仍然缺乏，这是全球范围内气候治理工具理性盛行的表现。对此，本书将对"气候正义"和气候治理框架下社会发展议题的关注贯穿始终，理解这一阻碍全球气候治理实际推进的困境如何形成，又怎样得到解决。

本书所搭建的分析框架不局限于气候传播领域，健康、贫困、人工智能等诸多全球治理领域都存在着"领导力缺失"和"知识共享缺乏"等实践困境，鉴于全球治理的诸领域存在通约性，本书所搭建起的研究框架也可作为全球健康治理、全球贫困治理等领域传播研究的分析框架。随着中国在全球治理中影响力的增强，如何在这些领域扮演更为积极的国家角色，为世界贡献"全球公共物品"也将成为学界和业界所需思考的问题。

参考文献

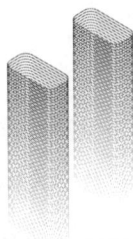

专著及学位论文

奥尔森（2005）。《集体行动的逻辑》。陈郁，郭宇峰，李崇新译，北京：生活·读书·新知三联书店。

巴里·布赞，琳娜·汉森（2010）。《国际安全研究的演化》。余潇枫译，杭州：浙江大学出版社。

贝克（2018）。《风险社会：通往现代性之路》。张文杰，何博闻译，北京：译林出版社。

波兰尼（2000）。《个人知识——迈向后批判哲学》。许泽民译。贵州：贵州人民出版社。

曾繁旭，戴佳（2015）。《风险传播：通往社会信任之路》。北京：清华大学出版社。

陈阳（2012）。《大众传播研究方法导论》。北京：中国人民大学出版社。

戴尔（2010）。《明星》。严敏译，北京：北京大学出版社。

戴佳，曾繁旭（2015）。《环境传播：议题、风险与行动》。北京：清华大学出版社。

德赖泽克（2008）。《地球政治学：环境话语》。蔺雪春，郭晨星译，济南：山东大学出版社。

邓拉普，布鲁尔（2019）。《穹顶之下的战役：气候变化与社会》。洪大用，马国栋等译，北京：中国人民大学出版社。

冯丙奇（2011）。《政府公关操作》。北京：清华大学出版社。

福柯（2019）。《疯癫与文明》。刘北成，杨远婴译，北京：生活·读书·新知三联书店。

胡翼青（2007）。《再度发言：论社会学芝加哥学派传播思想》。北京：中国大百科全书出版社。

基欧汉，奈（2002）。《权力与相互依赖》。门洪华译，北京：北京大学出版社。

吉登斯（2009）。《气候变化的政治》。曹荣湘译，北京：社会科学文献出版社。

吉尔兹（2000）。《地方性知识：阐释人类学论文集》。王海龙，张家宣译，北京：中央编译出版。

金兼斌（2018）。《科学传播：争议性科技的社会认知及其改变》。北京：清华大学出版社。

考克斯（2016）。《假如自然不沉默：环境传播与公共领域》。纪莉译，北京：北京大学出版社。

拉图尔（2022）。《我们从未现代过：对称性人类学论集》。刘鹏，安涅思译，上海：上海文艺出版社。

莱文森（2008）。《集装箱改变世界》。姜文波译，北京：机械工业出版社。

勒佩尼斯（2011）。《何谓欧洲知识分子：欧洲历史中的知识分子和精神政治》。李焰明译，桂林：广西师范大学出版社。

李金铨（2019）。《传播纵横：历史脉络与全球视野》。北京：社会科学文献出版社。

李普曼（2018）。《舆论》。常江，肖寒译，北京：北京大学出版社。

刘翠溶（2021）。《什么是环境史》。北京：生活·读书·新知三联书店。

罗杰斯（2002）。《创新的扩散》。辛欣译，北京：中央编译社。

曼海姆（2000）。《意识形态与乌托邦》。李步楼，尚伟，祁阿红等译，
　　北京：商务印书馆。

庞忠甲（2016）。《能源超限战》。北京：中国发展出版社。

佩蒂格雷（2022）。《新闻的发明》。董俊祺，童桐译，桂林：广西师范
　　大学出版社。

王彬彬（2018）。《中国路径：双层博弈视角下的气候传播与治理》。北
　　京：社会科学文献出版社。

王莉丽（2010）。《旋转门：美国思想库研究》。北京：北京大学出版社。

夏普（2024）。《气候变化五倍速：重新思考全球变暖的科学、经济学和
　　外交》。占鹏飞译，北京：中国科学技术出版社。

杨鹏（2012）。《为公益而共和》。北京：中信出版社。

易明（2011）。《一江黑水：中国未来的环境挑战》。姜智芹译，南京：江
　　苏人民出版社。

袁倩（2017）。《全球气候治理》。北京：中央编译出版社。

詹姆斯（2006）。《彻底的经验主义》。庞景仁译，上海：上海人民出版社。

张锐（2024）。《绿色剧变：能源大革命与世界新秩序》。北京：生活·读
　　书·新知三联书店。

张志安，贾鹤鹏（2011）。《全球议题的专业化报道》。广州：南方日报
　　出版社。

郑保卫，王彬彬（2019）。《绿色发展与气候传播》。北京：人民日报出
　　版社。

周翔（2020）。《传播学内容分析研究与应用》。重庆：重庆大学出版社。

任芹芹（2020）。《欧盟在全球气候治理中的领导力研究》。济南：山东
　　大学硕士学位论文。

钱振华（2002）。《波兰尼默会理论及其科学知识社会学意蕴》。济南：

山东大学硕士学位论文。

师文（2021）。《促进气候变化共识的策略——基于互联网大数据的计算研究》。北京：清华大学博士学位论文。

Bäckstrand, K., & Lövbrand, E. (Eds.). (2015). *Research handbook on climate governance*. London: Edward Elgar Publishing.

Corbett, J. B. (2021). *Communicating the climate crisis: New directions for facing what lies ahead*. London: Rowman & Littlefield.

Cox. R. (2013). *Environmental Communication and the Public Sphere* (2nd edition). London: Sage.

Falkner, R. (2012). Business and global climate governance: a neo-pluralist perspective. In *Business and global governance* (pp. 99-117). London: Routledge.

Giddens, A. (2009). *The Politics of Climate Change*. London: Routledge.

Grubb, M., & Gupta, J. (2000). *Leadership: Theory and methodology. Climate change and European leadership: a sustainable role for Europe?* Berlin: Springer Science & Business Media.

Hirschman,A, O.(1977). *The Passions and the Interests: Political Arguments for Capitalism Before Its Triumph*. NJ: Princeton University Press.

Kapp, K, M. (2012). *The Gamification of Learning and Instruction Game-Based Methods and Strategies for Training and Education*. Hoboken: John Wiley & Sons.

Luhmann,N. & Bednarz, J, J.(1989). *Ecological communication* (J.Bednarz,Trans.), Chicago: University of Chicago Press.

Naomi Klein, N. (2018). *This Changes Everything: Capitalism vs. The Climate*. NY: Simon & Schuster.

Paul, C. (2011). *Strategic communication: origins, concepts, and current debates*. NY: Praeger.

Polanyi, M. (1958). *Study of Man*. Chicago: The University of Chicago Press.

Shoemaker, P. J., & Reese, S. D. (1996). *Mediating the Message* (2nd ed.). NY: Longman.

Skinner, Q. (2002). *Visions of Politics*. London: Cambridge University Press.

Underdal, A. (1994). *Leadership theory. International Multilateral Negotiation–Approaches to the Management of Complexity*. San Francisco: Jossey-Bass.

期刊论文

白红义（2020）。媒介社会学中的"把关"：一个经典理论的形成，演化与再造。《南京社会科学》，（1），10-18。

包智明，陈占江（2011）。中国经验的环境之维：向度及其限度——对中国环境社会学研究的回顾与反思。《社会学研究》，26（6），196-210。

蔡建群，刘国华（2008）。国外全球领导力研究前沿探析。《外国经济与管理》，（3），53-59。

蔡拓（2004）。全球治理的中国视角与实践。《中国社会科学》，（1），12-16。

曹慧（2015）。全球气候治理中的中国与欧盟：理念、行动、分歧与合作。《欧洲研究》，（5），50-65。

曾向红（2022）。"无声的协调"：大国在中亚的互动模式新探。《世界经济与政治》，（10），42-70。

巢清尘，张永香，高翔，等（2016）。巴黎协定——全球气候治理的新起点。《气候变化研究进展》，12（1），61-67。

陈刚（2014）。"不确定性"的沟通："转基因论争"传播的议题竞争、话语秩序与媒介的知识再生产。《新闻与传播研究》，21（7），17-34。

陈刚，解晴晴（2022）。不确定性传播的新闻表征、"传播之痛"与知识再生产。《新闻与传播研究》，29（2），36-57。

陈玲，孔文豪（2022）。信任、制度化与科学不确定性：新冠肺炎疫情危机决策中的专家参与。《政治学研究》，（4），119-132。

陈扬（2019）。欧债危机以来"德法轴心"的范式变化及其成因。《法国研究》，（2），13-23。

崔远航（2013）。"国际传播"与"全球传播"概念使用变迁：回应"国际传播过时论"。《国际新闻界》，35（6），55-64。

戴佳，曾繁旭，黄硕（2013）。环境传播的伦理困境。《湖南师范大学社会科学学报》，（5），154-160。

戴佳，史安斌（2014）。"国际新闻"与"全球新闻"概念之辨——兼论国际新闻传播人才培养模式创新。《清华大学学报（哲学社会科学版）》，29（1），42-52。

董亮，张海滨（2014）。IPCC如何影响国际气候谈判——一种基于认知共同体理论的分析。《世界经济与政治》，（8），64-83。

冯仕政（2011）。中国国家运动的形成与变异：基于政体的整体性解释。《开放时代》，（1），73-97。

高翔（2016）。中国应对气候变化南南合作进展与展望。《上海交通大学学报（哲学社会科学版）》，24（1），38-49。

高小升（2011）。试论基础四国在后哥本哈根气候谈判中的立场和作用。《当代亚太》，（2），88-107。

郭小平（2010）。西方媒体对中国的环境形象建构——以《纽约时报》"气候变化"风险报道（2000—2009）为例。《新闻与传播研究》，18（4），18-30。

韩扬眉，诸葛蔚东（2017）。气候传播研究的国际前沿现状与趋势分析——以《公众理解科学》和《科学传播》为研究样本（2006—2015）。《科普研究》，12（4），17-24。

侯冠华（2020）。澳大利亚气候政策的调整及其影响。《区域与全球发展》，4（5），116-133。

黄河，刘琳琳（2014）。论传统主流媒体对环境议题的建构——以《人民日报》2003年至2012年的环境报道为例。《新闻与传播研究》，（10），13-19。

黄以天（2021）。制造业国际分工对发展中国家减排政策的双重影响：一个分析框架。《复旦国际关系评论》，（2），115-134。

姬德强（2022）。作为国际传播新规范理论的人类命运共同体——兼论国际传播的自主知识体系建设。《新闻与写作》，（12），12-20。

季诚浩，戴佳，曾繁旭（2020）。环境倡导的差异：垃圾分类政策的政务微信传播策略分化研究。《新闻大学》，（11），97-110+128。

季玲，陈士平（2007）。国际政治的变迁与软权力理论。《外交评论（外交学院学报）》，（3），97-105。

江忆恩，李韬（2022）。简论国际机制对国家行为的影响。《世界经济与政治》，（12），21-27。

康晓（2016）。多元共生：中美气候合作的全球治理观创新。《世界经济与政治》，（7），34-57。

寇静娜，张锐（2021）。疫情后谁将继续领导全球气候治理——欧盟的衰退与反击。《中国地质大学学报（社会科学版）》，21（1），87-104。

李波，刘昌明（2019）。人类命运共同体视域下的全球气候治理：中国方案与实践路径。《当代世界与社会主义》，（5），170-177。

李承真（2022）。中国碳中和规划的海外新闻报道话语分析——以《纽约时报》《费加罗报》《日经亚洲评论》为例。《科技传播》,14（9）,1-8。

李丹，罗美（2021）。全球气候治理的中国角色——人与自然生命共同体的视角。《广西师范大学学报（哲学社会科学版）》,57（4）,22-64。

李海东（2009）。从边缘到中心：美国气候变化政策的演变。《美国研究》,23（2）,20-35。

李慧明（2015）。全球气候治理制度碎片化时代的国际领导及中国的战略选择。《当代亚太》,（4）,128-156。

李金铨（2015）。国际传播的国际化——反思以后的新起点。《开放时代》,（1）,211-223。

李敬（2014）。传播学领域的话语研究——批判性话语分析的内在分野。《国际新闻界》,36（7）,6-19。

李卫红，严耕，李飞（2013）。全民义务植树运动历史回顾及改革建议。《北京林业大学学报（社会科学版）》,（3）,12-18。

李昕蕾（2019）。全球气候治理中的知识供给与话语权竞争——以中国气候研究影响 IPCC 知识塑造为例。《外交评论（外交学院学报）》,36（4）,32-70。

李醒民（2012）。知识的三大部类：自然科学、社会科学和人文学科。《学术界》,（8）,5-33。

李玉洁（2020）。以中国为方法的环境传播话语建构。《湖南师范大学社会科学学报》,（4）,136-140。

理查德·史密斯，安桂芹(2013)。绿色资本主义：一个不成功的经济模式。《当代世界与社会主义》,（2）,134-140。

刘丰，董柞壮（2015）。联盟网络与军事冲突：基于社会网络分析的考察,《世界经济与政治》,2（6）,69-70。

刘凤军，吴琼琛（2005）。绿色贸易壁垒下我国企业绿色营销问题研究。《中国软科学》，（1），71-77。

刘海龙（2020）。作为知识的传播：传播研究的知识之维刍议。《现代出版》，（4），23-31。

刘汉文，郑泽坤（2024）。全球电影产业绿色改革现状及启示。《电影艺术》，（3），120-128。

刘琳琳，黄河（2022）。新中国成立以来政府环境治理话语的演变与发展。《国际新闻界》，（2），58-77。

刘娜，田辉（2019）。国事访问的国际媒体可见性及其影响因素——以1978—2018年我国领导人出访的报道为例。《新闻记者》，（4），52-64。

刘涛（2009）。环境传播的九大研究领域（1938—2007）：话语、权力与政治的解读视角。《新闻大学》，（4），97-104。

刘涛（2016）。作为知识生产的新闻评论：知识话语呈现的公共修辞与框架再造。《新闻大学》，（6），100-108。

刘涛（2017）。$PM_{2.5}$、知识生产与意指概念的阶层性批判：通往观念史研究的一种修辞学方法路径。《国际新闻界》，39（6），63-86。

刘涛（2013）。新社会运动与气候传播的修辞学理论探究。《国际新闻界》，35（8），84-95。

卢静（2022）。全球海洋治理与构建海洋命运共同体。《外交评论（外交学院学报）》，39（1），1-21。

卢静（2022a）。当前全球治理困境与改革方向。《人民论坛》，（2），46-49。

路鹏程，王积龙，黄康妮（2020）。徘徊在传播和动员之间：中国环境新闻记者职业角色认知的实证研究。《新闻记者》，（2），89-96。

迈克·舍费尔，宋韵雅，徐妙（2022）。科技传播：跨越学科与文化之堃。《传播与社会学刊》,（62），1-29。

潘野蘅，童桐，贾鹤鹏，王挺（2023）。中国气候治理的战略传播能力
建设初探——基于美国公众调查的研究。《全球传媒学刊》,10（2），
128-141。

秦亚青（2002）。权力·制度·文化——国际政治学的三种体系理论。
《世界经济与政治》,（6），5-10。

邱鸿峰（2016）。激发应对效能与自我效能：公众适应气候变化的风险
传播治理。《国际新闻界》,38（5），88-103。

任琳（2022）。"四大赤字"冲击全球治理秩序。《世界知识》,（12），
22-30。

史安斌（2018）。新时代国际传播能力建设的新思路新作为。《国际传
播》,（1），8-15。

史安斌，盛阳（2020）。从"跨"到"转"：新全球化时代传播研究的理
论再造与路径重构。《当代传播》,（1），18-24。

史安斌，盛阳（2021）。探究新时代国际传播的方法论创新：基于"全
球中国"的概念透视。《新闻与传播评论》,74（3），5-13。

史安斌，童桐（2020）。抗疫与抗议夹击中的美国新闻媒体：角色与影
响。《青年记者》,（6）：72-75。

史安斌，童桐（2021）。习近平生态文明思想国际传播的图景与路径——
以推特平台"2060碳中和"议题传播为例。《当代传播》,（4），
39-44。

史安斌，童桐（2021a）。从国际传播到战略传播：新时代的语境适配与
路径转型。《新闻与写作》,（10），14-22。

史安斌，童桐（2021b）。快生活时代的慢传播：概念脉络与实践路径。
《青年记者》,（1），96-99。

史安斌，童桐（2022）。气候紧急状态：一种传播语境的转换。《未来传

播》，29（4），10-17。

史安斌，童桐（2022a）。乌卡时代战略传播的转型与升纬。《对外传播》，（6），14-17。

史安斌，王沛楠（2019）。断裂的新闻框架：《纽约时报》涉华报道中"扶贫"与"人权"议题的双重话语。《新闻大学》，（5），1-12+116。

苏长和（2011）。中国与全球治理——进程、行为、结构与知识。《国际政治研究》，32（1），35-45。

孙立新（2012）。社会网络分析法：理论与应用。《管理学家（学术版）》，（12），66-73。

汤荣光，赵秋月（2023）。习近平总书记关于"人与自然是生命共同体"重要论断的哲学意蕴。《宁夏社会科学》，（1），5-13。

唐皇凤（2007）。常态社会与运动式治理——中国社会治安治理中的"严打"政策研究。《开放时代》，（3），115-129。

唐军，谢子龙（2019）。移动互联时代的规训与区分——对健身实践的社会学考察。《社会学研究》，（1），29-56。

童桐（2024a）。植树何以典型："全民义务植树"运动40年的环境符号及动员话语变迁。《新闻春秋》，（1），66-75。

童桐（2024b）。理解全球治理中的知识传播——基于知识类型学视角的考察。《新闻与写作》，（2），99-107。

童桐，黄典林（2024）。国际传播的多重知识空间：全球治理语境下的国际传播理论与实践转型。《对外传播》，（12），34-37。

童桐，李涵沁，黄思南（2022）。如何做好"双碳"目标下的气候议题对外传播。《对外传播》，（4），28-32。

童桐，孙萍（2022）。从"全民义务植树"到"碳账户"：蚂蚁森林的平台化与青年话语策略反思。《中国青年研究》，（11），79-87。

王波，翟大宇（2022）。拜登政府气候政策：原因、特点及中美合作方向。

《中国石油大学学报（社会科学版）》，38（4），38-44。

王菲，童桐（2020）。从西方到本土：企业漂绿问题的语境、边界与实践。《国际新闻界》，（7），144-156。

王菲，童桐（2021）。范式转型与网络建构：关系管理视域下2022年北京冬奥会公关理念及实践探索。《上海体育学院学报》，（7），75-89。

王宏波（2020）。从国际主义到孤立主义的"回撤"——20世纪20年代美国对欧政策探析。《重庆邮电大学学报（社会科学版）》，32（6），1-12。

王积龙（2022）。气候新地缘政治下国家形象重构与我国对外传播策略框架。《现代传播（中国传媒大学学报）》，44（9），75-82。

王积龙，刘杰磊（2022）。气候传播框架下欧盟碳交易市场信息监督机制研究。《当代传播》，（6），29-34。

王积龙，路鹏程，黄康妮，等（2016）。中美环境新闻记者气候报道知识之比较研究——一种第三世界生态批评的阐释。《新闻与传播研究》，23（12），25-37。

王积龙，闫思楠（2019）。在华供应链环境污染的舆论监督之实践、问题与出路。《新闻大学》，（1），103-115。

王佳鹏（2021）。知识的起源、碰撞与综合——曼海姆的知识传播思想及其贡献。《国际新闻界》，43（7），80-98。

王科，刘永艳（2020）。2020年中国碳市场回顾与展望。《北京理工大学学报（社会科学版）》，（3），10-19。

王留之，宋阳（2009）。略论我国碳交易的金融创新及其风险防范。《现代财经》，（6），30-34。

王颖吉（2018）。客观或团结：美国大众传播知识社会学的两种类型。《国际新闻界》，（7），100-121。

王昀，陈先红（2019）。迈向全球治理语境的国家叙事："讲好中国故事"的互文叙事模型。《新闻与传播研究》，26（7），17-32。

王战，张秦（2017）。全球治理中的协商民主：逻辑、目标与框架。《社会主义研究》，（3），141-149。

王志强，戴启秀（2019）。德法合作新机制与欧洲一体化——基于2019年1月22日《亚琛条约》的文本解读。《国别和区域研究》，4（4），8-26。

吴白乙，张一飞（2021）。全球治理困境与国家"再现"的最终逻辑。《学术月刊》，（8），56-67。

吴定勇，王积龙（2008）。对人类中心主义美学的否定和挑战——奥斯卡最佳纪录片《不可忽视的真相》美学特征分析。《河南师范大学学报（哲学社会科学版）》，35（6），220-223。

吴江龙（2008）。从传播学视角解读《不可忽视的真相》。《电影文学》，（9），124。

吴晓义（2005）。国外缄默知识研究述评。《外国教育研究》，（9），16-20。

吴志成（2011）。全球治理的价值向度与气候变化治理。《南京大学学报（哲学·人文科学·社会科学版）》，48（4），3-24。

肖洋（2011）。碳责任与碳实力：后哥本哈根时代的国际秩序与中国碳外交。《国际论坛》，（1），5-13。

肖洋，柳思思（2010）。后哥本哈根时代的中国"碳外交"。《现代国际关系》，（9），44-56。

星野昭吉（2011）。全球治理的结构与向度。《南开学报》，（3），13-30。

邢丽菊，赵婧（2022）。南南合作视域下的中国国家形象传播——以应对气候变化为例。《现代国际关系》，（11），51-58。

徐博，仲芮（2022）。俄罗斯实用主义气候政策探析。《东北亚论坛》，

31（1），36-48。

徐桂权（2008）。新闻：从意识形态宣传到公共知识——知识社会学视
野下的媒介研究及其理论意义。《国际新闻界》，（2），5-16。

徐佳利（2020）。知识分享、国际发展与全球治理——以世界银行实践
为主线。《外交评论（外交学院学报）》，37（5），126-154。

徐明华，李丹妮，王中宇（2020）。"有别的他者"：西方视野下的东方
国家环境形象建构差异——基于 GoogleNews 中印雾霾议题呈现的
比较视野。《新闻与传播研究》，27（3），68-85。

徐迎春（2012）。绿色迷思：环境传播研究的概念、领域、方法与框架。
《中国传媒报告》，（4），1-24。

薛澜，关婷（2021）。多元国家治理模式下的全球治理——理想与现实。
《政治学研究》，（3），15-35。

杨文静（2019）。探寻大国崛起的规律——评阎学通教授新著《领导力
与大国崛起》。《现代国际关系》，（12），8-16。

尤泽顺，卓丽（2020）。外交文化架构与对外政策构建：美国"新丝路战
略"话语分析。《北京第二外国语学院学报》，42（4），36-55。

于宏源（2021）。全球环境治理转型下的中国环境外交：理念，实践与
领导力。《当代世界》，（5），8-15。

于宏源，王文涛（2013）。制度碎片和领导力缺失：全球环境治理双赤
字研究。《国际政治研究》，（3），38-51。

余文全（2022）。关系网络中的崛起国：编配者与领导力。《世界经济与
政治》，（7），28-35。

郁振华（2001）。波兰尼的默会认识论。《自然辩证法研究》，（8），5-10。

袁瑛（2018）。全球视野下的气候变化报道。《对外传播》，（11），24-25。

翟大宇（2022）。中美双边气候关系与《联合国气候变化框架公约》进
程的相互影响研究。《当代亚太》，30（3），1-12。

张迪，童桐，施真（2021）。新媒体环境下科学事件的解读特征与情绪表达——基于新浪微博"基因编辑婴儿"文本的框架研究。《国际新闻界》，43（3），107-122。

张海滨（2010）。关于哥本哈根气候变化大会之后国际气候合作的若干思考。《国际经济评论》，（4），102-113。

张劼颖，李雪石（2020）。人类学以何研究科学：反思科技民族志。《广西民族大学学报（哲学社会科学版）》，42（4），126-133。

张丽华，刘瀚阳（2023）。全球气候治理嵌套式机制互动研究——以《联合国气候变化框架公约》与粮农组织为例。《阅江学刊》，（5），47-57。

张莉（2016）。国际多边组织的公共外交：欧盟实践评析。《全球传媒学刊》，3（4），110-121。

张威（2007）。绿色新闻与中国环境记者群之崛起。《新闻记者》，（5），13-17。

张伟（2017）。绿色金融的地方实践与难点。《清华金融评论》，（11），54-56。

张杨（2021）。以理性的名义：行为科学与冷战前期美国的知识生产。《世界历史评论》，8（2），101-128。

张一兵（2020）。激情式沉思：内居式的科学认识论——波兰尼《个人知识》解读。《学术研究》，（3），29-35。

张志强（2017）。全球治理下的国家气候传播机制研究。《东岳论丛》，38（4），52-59。

赵斌（2018）。全球气候政治的群体化：一项研究议程。《中南大学学报：社会科学版》，24（5），29-37。

赵斌（2018a）。新兴大国的集体身份迷思——以气候政治为叙事情境。《西安交通大学学报（社会科学版）》，38（1），8-19。

赵斌（2021）。"退向未来"：全球气候政治的伦理反思。《当代世界》，（5），34-40。

赵可金（2013）。协商性外交：全球治理的新外交功能研究。《国外理论动态》，（8），29-38。

赵可金（2021）。全球治理知识体系的危机与重建。《社会科学战线》，（12），176-191。

赵月枝，范松楠（2020）。环境传播理论、实践与反思——全球视角下的环境正义、公众参与和生态文明理念。《厦门大学学报（哲学社会科学版）》，（2），28-40。

郑丹丹（2019）。互联网企业社会信任生产的动力机制研究。《社会学研究》，（6），65-88。

郑景云，葛全胜，刘浩龙，萧凌波（2013）。"气候门"与20世纪增暖的千年历史地位之争。《自然杂志》，35（1），22-29。

郑玲丽（2018）。全球治理视角下"一带一路"碳交易法律体系的构建。《法治现代化研究》，（2），21-31。

郑石明，何裕捷（2022）。科学、政治与政策：解释全球气候危机治理的多重逻辑。《中国地质大学学报（社会科学版）》，22（3），41-53。

郑忠明（2019）。思想的缺席：罗伯特·E.帕克与"李普曼-杜威争论"——打捞传播的知识社会学思想。《新闻与传播研究》，（7），54-71。

钟猛，王维伟（2022）。领导策略，追随偏好与欧盟的气候领导力。《战略决策研究》，13（6），29-35。

周培勤，薛飞（2010）。"绿色"广告的"灰色"地带——广告的环保诉求内容分析。《新闻与传播研究》，（1），100-108。

朱杰进，张伟（2020）。大国在国际组织中的非正式领导力。《复旦国际关系评论》，（2），120-139。

庄贵阳，薄凡，张靖（2018）。中国在全球气候治理中的角色定位与战略选择。《世界经济与政治》，（4），4-2。

庄贵阳（2009）。哥本哈根气候博弈与中国角色的再认识。《外交评论（外交学院学报）》，26（6），13-21。

Agin, S. & Karlsson, M. (2021). Mapping the field of climate change communication 1993–2018: geographically biased, theoretically narrow, and methodologically limited. *Environmental Communication*, (14), 431-446.

Agrawala, S. (1998). Structural and process history of the Intergovernmental Panel on Climate Change. *Climatic change*, 39(4), 621-642.

Allan, B. B. (2017). Producing the climate: States, scientists, and the constitution of global governance objects. *International Organization*, 71(1), 131-162.

Anderson, A. (2021). Media, politics and climate change: towards a new research agenda. *Sociology Compass*, 2021, 3(2), 166-182.

Andresen, S., & Agrawala, S. (2002). Leaders, pushers and laggards in the making of the climate regime. *Global Environmental Change*, 12(1), 41-51.

Baser, B., & Swain, A. (2008). Diasporas as peacemakers: Third party mediation in homeland conflicts. *International Journal on World Peace*, 25(3), 7-28.

Biermann, K., Peters, N., & Taddicken, M. (2023). "You Can Do Better Than That!": Tweeting Scientists Addressing Politics on Climate Change and Covid-19. *Media and Communication*, 11(1), 217-227.

Brossard, D., & Nisbet, C. M. (2006). Deference to scientific authority among a low information public: Understanding U.S. opinion on agricultural biotechnology. *International Journal of Public Opinion Research*,

19(1), 24-52.

Budescu, D. V., Broomell, S., & Por, H. H. (2009). Improving communication of uncertainty in the reports of the Intergovernmental Panel on Climate Change. *Psychological science*, 20(3), 299-308.

Caretta, M.A., Maharaj, S. （2024）. Diversity in IPCC author's composition does not equate to inclusion. *Nature Climate Change*. 14, 1013-1014.

Castells, M. (2008). The New Public Sphere: Global Civil Society, Communication Networks, and Global Governance. *The ANNALS of the American Academy of Political and Social Science*, 616(1), 78-93.

Delmas, M. A., & Burbano, V. C. (2011). The drivers of greenwashing. *California Management Review*, 54(1), 64-87.

Dryzek,J. S. & Lo,Y. A. (2015) . Reason and rhetoric in climate communication. *Environmental Politics*, 24(1) : 1-16.

Forchtner, B., & Lubarda, B. (2023). Scepticisms and beyond? A comprehensive portrait of climate change communication by the far right in the European Parliament. *Environmental Politics*, 32(1), 43-68.

Galtung, J., & Ruge, M. H. (1965). The structure of foreign news. *Journal of Peace Research*, 2(1), 64-91.

Gunster, S. (2011). Covering Copenhagen: Climate change in BC media. *Canadian Journal of Communication*, 36(3), 477-502.

Han, J., Sun, S., & Lu, Y. (2017). Framing climate change: A content analysis of Chinese mainstream newspapers from 2005 to 2015. *International Journal of Communication*, (11), 23-36.

Harland, P. & Zheng. L. (2012). Corporate Characteristics, Political Embeddedness and Environmental Pollution by Large U.S. Corporations. *Social Forces*, (3), 947-970.

Hart, R.(1998). From Heresy to Dogma: An institutional history of corporate environmentalism by Andrew Hoffman. *The Academy of Management Review*, 23(2), 354-357.

Howarth, C., Lane, M., Morse-Jones, S., et al. (2022). The "co" in co-production of climate action: challenging boundaries within and between science, policy and practice. *Global Environmental Change*, 72, 102445.

Hulme, M. (2019). Climate Emergency Politics Is Dangerous. *Science and Technology*, 36(1), 23-25.

Ikenberry, G. J. (1996). The future of international leadership. *Political Science Quarterly*, 111(3), 385-402.

Jagers, S.C.; Stripple, J. (2003). "Climate Governance beyond the State". *Global Governance*, 9 (3), 385–400.

John S. Dryzek & Alex Y. Lo (2015). Reason and rhetoric in climate communication. *Environmental Politics*, 24(1),1-16.

Kruckeberg, D. & Tsetsura, K. (2008). The "Chicago School" in the Global Community. *Asian Communication Review*, 2008(3), 9-30.

Latour, B. (2004). Why has critique run out of steam? From matters of fact to matters of concern. *Critical inquiry*, 30(2), 225-248.

Laufer, W, S. (2003). Social accountability and corporate greenwashing. *Journal of Business Ethics*, 43(3), 253-261.

Lee, S. T., & Lin, J. (2017). An integrated approach to public diplomacy and public relations: A five-year analysis of the information subsidies of the United States, China, and Singapore. *International Journal of Strategic Communication*, 11(1), 1-17.

Levy, D. L. & Egan, D. (1998). Capital contests: national and transnational channels of corporate influence on the climate change negotiations.

Politics & Society, 26(3), 337-361.

Li, L. & Peng, Z. (2019). Research on sustainable development—take "Ant Forest" for example. *IOP Conference Series Earth and Environmental Science*, 242(5), 052031.

Lynn, J. (2018). Communicating the IPCC: Challenges and Opportunities. In: Leal Filho, W., Manolas, E., Azul, A., Azeiteiro, U., McGhie, H. (eds) *Handbook of Climate Change Communication: Vol. 3. Climate Change Management*. Cham: Springer, 131-143.

Manabe, S., & Wetherald, R. T. (1967). Thermal equilibrium of the atmosphere with a given distribution of relative humidity. *Journal of the Atmospheric Sciences*, 24(3), 241-259.

McGee, M. C. (1980). The "ideograph": A link between rhetoric and ideology. *Quarterly Journal of Speech*, 66(1), 1-16.

Meilani, M. (2021). Sustainability and eco-friendly movement in movie production. In *IOP Conference Series: Earth and Environmental Science* (Vol. 794, No. 1, p. 012075). London: IOP Publishing.

Morehouse, J., & Saffer, A. J. (2019). Illuminating the invisible college: An analysis of foundational and prominent publications of engagement research in public relations. *Public Relations Review*, 45(5), doi. org/10.1016/j.pubrev.2019.101836.

Moser, S. C. (2010a). Reflections on climate change communication research and practice in the second decade of the 21st century: what more is there to say? *Wires Climate Change*, 7（3）, 345-369.

Moser, S. C. (2010b). Communicating climate change: history, challenges, process and future directions. *Wiley Interdisciplinary Reviews: Climate Change*, 1(1), 31-53.

Nabi, R. L., Gustafson, A., & Jensen, R. (2018). Framing climate change:

Exploring the role of emotion in generating advocacy behavior. *Science Communication*, 40(4), 442-468.

Nature Comment（2024）. COP29: involve the IPCC in defining climate finance. *Nature*, 635, 7-8.

Neiger, M., & Tenenboim-Weinblatt, K. (2016). Understanding journalism through a nuanced deconstruction of temporal layers in news narratives. *Journal of Communication*, 66(1), 139-160.

Nerlich, B., Koteyko, N., & Brown, B. (2010). Theory and language of climate change communication. *Wiley Interdisciplinary Reviews: Climate Change*, 1(1), 97-110.

Nisbet M. C., & Scheufele D. (2007). The future of public engagement. *The Scientist*, 21(10), 38-44.

Nisbet,M. C(2019). The Trouble With Climate Emergency Journalism. *Science and Technolog*y, summer, 23-26.

Nisbet, M. C. & Scheufele, D. A. (2007) . The future of public engagement. *The Scientist*, 27 (10) : 38-44.

Okereke, C., Bulkeley, H., & Schroeder, H. (2009). Conceptualizing climate governance beyond the international regime. *Global environmental politics*, 9(1), 58-78.

Pan, Y. , Opgenhaffen, M. , & Gorp, B. V.(2020). China's pathway to climate sustainability: a diachronic framing analysis of people's daily's coverage of climate change (1995–2018). *Environmental Communicatio*, (1), 1-14.

Parguel, B., Benoît-Moreau, F., & Larceneux, F. (2011). How sustainability ratings might deter "greenwashing" : A closer look at ethical corporate communication. *Journal of Business Ethics*, 102(1), 15-28.

Park, W. G. (1995). International R&D spillovers and OECD economic growth. *Economic Inquiry*, 33(4), 571-591.

Park,E. R. (1940). News as a form of knowledge: A chapter in the sociology of knowledge. *American Journal of Sociology*, 45(5), 669-686.

Parker, C. F., & Karlsson, C. (2010). Climate change and the European Union's leadership moment: an inconvenient truth? *JCMS: Journal of Common Market Studies*, 48(4), 923-943.

Plagemann, J., & Prys-Hansen, M. (2020). "Responsibility", change, and rising powers' role conceptions: comparing Indian foreign policy roles in global climate change negotiations and maritime security. *International Relations of the Asia-Pacific*, 20(2), 275-305.

Qi, J. J., & Dauvergne, P. (2022). China's rising influence on climate governance: Forging a path for the global South. *Global Environmental Change*, 73, 102484.

Rahman, K. S. & Thelen, K. (2019). The rise of the platform business model and the transformation of twenty-first-century capitalism. Politics & Society. 47(2), 177-204.

Revelle, R., & Suess, H. E. (1957). Carbon dioxide exchange between atmosphere and ocean and the question of an increase of atmospheric CO_2 during the past decades. *Tellus*, 9(1), 18-27.

Robinson, E., & Robbins, R. C. (1968). Sources, abundance, and fate of atmospheric pollutants. *Stanford Research Institute for American Petroleum Institute Publication*. No. 4015. PR-6755., (n.p.). United States: Department of Energy.

Rogers, E. M. (1994). The field of health communication today. *American Behavioral Scientist*, 38(2), 208-214.

Sachsman, D.B, Simon, J. & Valenti, J. M(2005). Wrestling with objectivity and fairness: U.S. enviroment reporters and the business community.

Applied Environmental Education & Communication, (14), 363-373.

Sartori, A. E. (2002). The might of the pen: A reputational theory of communication in international disputes. *International Organization*, 56(1), 121-149.

Schultz, D. E. (1992). Integrated marketing communications. *Journal of Promotion Management*, 1(1), 99-104.

Siebenhüner, B. (2003). The changing role of nation states in international environmental assessments—the case of the IPCC. *Global Environmental Change*, 13(2), 113-123.

Skovsgaard, M., & Andersen, K. (2020). Conceptualizing news avoidance: Towards a shared understanding of different causes and potential solutions. *Journalism Studies*, 21(4), 459-476.

Su, Y., & Hu, J. (2021). How did the top two greenhouse gas emitters depict climate change? A comparative analysis of the Chinese and US media. *Public Understanding of Science*, 30(7), 881-897.

Sun, Y., & Yan, W. (2020). The power of data from the global south: environmental civic tech and data activism in China. *International Journal of Communication*, 14, 2144-2162.

Underdal, A., (1991). Solving Collective Problems—Note on Three Models of Leadership, in *Challenges of a Changing World, Festschrift to Willy Østreng*, Lysaker: The Fridtj of Nansen Institute, 139–153.

Underdal, A. (1994). Leadership theory. Rediscovering the Arts of Management. In I. W. Zartman (ed), *International Multilateral Negotiations: Approaches to the Management of Complexity*, SF: Jossey-Bass Publishers, San Francisco, 178-197.

Wang, H. (2021). Generational Change in Chinese Journalism: Developing Mannheim's Theory of Generations for Contemporary Social

Conditions, *Journal of Communication*, 7(1),104-128.

Weiler, F., Klöck, C., & Dornan, M. (2018). Vulnerability, good governance, or donor interests? The allocation of aid for climate change adaptation. *World Development*, 104, 65-77.

Willis, R., Curato, N., & Smith, G. (2022). Deliberative democracy and the climate crisis. *Wiley Interdisciplinary Reviews: Climate Change*, 13(2), e759.

Yamin, F., & Depledge, J. (2004). *The international climate change regime: a guide to rules, institutions and procedures*. Cambridge: Cambridge University Press.

Yang, A., Wang, R., & Wang, J. J. (2017). Green public diplomacy and global governance: The evolution of the US-China climate collaboration network, 2008–2014. *Public Relations Review*, 43(5), 1048-1061.

Young, O. R. (1991). Political leadership and regime formation: on the development of institutions in international society. *International organization*, 45(3), 281-308.

Young, O. R. (2002). *The Institutional Dimensions of Environmental Change*. Oxford: The MIT Press.

Young, O. R., & Huebert, R. (2001). Creating regimes: Arctic accords & international governance. *Arctic*, 54(3), 346.

Zartman, I.W. (1994). *International Multilateral Negotiation: Approaches to the Management of Complexity*. San Francisco: Jossey-Bass.

Zeng, J. Chan, C. H. & Schfer, M. S. (2020). Contested Chinese dreams of AI? public discourse about artificial intelligence on WeChat and people's daily online. *Information Communication and Society*, (2), 1-22.

附录

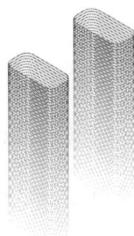

附录 1　历届联合国气候变化大会及其主要议程（1992—2024）

联合国气候变化会议是在《联合国气候变化框架公约》（UNFCCC）框架下每年举行的会议，也称缔约方会议，也经常被称为气候变化峰会。会议评估应对气候变化的进展，缔约方会议的任何最后文案都必须得到协商一致的同意，该会议于 1992 年在巴西里约热内卢正式确认，并自 1995 年起每年在世界不同地区轮换举行。如下是 1992—2024 年每届气候变化大会主要成果汇总。[①]

1992 年【里约会议】

《联合国气候变化框架公约》的开端，全名为里约联合国环境与发展大会的会议，也叫"地球首脑会议"，于 1992 年 6 月在巴西里约热内卢举行。这次会议取得了一系列重要成果，其中最重要的一项是通过了《联合国气候变化框架公约》。该公约是世界上第一个应对全球气候变暖的国际公约，也是国际社会在应对全球气候变化问题上进行国际合作的一个基本框架。以后历年召开的气候变化大会谈论的气候问题，都是以

---

① 笔者根据人民网、新华社、中国清洁发展机制基金、北京能源协会、UNFCCC 等官方网络资源整理。

这个公约为基础的，而且该公约具有法律效力。

1995年【德国柏林】COP1

通过工业化国家和发展中国家《共同履行公约的决定》。举办时间为 1995 年 3 月底至 4 月初。会议决定成立工作小组，就减少全球温室气体排放量继续进行谈判，在两年内草拟一项对缔约方有约束力的保护气候议定书。会议通过了工业化国家和发展中国家《共同履行公约的决定》，要求工业化国家和发展中国家"尽可能开展最广泛的合作"，以减少全球温室气体排放量。

1996年【瑞士日内瓦】COP2

争取通过法律减少工业化国家温室气体排放量。1996 年《联合国气候变化框架公约》第二次缔约方会议在瑞士日内瓦举行。各国就共同履行公约内容进行讨论，会议呼吁各国加速谈判，争取在 1997 年 12 月前缔结一项"有约束力"的法律文件，减少 2000 年以后工业化国家温室气体的排放量。

1997年【日本京都】COP3

通过《京都议定书》。此次会议通过了重要的《京都议定书》，即从 2008—2012 年，主要工业发达国家的温室气体排放量要在 1990 年的基础上平均减少 5.2%。其中，欧盟将 6 种温室气体的排放削减 8%，美国削减 7%，日本削减 6%。条约最终于 2005 年 2 月 16 日开始强制生效。值得注意的是，此次会议上，美国虽然签署了《京都议定书》，但未获得国内批准，因此没有执行该协议。

1998年【阿根廷布宜诺斯艾利斯】COP4

制定落实《京都议定书》的工作计划。会议决定进一步采取措施，促使 1997 年会议通过的《京都议定书》早日生效，同时制定了落实议定书的工作计划。此次会议开始，发展中国家分化为三个集团：一是受气候变化影响较大但自身排放量很小的小岛屿国家联盟自愿承担减排目标；二是期待联合国清洁发展机制（CDM）的国家，期望以此获取外汇收入；三是中国和印度，暂时不承诺减排义务。COP4 是一次以"过渡"和"准备"为主题的会议，没有产生新的协议或目标，但是为《京都议定书》的具体实施奠定了基础，并推动了全球应对气候变化的进程。

1999 年【德国波恩】COP5

会议通过了商定《京都议定书》有关细节的时间表，但在《京都议定书》所确立的三个重大机制上未取得重大进展。这次会议是全球应对气候变化努力的重要一步，它为后续的谈判和决定提供了关键的讨论和准备。值得注意的是，波恩气候变化大会期间，一些非政府组织和公众对气候变化问题的关注度显著提高。

2000 年【荷兰海牙】COP6

未达成预期协议，会议被迫中断。2000 年《联合国气候变化框架公约》第六次缔约方会议在荷兰海牙举行。美国坚持要大幅度减少它的减排指标，会议因此陷入僵局，大会主办者不得不宣布会议延期，给与会各方更多时间继续商讨谈判，以争取在复会后能够最终达成应对全球变暖具体措施的议定书。2001 年 3 月，美国政府正式宣布退出《京都议定书》，理由是议定书不符合美国的国家利益。

2001 年【摩洛哥马拉喀什】COP7

通过《马拉喀什协定》，结束了"波恩政治协议"的技术性谈判。此次会议通过了有关《京都议定书》履约问题的一揽子高级别政治决定。在美国退出《京都议定书》的情况下，协定稳定了国际社会对应对气候变化行动的信心，并结束了"波恩政治协议"的技术性谈判，朝具体落实《京都议定书》迈出了关键的一步。

2002 年【印度新德里】COP8

会议通过了《德里宣言》，强调应对气候变化必须在可持续发展的框架内进行。此次会议明确指出应对气候变化的正确途径。《德里宣言》强烈呼吁尚未批准《京都议定书》的国家批准该议定书。会议在发展中国家的要求下，敦促发达国家履行《联合国气候变化框架公约》所规定的义务，在技术转让和提高应对气候变化能力方面为发展中国家提供有效的帮助。

2003 年【意大利米兰】COP9

会议没有发表宣言或声明之类的最后文件。此次会议取得的成果十分有限，在推动《京都议定书》尽早生效并付诸实施方面未能取得实质性进展，甚至没有发表宣言或声明之类的最后文件，有关气候变化领域内的技术转让等核心问题也推迟到下次大会继续磋商。

2004 年【阿根廷布宜诺斯艾利斯】COP10

此次会议同前几次相比成效甚微，在几个关键议程上的谈判进展不大，而这些议程主要涉及国际社会为应对全球气候变化而做的具体工作。其中，资金机制的谈判最为艰难。会议期间，各方就 2012 年后（即《京都议定书》第一承诺期结束后）的全球气候政策进行了初步讨论，这被称为"未来行动对话"。

2005 年【加拿大蒙特利尔】COP11

会议最终达成了 40 多项重要决定，其中包括启动《京都议定书》新一阶段温室气体减排谈判。会议通过了双轨路线的"蒙特利尔路线图"：在《京都议定书》框架下，157 个缔约方将启动《京都议定书》2012 年后发达国家温室气体减排责任谈判进程；在《联合国气候变化框架公约》基础上，189 个缔约方也同时就探讨控制全球变暖的长期战略展开对话，以确定应对气候变化所必须采取的行动。

2006 年【肯尼亚内罗毕】COP12

达成"内罗毕工作计划"。2006 年的大会取得了两项重要成果：一是达成包括"内罗毕工作计划"在内的几十项决定，以帮助发展中国家提高应对气候变化的能力；二是在管理"适应基金"的问题上取得一致，基金将用于支持发展中国家具体的适应气候变化活动。COP12特别关注了非洲国家的需求和挑战。会议强调了发展中国家，尤其是非洲国家，在应对气候变化方面的困难，呼吁国际社会提供更多的支持。

2007年【印度尼西亚巴厘岛】COP13

会议取得了里程碑式的突破，确立了"巴厘路线图"，为气候变化国际谈判的关键议题确立了明确议程。此次会议正式采纳了"巴厘路线图"，该路线图在2005年蒙特利尔会议成果的基础上，再次明确了《联合国气候变化框架公约》与《京都议定书》框架下"双轨"谈判机制的延续，并作出决议，将于2009年在丹麦哥本哈根召开的气候公约第十五次缔约方会议上，审议并通过一项新的全球减排协议，即覆盖2012—2020年时期的协议，以接力2012年即将到期的《京都议定书》。COP13还讨论了森林减排（REDD）的问题。会议通过了一项决定，支持发展中国家采取措施，通过减少森林砍伐和森林退化，以及增加森林碳汇来减少碳排放。

2008年【波兰波兹南】COP14

正式启动2009年气候谈判进程。会议总结了"巴厘路线图"一年来的进程，正式启动2009年气候谈判进程，同时决定启动帮助发展中国家应对气候变化的适应基金。八国集团领导人就温室气体长期减排目标达成一致，并声明寻求与《联合国气候变化框架公约》其他缔约国共同实现到2050年将全球温室气体排放量减少至少一半的长期目标。此外，COP14继续关注了森林减排（REDD）的问题，确认了REDD的重要性，并讨论了如何制定有效的REDD政策和机制。

2009年【丹麦哥本哈根】COP15

此次会议在全球应对气候变化的历程中扮演了关键角色，因为它旨在完成《巴厘岛行动路线》下的谈判，确定2012年后的全球气候政策。尽管《哥本哈根协议》在法律层面上不具备强制约束力，但作为一项政治协议，它深刻体现了各国携手应对气候变化挑战的共同政治决心，有效巩固了已取得的共识与谈判成果，为谈判进程向正确方向稳步前进奠定了坚实的基础，迈出了关键性的第一步。此外，协议还创新性地提出了设立绿色气候基金，旨在专项支持发展中国家有效减缓气候变化影响并增强其适应能力。

2010 年【墨西哥坎昆】COP16

大会通过了《联合国气候变化框架公约》和《京都议定书》两个工作组分别递交的决议，确保 2011 年谈判按照"巴厘路线图"的双轨方式进行。本次会议坚定维护了《联合国气候变化框架公约》《京都议定书》及"巴厘路线图"的核心原则，特别是强调了"共同但有区别的责任"这一核心理念，从而确保了 2011 年的谈判能够继续遵循"巴厘路线图"所确立的双轨制模式稳步前行。其次，在关乎发展中国家切身利益的关键议题上，包括适应措施、技术转让、资金支持及能力建设等方面，谈判取得了不同程度的实质性进展，推动了整个进程的持续正向发展。

2011 年【南非德班】COP17

大会通过决议，建立"德班增强行动平台特设工作组"（简称"德班平台"），决定实施《京都议定书》第二承诺期并启动绿色气候基金。与会各方达成共识，决定将《京都议定书》的法律效力延长五年（原议定书有效期至 2012 年终止），并就实施《京都议定书》的第二承诺期以及正式启动绿色气候基金形成了统一意见。同时，大会作出了建立德班增强行动平台特设工作组的重要决定，该工作组被命名为"德班平台"，负责在 2015 年之前制定出一项适用于《联合国气候变化框架公约》所有缔约方的全新法律工具或法律成果。在德班大会召开期间，加拿大宣布了其正式退出《京都议定书》的决定。

2012 年【卡塔尔多哈】COP18

大会通过包括《京都议定书》修正案、有关长期气候资金、《联合国气候变化框架公约》长期合作工作组成果、德班平台以及损失损害补偿机制等方面的一揽子决议。本次会议成功通过了《多哈修正案》，就自 2013 年起正式启动为期八年的《京都议定书》第二承诺期达成了最终共识，从而在法律层面坚实地保障了《京都议定书》第二承诺期能够于 2013 年顺利施行。值得注意的是，加拿大、日本、新西兰及俄罗斯四国明确表示不会参与这一承诺期。此外，大会还审议并通过了一系列重要决议，涵盖长期气候资金的安排、《联合国气候变化框架公约》长期合作工作组的丰硕成果、德班平台的后续推进工作，以及损失与损害补偿机制的建立等多个关键领域。但对于第二承诺，只有少数发达国家承诺参与，包括欧盟、澳大利亚和一些其他的欧洲国家，而美国、日本、俄罗斯和加拿大均未参与。

2013 年【波兰华沙】COP19

发达国家再次承认应出资支持发展中国家应对气候变化。2013 年《联合国气候变化框架公约》第十九次缔约方会议暨《京都议定书》第九次缔约方会议在波兰首都华沙举行。本次会议主要取得三项成果：一是德班增强行动平台遵循"共同但有区别的责任原则"；二是发达国家再次承认应出资支持发展中国家应对气候变化；三是就损失损害补偿机制问题达成初步协议，同意开启有关谈判。

2014 年【秘鲁利马】COP20

大会通过的最终决议就 2015 年巴黎气候大会协议草案的要素基本达成一致，为各方进一步起草并提出协议草案奠定了基础。资金援助方面，会议欢迎了多个发达国家向"绿色气候基金"作出的贡献，使基金的总额达到了 100 亿美元的目标。此次会议也暴露出全球应对气候变化的挑战。虽然各方在许多问题上取得了一定的共识，但在一些关键问题，如如何分配减排责任，以及发达国家应如何提供资金援助等问题上，各方的立场仍存在较大的分歧。

2015 年【法国巴黎】COP21

最重要的气候变化大会之一，各国达成协议努力将升温控制在 1.5℃。在巴黎气候变化大会上，196 个缔约方一致赞同并正式通过了定于 2016 年实施的《巴黎协定》。作为《联合国气候变化框架公约》体系内继《京都议定书》之后的第二份具有法律效力的气候协议，该协定为 2020 年之后的全球气候变化应对策略奠定了基石，对全球气候治理具有深远的意义。《巴黎协定》设定了一项长期目标，即确保全球平均气温升幅相较于前工业化时期不超过 2℃，并力争将升温控制在 1.5℃之内。协定明确要求所有国家每隔五年重新评估并调整其减少温室气体排放的承诺。缔约各方承诺将加速行动，以期尽快达到全球温室气体排放的峰值，从而在 21 世纪后半叶达成排放与吸收之间的动态平衡。这一协定的达成标志着全球气候变化行动迈入了一个历史性的转折点，引领世界向零碳排放、气候适应性强、经济繁荣且公平的未来迈进。

2016 年【摩洛哥马拉喀什】COP22

推动实现《巴黎协定》目标所必需的程序与架构的进展，是本次大会的核心议题。大会集中探讨如何将辅助生效的《巴黎协定》转化为具体行动，涵盖了近 200 个国家自主提出的减排举措。此会议是践行《巴黎协定》的初步举措，并被赋予"行动 COP"的称号。在 COP22 会议期间，与会各方围绕《巴黎协定》的实施路径展开了深入交流。会议取得了一系列具体成果，确立了包括《巴黎协定》透明度框架、全球盘点机制及适应行动详细规则在内的多项决定。

2017 年【德国波恩】COP23

各方进一步推进了关于《巴黎协定》实施细则的谈判，讨论如何落实在 2015 年签署的《巴黎协定》。按照《巴黎协定》的要求，为 2018 年完成《巴黎协定》实施细则的谈判奠定基础，同时确认 2018 年进行的促进性对话。会议启动了"塔拉诺阿对话"，以促进各方分享经验和最佳实践，以提高他们的气候行动。

2018 年【波兰卡托维兹】COP24

各缔约方达成了《巴黎协定》的实施细则，为落实《巴黎协定》提供了指引。名为《卡托维兹气候一揽子计划》的文件将促进应对气候变化的国际合作，也稳固了各国在国内层面开展更有力的气候行动的信心。尽管确定了巴黎规则手册的大部分内容，但各国未能就自愿市场机制的规则达成一致。

2019 年【西班牙马德里】COP25

就采取气候行动的紧迫性达成共识。原定于在智利圣地亚哥举行，但由于国内社会动荡，最后改在马德里进行，由智利主持。大会就采取气候行动的紧迫性达成共识，但各国未能就一些重要领域达成一致。欧盟出台了新计划，致力于截至 2050 年实现碳净零排放目标。很多排放量较小的国家也制定了类似的长期目标。总而言之，此次会议未能在碳市场规则上取得一致意见。这些规则旨在建立一个国际碳交易系统，以促进国家在减排方面的合作。

2021 年【英国格拉斯哥】COP26

COP26 原定于 2020 年举行，受新冠疫情影响，顺延到了 2021 年。此次会议达成《格拉斯哥气候公约》，重申了《巴黎协定》的温度控制目标。《格拉斯哥气候公约》有史以来首次明确表述减少使用煤炭的计划，并承诺为发展中国家提供更多资金帮助它们适应气候变化。与会各国同意 2022 年年底提交更雄心勃勃的碳减排目标及更高的气候融资承诺，定期审评减排计划，增加对发展中国家的财政援助。会议期间，百余国代表就减少甲烷排放、停止森林砍伐达成协议，部分国家就停止使用煤炭作出承诺。

2022 年【埃及沙姆沙伊赫】COP27

本次会议的焦点是讨论适应气候变化和争取更多资金帮助发展中国家实现减碳和适应，会议同意建立损失和损害基金。COP27 首次将损失和损害资金安排问题纳入会议议程，并最终达成协议，同意设立一个基金机制，以补偿因气候引起灾害造成的"损失和损害"。这一决定被认为是气候峰会历史上的一个里程碑，有力回应了发展中国家的迫切诉求。会议期间，发达国家同意增加对发展中国家的适应融资，但未能给出具体数额。COP27 还成立了"失范机制"，旨在促进各国加强气候行动。但在引入碳市场规则和补偿机制上，各国立场分歧仍很大。

2023 年【阿联酋迪拜】COP28

这次大会的主题是"共同落实"，旨在实现雄心勃勃的气候目标，将全球平均气温升幅限制在工业化前水平之上 1.5℃以内，同时加大对发展中国家的气候融资支持力度，并扩充对气候适应性投资的规模。大会的圆满落幕，深刻映射出各界对于气候变化紧迫性认知的高度一致，期间通过了一系列具有里程碑意义的决议，包括损失与损害基金的设立决定、全球适应目标框架的构建，以及公正转型工作方案的出台，这些举措无疑为全球绿色低碳转型的宏伟蓝图增添了更为坚实的基础与强劲的动力。

2024 年【阿塞拜疆巴库】COP29

于 2024 年 11 月 11—22 日在阿塞拜疆首都巴库举行。此次大会集中关注气候融资新目标的磋商进程，这一进程构成了达成《巴黎协定》气候目标不可或缺的基石。进一步地，COP29 亦将深入探讨全新的集体量化资金目标（NCQG），此目标对于各缔约方能否在推进实施与支持机制及《巴黎协定》更广泛框架内取得实质性进展具有至关重要的意义。

附录 2　全球气候治理中的代表性国家集团

一般认为，全球气候治理是由欧盟这一气候治理"急先锋"、以美国为首的"伞形国家"、以中国为首的"基础四国"或"中国 +G77"三大集团所构成的三元治理体系。三大主导力量与小岛屿国家联盟、最不发达国家等国家集团共同协调主导着全球气候治理的议题走向。

1. 伞形国家

主要包括美国、加拿大、新西兰、澳大利亚、挪威、日本、俄罗斯、乌克兰。

伞形国家主要指欧盟以外的一些发达国家，加上俄罗斯等立场相近的国家。以美国为首，包括加拿大、日本、澳大利亚等国，而俄罗斯由于在气候治理中举足轻重，虽不算发达国家但也在其中，这些国家在地图上的连线像一把伞，因此被称为伞形国家。

其中俄罗斯和乌克兰在早期被认为是典型的伞形国家集团成员，但在俄乌冲突之后，这两个国家的治理立场也逐渐模糊。本书中，对俄罗斯这一国家仅在全球气候传播网络中列为伞形国家。本书在对新闻稿中的信息来源主体进行编码时并未按照谈判集团进行编码，而是以发达国家与发展中国家为标准进行区分，此时俄罗斯则算为发展中国家。

2. 基础四国

中国、印度、南非、巴西。

有关基础四国的说法来自 2009 年哥本哈根峰会前夕，这四个国家集合在北京召开峰会，商谈哥本哈根峰会的基本谈判立场，这四个国家此后被冠以全球气候治理中的"基础四国"。基础四国为发展中国家领导者，特点是经济增速快、碳排放大、减排压力大。他们愿意减排，但更强调"共同但有区别的责任"，认为发达国家应该承担更多责任。

3. 小岛屿国家联盟

非洲：佛得角、科摩罗、几内亚比绍、毛里求斯、圣多美和普林西比、塞舌尔。

亚洲：巴林、塞浦路斯、马尔代夫、新加坡。

北美和中美：安提瓜和百慕大、巴哈马、巴巴多斯、伯利兹、古巴、多米尼加、格林纳达、海地、牙买加、圣基茨和尼维斯、圣卢西亚、圣文森特和格林纳达斯、特立尼达和多巴哥。

大洋洲：库克群岛、密克罗西亚联邦国、斐济、基里巴斯、马绍尔群岛、瑙鲁、纽埃、帕劳、巴布亚新几内亚、萨摩亚、所罗门群岛、汤加、图瓦卢、瓦努阿图。

南美：圭亚那、苏里南。

该组织成立于 1990 年，目前有 39 个国家，和作为观察员的 4 个属地，这些国家总人口超过 4000 万，陆地面积总和为 77 万平方千米，但其领海面积占据了全球海域面积的五分之一。小岛屿国家正身处气候变化带来的毁灭性冲击的最前线，时刻承受着由全球变暖引发冰川消融、海平面上升，进而导致国家面临淹没威胁的巨大危机。对于它们而言，气候谈判绝非一场关于发展的策略较量，而是关乎国家生死存亡的严峻议题。

本书对小岛屿国家的编码依据来自其官方网站（https://www.aosis.org/），对于在小岛屿国家和 G77 中都出现的个别国家，本研究优先将其编码为小岛屿联盟国家。

4. G77 国集团 / 发展中国家

本书对 G77 国家的编码参考 G77 官方网站所列出的国家名单（https://www.g77.org/doc/members.html）。根据官网所列信息，目前这一集团共有 133 个成员国。

值得注意的是，G77 国集团是在 1964 年由发展中国家组成的松散联盟。G77 国集团成立时，中国尚未恢复联合国合法席位，因此并未成为该集团的成员国。不过中国一直与 G77 在全球治理问题上保持紧密合作关系，2005 年以来，"中国 +G77"分别在卡塔尔首都多哈和美国纽约联合国总部等地召开部长级和首脑会议。本书在统计中发现 G77 可以完全概括本书所出现的所有发展中国家，可大致将 G77 等同于发展中国家。

5. 欧盟

奥地利、比利时、保加利亚、塞浦路斯、克罗地亚、捷克、丹麦、爱沙尼亚、芬兰、法国、德国、希腊、匈牙利、爱尔兰、意大利、拉脱维亚、立陶宛、卢森堡、马耳他、荷兰、波兰、葡萄牙、罗马尼亚、斯洛伐克、斯洛文尼亚、西班牙、瑞典。

欧盟是发达国家集团中唯一能与伞形国家相抗衡的国家集团。本研究对欧盟国家的编码参考欧盟官方网站所列出的国家名单（https://european-union.europa.eu/principles-countries-history/country-profiles_en），并根据 2009 年之后的名单变化进行相应修改。例如，克罗地亚于 2013 年 7 月加入欧盟，英国于 2020 年 1 月正式脱欧，对这两个国家分别以这两个时间点为判断标准进行计算。截至 2024 年年底该组织共有 27 个国家。

6. 其他发达国家和最不发达国家

其他发达国家：除欧盟和伞形国家以外的发达国家，此类国家在本书编码过程中占比较少。

最不发达国家：聚集了全球 50 个最贫困的国家，这些国家极度贫困和落后，受气候变化影响也最大。其中部分最不发达国家同时也是小岛屿国家。

附录 3　哥本哈根气候变化大会后 IPCC 发布的相关评估报告

发布时间	报告名称	报告类型
2023 年 3 月	AR6 综合报告：气候变化 2023	综合报告
2022 年 4 月	AR6 气候变化 2022：减缓气候变化	报告
2022 年 2 月	AR6 气候变化 2022：影响、适应和脆弱性	报告
2021 年 8 月	AR6 气候变化 2021：物理科学基础	报告
2019 年 9 月	气候变化中的海洋和冰冻圈	特别报告
2019 年 8 月	气候变化与土地	特别报告
2019 年 5 月	2019 年对 2006 年 IPCC 国家温室气体清单指南的改进	方法论报告
2018 年 10 月	全球变暖 1.5℃	特别报告
2014 年 10 月	AR5 综合报告：2014 年气候变化	综合报告
2014 年 4 月	AR5 气候变化 2014：减缓气候变化	工作组报告
2014 年 3 月	AR5 气候变化 2014：影响、适应和脆弱性	工作组报告
2013 年 9 月	AR5 气候变化 2013：物理科学基础	工作组报告
2012 年 3 月	管理极端事件和灾害的风险以推进气候变化适应	特别报告
2011 年 4 月	可再生能源和减缓气候变化	特别报告

附录 4　UNFCCC 新闻文本编码表

在充分阅读新闻稿后，研究人员将以下选项按照名称对应填写在电子表格之中（各变量具体解释详见本书第三章）。

1.文章题名：_____。

2.新闻稿发布日期：____ 年 ____ 月 ____ 日。

3.文章所属新闻框架：

A.科学传播

B.合作

C.责任

D.批评

E.南北平等

F.生存主义

G.无框架

4.新闻稿的转载来源：

A.组织自身媒体部门生产的新闻稿

B.欧美国家媒体

C.南方国家媒体

D.经济类国际政府组织

E.环境类国际政府组织（1 经济；2 环境）

F.大学及科研机构

G.全球北方国家企业

H.全球南方国家企业

I.无转载来源

5. 文中出现的信息引用来源：

A. 经济类国际政府组织

B. 环境类国际政府组织

C. 全球北方国家政府（A.1 欧盟；A.2 伞形国家）

D. 全球南方南方政府（A.1 基础四国；A.2 小岛屿国家）

E. 全球北方企业

F. 全球南方企业

G. 大学及科研机构

H. 国际非营利组织

I. 其他个人

6. 新闻报道中出现的事件关系主体：

A. UNFCCC

B. 经济类国际政府组织

C. 环境类国际政府组织

D. 全球北方国家政府

E. 全球南方国家政府

F. 全球北方企业

G. 全球南方企业

H. 大学及科研机构

I. 国际非营利组织

J. 其他个人

7. 新闻报道体裁：

A. 社论（观点，署名文章）

B. 讲话 / 特写

C. 消息 / 公告

D. 视频 / 漫画 / 其他

E. 科学报告

附录 5　宾夕法尼亚大学环境领域智库排名（2021）

　　《全球智库报告》（*Global Go-To Think Tanks Report*）是一份对全球顶尖智库的综合排名①，在环境领域智库排名上享有盛誉。这份年度报告由宾夕法尼亚大学智库与公民社会项目主任詹姆斯·麦甘恩（James McGann）教授撰写。宾夕法尼亚大学图书馆的学术共享库收藏了自2008年以来的全球智库指数报告以及相关文件。值得关注的是，全球智库指数创始人麦甘恩教授于2021年去世，因此该指数2021年之后便未更新。宾夕法尼亚大学尚未表明何时或是否会继续发布该指数，下表为环境领域智库排名的最新版本前十名：

排名	智库名称	所在国
1	斯德哥尔摩环境研究所（SEI）	瑞典
2	波茨坦气候影响研究所（PIK）	德国
3	德国生态研究	德国
4	世界资源研究所（WRI）	美国
5	气候与能源解决方案中心（C2ES）	美国
6	世界观察研究所	美国
7	第三代环保主义（E3G）	英国
8	未来资源（RFF）	美国
9	德国伍珀塔尔气候、环境与能源研究所	德国
10	布鲁金斯学会	美国

---

① Global Go-To Think Tanks Report. 检索于：https://guides.library.upenn.edu/c.php?g=1035991&p=7509990.

后记

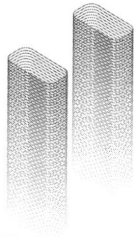

　　这本关于气候传播的著作终于要出版了。作为多年研究的阶段性总结，书中凝聚了我自 2017 年关注环境与气候议题以来的思考，那些在全球治理框架下对知识传播、话语建构的追问，以及对气候正义与人类福祉关联的持续观察，都在字里行间得以呈现。

　　研究的起点源于对现实的朴素关切。童年记忆里，姥姥家老屋后的树林被砍伐的场景，让我第一次直观感受到环境破坏的不可逆性。这种早期经历催生的同理心，促使我在学术道路上格外关注气候议题中的弱势群体与公平问题：当科学数据转化为公共政策时，如何避免"一刀切"的治理忽视不同群体的实际处境？全球传播网络中，发展中国家的声音又该以何种方式被听见？带着这些问题，我尝试结合传播研究与全球治理实践，在有限的框架内完成了对气候传播的系统性梳理。

　　书稿的写作与修改跨越三年，辗转新加坡、北京两地的四所单位，从新加坡国立大学的 AS6 Building 到清华大学的 31 号楼，从中国传媒大学的办公室到西单的案头，这些空间印记不仅记录了研究的推进，也见证了我从学生到研究者的身份过渡。这期间经历的学术困惑、工作调整与生活变迁，最终都沉淀为对研究甚至是生活更清醒的认知。

　　衷心感谢我的博士导师史安斌教授，他始终以开放的学术视野和严谨的治学态度为我引领方向，是我学术生涯的引路人；感谢清华大学新闻与传播学院、中国人民大学新闻学院和新加坡国立大学的老师们，尤其是张迪老师、野蔷姐，他们帮助我奠定了本书的学术根基；感谢中国传媒大学的同事们在工作中给予的支持，让理论研究始终与实践场景相连；感谢编辑梁斐老师，她专业的建议和耐心的打磨让书稿更趋完善；感谢陪我吃饭、聊天、逛街的朋友和小猫们，感谢你们为我的生活带来色彩；感谢此刻阅读这个后记的各位读者。

最后，将此书献给我的姥姥，她在去年永远地离开了我，她虽不识字，却用尽全力关照我，难以忘记她在二楼楼道窗户目送我去北京时不舍的眼神。

希望这本书能成为一个起点，引发更多关于气候传播的讨论与思考。在全球气候治理的复杂图景中，每个微小的回答，都可能是推动地球环境改善的一块拼图。

童桐

2025 年春